U0230430

系统与控制丛书

多智能体系统的 协同群集运动控制

陈杰 方浩 辛斌 著

科学出版社

北京

内 容 简 介

本书以多智能体系统协同群集运动控制为主线,首先介绍了图论和控制器设计所用到的基础理论知识;其次,分别从拓扑结构的边保持和代数连通度两个角度介绍了连通性保持条件下的协同群集运动控制协议设计方法;进而,针对典型的轮式移动机器人非完整约束模型介绍了连通性保持条件下的协同控制策略,为简化系统复杂拓扑结构,还介绍了基于骨干网络提取的协同群集运动控制策略;书中将个体动态模型提升到高阶非线性系统模型,介绍了高阶非线性系统协同控制协议设计方法;最后,针对多智能体系统非合作行为检测与隔离进行了详细介绍,并提出了相关算法。

本书可作为系统与控制及其相关研究领域的科研工作者、工程技术人员、高等院校师生的参考书,也可作为研究生和高年级本科生的教科书。

图书在版编目(CIP)数据

多智能体系统的协同群集运动控制/陈杰,方浩,辛斌著. —北京:科学出版社, 2016

(系统与控制丛书)

ISBN 978-7-03-051165-2

Ⅰ. ①多… Ⅱ. ①陈… ②方… ③辛… Ⅲ. ①人工智能–研究

Ⅳ. ①TP18

中国版本图书馆 CIP 数据核字 (2016) 第 310934 号

责任编辑: 裴 育　朱英彪　纪四稳 / 责任校对: 桂伟利
责任印制: 吴兆东 / 封面设计: 蓝 正

科学出版社 出版

北京东黄城根北街 16 号
邮政编码: 100717
http://www.sciencep.com

北京中科印刷有限公司 印刷

科学出版社发行　各地新华书店经销

*

2016 年 12 月第 一 版　开本: 720 × 1000 1/16
2023 年 10 月第八次印刷　印张: 14 1/2
字数: 292 000

定价: 120.00 元

(如有印装质量问题, 我社负责调换)

编 者 的 话

我们生活在一个科学技术飞速发展的信息时代，诸如宇宙飞船、机器人、因特网、智能机器及汽车制造等高新技术对自动化提出了更高的要求。系统与控制理论也因此面临着更大的挑战。它必须能够为设计高水平的物理或信息系统提供原理和方法，使得设计出的系统能感知并自动适应快速变化的环境。

为帮助系统控制专业的专家、工程师以及青年学生迎接这些挑战，科学出版社和中国自动化学会控制理论专业委员会合作，设立了《系统与控制丛书》的出版项目。本丛书分中、英文两个系列，目的是出版一些具有创新思想的高质量著作，内容既可以是新的研究方向，也可以是至今仍然活跃的传统方向。研究生是本丛书的主要读者群，因此，我们强调内容的可读性和表述的清晰。我们希望丛书能达到这些目的，为此，期盼着大家的支持和奉献！

《系统与控制丛书》编委会

2007 年 4 月 1 日

序　言

　　自 20 世纪 50 年代以来，控制科学不断发展，诞生了诸如最优控制、鲁棒控制、非线性控制等众多研究方向以及大量的科研成果，极大地推动了第三次工业革命的发展。但近年来，由于控制对象规模呈爆炸式增长、信息化社会生成海量数据，系统与控制科学作为一门面向应用的学科正面临着许多重大挑战；同时，计算机科学以及人工智能的兴起也为系统与控制科学的发展带来了新的机遇和启示。受到自然界广泛存在的生物种群有序运动现象的启发，多智能体的研究开始受到广大学者的关注。70 年代末期，智能体概念初现，主要研究如何通过协作方式分布式求解问题。90 年代，多智能体系统涌现出自主性、社会能力、反应性等特性，使多智能体协同成为控制领域的研究热点。目前，多智能体协同已经应用于智能机器人、交通控制、柔性制造、网络自动化和作战智能体模型等领域。毫无疑问，未来几年多智能体协同仍将吸引更多学者的广泛关注，继续在系统与控制科学的发展中扮演十分重要的角色。

　　多智能体协同控制所要解决的根本问题在于如何设计合理的控制协议来协调多个个体统一完成任务，这与传统基于单一对象的控制理论有很大的区别。陈杰教授团队对此进行了大量的研究工作，并取得了很好的研究成果。该书以多智能体系统协同群集运动控制为主线，结合作者在该领域多年的研究积累及国内外最新的研究成果，给出了基于代数连通度估计、基于骨干网络等多种分布式群集运动控制方法，同时考虑了系统连通性保持、模型参数不确定性、多任务约束等诸多限制条件，扩展了相应成果的应用范围。全书内容丰富，论述深入浅出，既有严谨的理论推导与证明，又有数值仿真与实物实验验证，是一本难得的介绍控制理论在多智能体协同控制方面最新研究进展的学术专著。

　　当前世界正在发生着深刻的变革，以互联网产业化、工业智能化、工业一体化为代表的第四次工业革命正悄然到来。该书所研究的内容顺应了当前工业发展的潮流，在民用、军用等领域有着广阔的应用前景，也非常适合相关领域的学者和工程技术人员参考阅读。

　　我相信，该书的出版能够对多智能体协同控制领域的研究发展有所帮助，也希望作者能够在该方向上持续研究，取得更多的高水平研究成果。

郑南宁

西安交通大学教授

中国自动化学会理事长

中国工程院院士

2016 年 12 月

前　　言

智能体的概念来源于分布式人工智能的思想,通常而言,可以把智能体(Agent)定义为用来完成某类任务,能作用于自身和环境、有生命周期的一个物理的或抽象的计算实体。智能体的特点是具有自主性、局部通信/感知能力、分布式协作能力、任务分解能力、自适应性和推理能力。而多智能体系统是由多个智能体组成的具有松散耦合结构的,并且通过系统中智能体之间以及智能体与环境之间的通信、协商和协作来共同完成单个智能体因能力、知识或资源上的不足而无法解决的问题的系统。多智能体系统通过相互协作,可以完成超出它们各自能力范围的任务,使得系统整体能力大于个体能力之和。鲁棒性、分散性、自组织性是多智能体系统动态行为的基本特征。多智能体协同控制是目前控制科学研究领域的一个热点课题,在许多国际期刊及会议中,每年均有大量关于多智能体系统的研究文章出现。

多智能体系统由个体的动态模型、通信网络拓扑、分布式控制律(或者协议/规则)三个基本要素构成。本书以多智能体系统协同群集运动控制为主线,围绕上述三个基本要素,首先介绍图论和控制器设计所用到的基础性理论等背景知识;其次面向典型应用,考虑实际约束条件,分别从拓扑结构的边保持和代数连通度两个角度介绍通信连通性保持条件下的协同群集运动控制协议设计方法;进而,从个体动态模型和拓扑结构模型两方面继续深入,针对典型的轮式移动机器人非完整约束模型介绍连通性保持条件下的协同控制策略,为简化系统拓扑结构对控制器设计的影响,介绍基于骨干网络提取的协同群集运动控制策略;书中还将个体动态模型由简单的一阶、二阶线性模型提升到高阶非线性系统模型,介绍高阶非线性系统协同控制协议设计方法;最后针对多智能体系统非合作行为检测与隔离进行详细介绍,并提出相关算法。本书内容自成体系,旨在向读者详细介绍多智能体系统协同群集运动控制的基础理论和最新研究成果。

本书共 11 章。第 1 章为基础知识部分,首先对多智能体群集运动控制、一致性控制以及非合作行为检测与补偿进行全面的综述,其次介绍在理论推导过程中所用到的代数图论的基础理论知识。第 2 章介绍在无法获取动态领航者智能体的加速度信息的条件下,进行连通性保持的有界群集运动控制方法。第 3 章从全局连通性的角度，介绍基于代数连通度分布式估计的连通性保持控制方法。第 4 章针对非完整约束轮式机器人，介绍连通性保持下的多移动机器人群集控制。第 5 章介绍层次型骨干网络的建立方法，以及基于骨干网络提取的协同避障运动控制方法。第 6 章针对参数不确定的高阶非线性多智能体系统，设计分布式一致性控制器。第 7 章针对 Brunovsky 型高阶非线性多智能体系统，设计分布式一致性控制器。第 8 章针对高阶非线性多智能体系统，设计自适应鲁棒一致性控制器，并对控制器性能进行分析。第 9 章在多任务约束下，设计多智能体一致性控制器。第 10 章介绍一阶多智能体系统的非合作行为检测、隔离与修复算法。第 11 章介绍基于邻居相关状态的多智能体非合作行为检测与隔离算法。

感谢中国自动化学会控制理论专业委员会、《系统与控制丛书》编委会对本书出版的大力支持。本书得到了国家杰出青年科学基金项目 (60925011)、国家自然科学基金创新研究群体项目 (61321002、61621063)、国家自然科学基金重大国际合作研究项目 (61120106010)、国家自然科学基金项目 (61573062、61304215、61673058)、北京市优秀博士学位论文指导教师科技项目 (20131000704) 的资助，在此表示衷心的感谢。同时，还要感谢本领域相关同行学者在本书撰写过程中给予的热心支持，以及毛昱天、黄捷、杨庆凯、李俨、尉越、卢少磊、吴楚、王雪源、商成思、开显雄、罗明等同学对本书出版给予的大力帮助。

由于作者水平有限，书中疏漏和不妥之处在所难免，敬请读者批评指正。

作　者

2016 年 11 月

目　　录

第1章 绪　　论

1.1　多智能体分布式群集运动控制

智能体一般是指一个物理的或抽象的实体,它能感知到自己所处的环境,并能正确调用自身所具有的知识,对环境做出适当的反应。多智能体系统并没有一个严格的定义,通常是指由多个智能体及其相应的组织规则和信息交互协议构成的,能够完成特定任务的一类复杂系统。其中,组织规则决定智能体之间的连接关系,信息交互协议用于确定及更新智能体的状态。在现实世界中存在大量多智能体系统的实例,例如,鱼群自发地聚集洄游,多只蚂蚁协作搬运食物,牛群有组织地迁徙,鸟群成群结队地飞行等 (图 1.1),这类系统往往包含数量庞大的个体,但个体本身的智能程度却极为有限。在群体的行进过程中,并没有哪个个体能够对剩余个体进行全局的控制,信息的获取与交换也局限在有限的范围内,而正是这种简单的运行方式,却创造出了纷繁复杂的群体行为。

图 1.1　自然界中多智能体系统实例

受此类自然现象启发,学者提出了人工多智能体系统的概念,并从拓扑学及控制理论等角度对其进行了深入的研究。现阶段人工多智能体系统及其相关理论已经被应用在诸多领域,如无人机编队飞行、无人地面车辆自主行进与协作、电网系统的智能控制与调度等。未来,随着无人设备的不断推广及生产过程中自动化水平的不断提高,传统的面向单一对象的控制理论将很难满足实际的控制需求,而多智能体系统因其功能强大、结构灵活、可扩展性强等特点必将得到越来越广泛的应用。

　　近年来,群集运动控制作为多智能体系统分布式协同控制中的典型问题受到了各领域研究人员的广泛关注。群集运动具有适应性、鲁棒性、分散性和自组织性等特点,使其有着极其重要的实际应用,如无人驾驶飞机编队、地面机器人集群作战和水下机器人地形探测等。网络化多智能体系统的分布式群集运动控制的相关理论可以为编队控制、区域覆盖和探索、战场监视和侦察等空间分布式协作任务提供解决方案[1-5]。1987 年,Reynolds 首先提出了 Boids 模型,该模型由分离性、聚集性和速度校准三个启发式准则构成[6]。受到上述模型的启发,Tanner 和 Olfati-Saber 等提出了一类基于速度一致性结合人工势场函数的群集运动控制算法[3, 4]。特别针对具有切换拓扑结构的系统,采用集值映射和非光滑李雅普诺夫稳定性理论对系统的收敛性进行了分析[3]。文献 [7] 对多智能体系统不施加任何连通性假设的随机框架进行了理论分析,证明了智能体在交互半径及速度不变的情况下,且群体数量足够大时系统的收敛性。文献 [8] 利用测地线控制的方法最小化势能函数来实现群集控制。其中所有智能体在一个圆周或者球面上运动,其速度大小保持不变,通过设计相应的控制规则来调整速度的方向以使所有智能体的速度矢量渐近趋同,并且使智能体之间的相对位置偏差保持不变。此外,诸如避障、到达等很多附加规则也被融入原始的群集运动算法中[4, 9, 10]。特别地,Olfati-Saber 等提出了带有虚拟领航者的分布式群集运动控制的一般性理论框架[4, 9],其中 β 和 γ 智能体被引入系统中,从而可有效实现智能体对障碍物的规避和虚拟领航者的精确跟踪。

　　正如文献 [3] 和 [4] 所述,上述群集控制策略严格依赖于网络拓扑在演化过程中的连通性。然而,在实际应用中只能保证网络的初始连通性,并不能保证网络在动态切换过程中的连通性。因此,为了避免网络拓扑在系统演化过程中发生分割从而导致任务执行失败的现象发生,应重点研究面向具体控制任务的带有连通性保持功能的系统分布式群集运动控制策略,这对于确保大规模分布式多智能体系统群集运动控制的稳定性具有非常重要的理论意义和现实意义。

　　为此,国内外学者针对多智能体系统群集运动中的连通性保持问题开展了深入研究,研究成果大体上可以分为局部连通性保持方法和全局连通性保持方法两大类。其中局部连通性保持方法是指在网络拓扑初始连通的条件下,使网络中所有的初始通信连接都能够得到保持。其基本思想为利用通信拓扑的连通性依赖于智能体的空间位置分布的性质,考虑通过引入势场力的作用来控制个体的间距以实现网络的连通性控制,通过吸引力和排斥力的综合叠加使系统在收敛到期望的目标构形的同时实现网络的通信连通性保持。该方法的本质为通过赋予邻接智能体

之间拓扑连接一定的非线性权重 (张力作用), 使其相对距离达到通信半径时张力
为无穷大来实现连通性保持。这类方法的优点为可以对连通性的保持给出严格的
理论证明。然而, 实际上智能体之间的相对位置在运动过程中可能会发生变化, 从
而导致总体拓扑结构的动态切换和重组, 以适应环境和任务的动态变化而具有灵
活变形的能力。若要求保持网络中所有的初始拓扑连接, 将会使智能体之间的运
动约束过于严格, 因而大大局限了算法的应用性和推广性。而网络拓扑的全局性
控制方法可以较好地克服上述方法的缺陷, 众所周知, 网络拓扑图对应的拉普拉斯
(Laplacian) 矩阵的第二小特征值 λ_2 (代数连通度) 直接反映了整个网络的连通程
度和一致性控制算法的收敛速度。因此, 可考虑从代数图论的相关理论出发, 通过
控制群体通信拓扑所对应的拉普拉斯矩阵的代数连通度的方法来优化系统的通信
拓扑, 即基于拉普拉斯矩阵的谱特征并运用分布式优化与控制的方法使网络的代
数连通度恒为正来保证网络的连通性。这类方法的优点为不对网络中的任何拓扑
连接施加约束, 可实现任意连通网络拓扑之间的切换。其中具有代表性的方法有几
何约束法与谱图理论法。几何约束法首先由 Spanos 和 Murray 提出[11], 该方法此
后被 Savla 等推广至二阶系统[12]。通过保持网络化多机器人系统的局部几何连通
鲁棒性, 可以实现网络的全局连通性保持。对于谱图理论法, 相应的控制方法又可
以进一步划分为两个分支。一类为通过次梯度优化和半正定规划 (SDP) 等集中式
和分布式优化方法来实现网络的代数连通度 (algebraic connectivity) 的最大化, 进
而实现网络的全局连通性保持与优化[13]。另一类为采用分布式特征值/特征向量估
计方法与分布式平均值估计方法相结合来使网络的代数连通度 λ_2 恒为正, 从而实
现连通性保持[14, 15]。国内方面, 对于多智能体拓扑的全局连通性控制的研究还刚
刚起步, 其中具有代表性的工作为席裕庚和李晓丽等针对双积分器系统, 通过将改
进分布式幂迭代特征值估计算法与全局连通性保持势场函数相结合, 有效地实现
了网络全局连通性保持条件下系统的分布式群集运动控制[16]。

　　据作者所知, 上述控制方法存在的共同缺陷为控制律中所采用的人工势函数
为无界函数, 其实现连通性控制的基本思想为: 当初始邻接的智能体之间的距离等
于邻接距离 (通信半径) 时, 无界势函数的梯度为无穷大, 从而产生无穷大的吸引
力, 使得相应的通信连接不会脱离彼此的通信范围, 从而实现连通性保持。上述连
通性保持的思想本质上是基于势函数梯度在通信半径处的无界性来保证的, 其在
理论上无法保证网络的连通性在有限的势场力作用下能够得到保持, 当然也无法
获得可以使网络连通性能够得到保持的势场力的上界。然而, 在实际应用中, 智能
体本身携带的执行器仅具有有限执行能力, 如移动机器人或机械手的驱动电机无
法产生无穷大的力矩, 因而导致所得到的无界控制器具有本质局限性。一方面, 尽
管在文献 [17]~[20] 中, 有关作者设计出有界势函数用以产生有界的控制输入, 但
是其理论结果仅对一阶积分器模型有效。不仅如此, 控制器的设计是基于系统中不

会出现多于一对的智能体发生碰撞，而且也不会出现同一个智能体同时和其他智能体发生碰撞和丧失连通性等相对保守的基本假设条件。另一方面，在现有的关于带有动态领航者的系统群集运动控制的研究结果中，往往需要对系统的信息交互施加更加苛刻的约束条件，即或者领航者的速度为恒值[21, 22]，或者领航者的加速度信息可被所有跟随者精确获知[23-25]。

此外，目前有关多智能体群集运动控制算法中的连通性保持问题的研究往往只涉及通信网络拓扑为无向图的情形，所考虑的智能体的运动模型也多为相对简单的一阶、二阶线性积分器模型。因而，导致其存在下述固有缺陷：研究中假定智能体均不具有非线性动力学模型或者其具有的非线性动态可以完全线性化。然而实际应用中，智能体的运动学/动力学模型通常会包含本质非线性动态[8, 26, 27]。特别地，对于工业和军事应用，当处理非完整约束轮式移动机器人和非完整约束机械手的协调与协作时，必须充分考虑其运动学/动力学模型中所包含的本质非线性动态[28, 29]。此时，传统的仅针对线性积分器系统而设计的群集控制算法显然无法使用。大多数连通性保持群集控制算法的设计均针对无向网络[11, 13, 30, 31]或有向平衡网络[13]。然而实际应用中，由于各智能体所配备的通信和感知设备在功能和结构的异构性以及自身硬件信息传播和接收能力的互异性，系统的通信拓扑大多只能用有向网络描述，从而导致智能体间的信息交互关系不完全对等，因而使传统的面向无向对称网络拓扑而设计的群集控制算法在信息交互发生对称性破缺的条件下无法使用。

目前，关于多智能体系统群集运动控制中的网络连通性保持和避障控制问题，绝大多数相关算法存在如下不足：绝大多数连通性保持控制算法需要保持网络中所有现存的拓扑连接，这往往会产生很多不必要的冗余拓扑连接，因而使智能体的运动范围具有较大的局限性，这将导致网络的整体性能指标下降，严重时可能无法完成指定的任务目标。特别地，如文献 [4] 所述，保持网络当前所有的拓扑连接可能会阻碍期望群集构形的实现。在很多情形下，实际的网络拓扑结构高度复杂，很难使网络中所有的通信连接的长度彼此相等以实现理想的 α-晶格状群集几何构形。此外，绝大多数群集运动控制算法基于平面型网络拓扑结构模型，网络模型本身缺乏良好的可扩展性和对任务及环境的适应性。尽管现有文献中已有很多关于群集运动中的避障控制和连通性保持的结果，但是对于它们的研究往往人为地彼此割裂，没有形成统一的整体。对于运动控制过程中同时实现连通性保持与障碍物规避的问题至今仍然是一个开放性问题，具有很大的挑战性。尽管文献 [19] 和 [20] 中使用导航势场函数初步实现了连通性保持和障碍物规避，然而，其理论结果只适用于用一阶线性积分器模型描述的多智能体系统。而且，其相关理论结果成立的假设前提为：系统中几乎不会同时发生多于一对的智能体之间的彼此碰撞；对于同一智能体，当其即将与某一邻居智能体或某一障碍物发生碰撞时，不存在另外与其邻接的智能体即将脱离彼此的通信范围。不仅如此,传统的基于人工势场函数的避障方法的基本原理为驱使智能体沿着表征障碍物势场的排斥势函数的负梯度的方向运动,这类方法的共同缺陷为容易使系统陷入偏离期望目标的局部极小点,从而可能使系统无法完成期望的控制任务。

1.2　多智能体一致性控制概述

一致性定义为:随着时间的演化,一个多智能体系统中的所有智能体的某个或某些状态趋于一致,一致性问题是多智能体系统最基本的控制问题。一致性协议是智能体系统中个体之间相互作用的过程,它描述了每个智能体和与其相邻的智能体的信息交换过程。

一致性用数学表达式描述为:假设多智能体系统中有 n 个智能体,第 j 个智能体的状态用 $x_j(j = 1, 2, \cdots, n)$ 表示,如果当 $t \to \infty$ 时,有 $\|x_j - x_i\| \to 0, \forall i \neq j$,则称系统达到了一致。

一致性算法的基本思想是每个智能体利用智能体网络传递信息,设计合适的分布式控制算法,最终使智能体动力学与智能体网络拓扑耦合成复杂系统,从而实现状态的一致或者同步。如果系统之间的通信网络允许连续的通信,或者如果智能体网络通信带宽足够大,则每个系统的状态信息的更新可用微分方程来表示。另外,如果智能体之间的通信数据以离散的形式交互,则智能体状态信息的更新使用差分方程来建模。

一致性问题在计算机科学领域已经有了很长的研究历史,并且奠定了分布式计算的基础[32]。近年来一致性问题在多智能体系统中研究的兴起很大程度上源自文献 [2] 和 [33] 的工作。文献 [33] 提出了一个用计算机来模拟群体行为的 Boids 模型,并给出了智能群体行为应满足的规则。Vicsek 等[2] 简化了文献 [33] 的模型,提出了一种离散多智能体模型来模拟大量粒子涌现出一致行为的现象。随后,文献 [10] 用矩阵方法和图论知识给出了该模型收敛性的理论证明,指出只要满足联合连通,粒子的运动方向就会达到一致。Olfati-Saber[34] 在 Jadbabaie[10] 的基础上针对无向图从控制理论的角度建立了解决一致性问题的理论框架,指出如果网络拓扑是强连通的,则智能体能实现一致。不同于 Vicsek 模型,文献 [35] 提出了一种 m-nearest-neighbor 规则,该规则同样可以实现多智能体系统的一致性。Ren 等[36] 将强连通的拓扑条件弱化为只要在一段时间内网络拓扑子图的联合图包含一条有向生成树,则系统可实现一致性。Huang 等[37] 通过研究多智能体系统的输出调节,实现多智能体系统的一致性。此外,文献 [38] 通过结合自适应控制与势函数方法解决领航跟随一致性问题,并应用多种势函数实现了群集的一致性。文献 [39] 针对平均一致性问题,分别给出了连续时间和基于采样的一致性协议。Feng

等[40] 采用事件驱动的机制实现多智能体的一致性，并且通过构建自驱动模型，避免了累计误差的产生。文献 [41] 在离散时间一致性问题的研究中提出了一种最优控制增益的方法，促进多智能体系统一致性的收敛。文献 [42] 研究了离散时间多智能体系统中，有、无领航者存在情况下的一致性问题。文献 [43] 研究了有限域的领航跟随一致性问题。文献 [44]~[46] 分别对实际物理条件下存在通信延迟、拓扑动态变化、相对状态测量误差时的一致性进行了研究。Cheng 等[47] 提出了一种基于扰动观测器的动态增益技术，用来估计非线性系统产生的扰动，并在此基础上提出了一种一致性协议。在上述工作的基础上，许多学者对多智能体系统一致性问题进行了广泛的研究。

1.2.1 低阶积分器多智能体一致性

文献 [32]、[48]~[52] 回顾了一致性算法的发展过程。目前，许多涉及多智能体协同控制的文献深入研究了一致性算法[10, 34, 36, 53-55]。一致性算法的某些结果也可以在研究关联稳定性 (connective stability) 的文献中找到[56]。一致性算法已应用于编队集结[26, 57-63]、编队控制[53, 64-69]、群集[3, 4, 8, 70-74]、姿态校准[75-78]、环境监控[79]、非集中任务分配[80] 和传感器网络[81-84] 等领域。

一致性算法的基本思想是对每个智能体的信息状态赋予相似的动力特性。如果编队通信网络可以连续通信，或者通信带宽足够大，那么每个智能体的信息状态更新律可以用微分方程模型来描述。另外，如果编队中的通信数据是以离散数据包的方式传递，那么每个智能体的信息状态更新律可以用差分方程模型来描述。本节对每个智能体都采用低阶微分方程或低阶差分方程来更新其信息状态。

考虑由单积分动力系统确定的编队信息状态：

$$\dot{\xi} = u_i, \quad i = 1, 2, \cdots, n \tag{1.1}$$

式中，$\dot{\xi} \in \mathbb{R}^m$ 和 $u_i \in \mathbb{R}^m$ 分别为第 i 个智能体的信息状态和信息控制输入。

一种连续时间一致性算法是

$$u_i = -\sum_{j=1}^n a_{ij}(t)(\xi_i - \xi_j), \quad i = 1, 2, \cdots, n \tag{1.2}$$

式中，$a_{ij}(t)$ 是 t 时刻、邻接矩阵 $A_n(t) \in \mathbb{R}^{n \times n}$ 的第 (i, j) 项元素。

对于任意 $j \neq i$，如果在任意时刻 t, $(j, i) \in \varepsilon_n$，则 $a_{ij}(t) > 0$，否则 $a_{ij}(t) = 0$。显而易见，每个智能体的信息状态会趋向于其邻居节点的信息状态。式 (1.1) 和式 (1.2) 可以写成如下矩阵形式：

$$\dot{\xi} = -[L_n(t) \otimes I_m]\xi \tag{1.3}$$

式中，$\xi = [\xi_1^{\mathrm{T}}, \xi_2^{\mathrm{T}}, \cdots, \xi_n^{\mathrm{T}}]^{\mathrm{T}}$；$L_n(t) \in \mathbb{R}^{n \times n}$ 为 t 时刻的非对称拉普拉斯矩阵；$\otimes$ 表示克罗内克积。

借助控制输入 (1.2)，如果对于任一初值 $\xi_i(0)$ 和所有 $i, j = 1, 2, \cdots, n$，当 $t \to \infty$ 时，$\|\xi_i(t) - \xi_j(t)\| \to 0$，则称智能体编队达到一致。

当各智能体之间只在离散时刻进行通信时，各智能体的信息状态按照差分方程适时变化。一种离散时间一致性算法为

$$\xi_i[k+1] = \sum_{j=1}^{n} d_{ij}[k]\,\xi_j[k], \quad i = 1, 2, \cdots, n \tag{1.4}$$

式中，$k \in \{0, 1, \cdots\}$ 为离散时间刻度；$d_{ij}[k]$ 为行随机矩阵 $D_n = [d_{ij}] \in \mathbb{R}^{n \times n}$ 在离散时刻 t 的第 (i, j) 项元素。

假设对所有 $i = 1, 2, \cdots, n$，$d_{ij}[k] > 0$，而对于任意 $i \neq j$，如果 $(j, i) \in \varepsilon_n$，则 $d_{ij}[k] > 0$；否则 $d_{ij}[k] = 0$。可以直接看出，每个智能体的信息状态适时更新为其当前信息状态和其邻居节点的当前信息状态的加权平均。式 (1.4) 可以写成如下矩阵形式：

$$\xi[k+1] = (D_n[k] \otimes I_m)\xi[k] \tag{1.5}$$

借助式 (1.4)，如果对任意初值 $\xi_i[k]$ 和所有 $i, j = 1, 2, \cdots, n$，当 $k \to \infty$ 时，$\|\xi_i[k] - \xi_j[k]\| \to 0$，则称多智能体编队达到一致。

在时不变通信拓扑下，关于连续时间算法 (1.2) 和离散时间算法 (1.4) 达到一致的充要条件分别如下。

定理 1.1 假设 A_n 是常矩阵，算法 (1.2) 渐近达到一致当且仅当有向图 G_n 含有一簇有向生成树，并且当 $t \to \infty$ 时，$\xi_i(t) \to \sum_{i=1}^{n} v_i \xi_i(0)$，其中 $v = [v_1, v_2, \cdots, v_n]$，$1_n^{\mathrm{T}} v = 1$ 且 $L_n^{\mathrm{T}} v = 0$。

定理 1.2 假设 D_n 是常矩阵，离散时间算法 (1.4) 渐近达到一致当且仅当有向图 G_n 含有一簇有向生成树。该一致性为 $\xi_i[k] \to \sum_{i=1}^{n} v_i \xi_i[0]$，其中 $v = [v_1, v_2, \cdots, v_n]$，$1_n^{\mathrm{T}} v = 1$ 且 $D^{\mathrm{T}} v = v$。

在时变通信拓扑下，关于连续时间算法 (1.2) 和离散时间算法 (1.4) 达到一致的充要条件分别如下。

定理 1.3 假设算法 (1.2) 中的 $A_n(t) = [a_{ij}(t)] \in \mathbb{R}^{n \times n}$ 是分段连续的，并且它的非零 (即正) 项有一致的上界和下界 (即如果 $(j, i) \in \varepsilon_n$，则有 $a_{ij} \in [\underline{a}, \overline{a}]$，其中 $0 < \underline{a} < \overline{a}$；否则 $a_{ij} = 0$)。令 $t_0, t_1, \cdots$ 是矩阵 $A_n(t)$ 切换的时间序列，其中假设对于任意 $i = 1, 2, \cdots$，$t_i - t_{i-1} \geqslant t_L$，$t_L$ 是正常数。如果存在一个由 $t_{i_1} = t_0$ 起始的邻接、非空和一致有界的无限时段序列 $[t_{i_j}, t_{i_{j+1}})$ $(j = 1, 2, \cdots)$，使得存在于每

个时段的有向图 $G_n(t)$ 的并集含有一簇有向生成树，那么连续时间算法 (1.2) 渐近达到一致。

定理 1.4 假设式 (1.5) 中的行随机矩阵 $D_n[k] = d_{ij}[k] \in \mathbb{R}^{n \times n}$ 为分段常矩阵，并且其非负 (即正) 项有一致的上界和下界 (即 $d_{ii} \in [\underline{d}, 1]$，其中 $0 < \underline{d} < 1$，并且对于任意 $i \neq j$，如果 $(j, i) \in \varepsilon_n$，则 $d_{ij} \in [\underline{c}, \bar{c}]$，其中 $0 < \underline{c} < \bar{c} < 1$；否则 $d_{ij} = 0$)。如果存在一个由 $k_1 = 0$ 起始的邻接、非空和一致有界的无限时段序列 $[k_j, k_{j+1}]$ $(j = 1, 2, \cdots)$，使得存在于每个时段的有向图的并集含有一簇有向生成树，那么离散时间算法 (1.5) 渐近达到一致。

连续时间一致性算法 (1.2) 的一致平衡点是所有智能体初始信息状态的加权平均，因而是一个常量。这个受通信拓扑和权值 a_{ij} 影响的时不变一致平衡点可能是事先未知的。当各智能体的信息状态随时间变化时，时不变一致平衡点的假设可能就不再合适了。例如，在编队队形控制中，队形可能需要在二维或三维空间中不断变化。此外，连续时间一致性算法 (1.2) 仅仅保证各智能体的信息状态都收敛于某个值，但不能事先指定这个值。

假设编队由相同的 n 个智能体组成，另外有一个虚拟的智能体 $n+1$ 给编队领航，则称智能体 $n+1$ 为 "编队领航者"，其余的智能体 $1, 2, \cdots, n$ 为 "跟随者"。智能体 $n+1$ 的信息状态为 $\xi_{n+1} = \xi^r \in \mathbb{R}^m$，其中 ξ^r 表示一致基准状态，其满足

$$\dot{\xi}^r = f(t, \xi^r) \tag{1.6}$$

式中，$f(\cdot, \cdot)$ 关于 t 有界且分段连续，并且关于 ξ^r 局部 Lipschitz 稳定。一致基准状态的一致性跟踪问题是指当 $t \to \infty$ 时，$\xi_i(t) \to \xi^r$ $(i = 1, 2, \cdots, n)$。

用 $G_{n+1} = (v_{n+1}, \varepsilon_{n+1})$ 作为该 $n+1$ 个智能体通信拓扑的模型，矩阵 $A_{n+1} = [a_{ij}] \in \mathbb{R}^{(n+1) \times (n+1)}$ 为图 G_{n+1} 的邻接矩阵，$L_{n+1} = [l_{ij}] \in \mathbb{R}^{(n+1) \times (n+1)}$ 为图 G_{n+1} 的对称拉普拉斯矩阵。

当基准状态 ξ^r 为常量时，即式 (1.6) 中的 $f(t, \xi^r) \equiv 0$。对于单积分动力系统 (1.2)，关于时不变一致基准状态的一致性跟踪算法为

$$u_i = -\sum_{j=1}^{n} a_{ij}(\xi_i - \xi_j) - a_{i(n+1)}(\xi_i - \xi^r), \quad i = 1, 2, \cdots, n \tag{1.7}$$

式中，$\xi_i \in \mathbb{R}^m$ 表示智能体 i 的信息状态；a_{ij} 为邻接矩阵 $A_{n+1} \in \mathbb{R}^{(n+1) \times (n+1)}$ 的第 (i, j) 项。对于式 (1.7) 有如下定理。

定理 1.5 假设矩阵 A_{n+1} 时不变，算法 (1.7) 实现时不变一致基准状态的一致性跟踪当且仅当有向图 G_{n+1} 含有一簇有向生成树。

当基准状态 ξ^r 为一个时变外部信号，或者按一定的非线性动力学变化时，考

虑部分跟随者能够接收到信息 ξ^r 及其导数的情况, 给出如下一致性跟踪算法:

$$u_i = \frac{1}{\eta_i(t)} \sum_{j=1}^{n} a_{ij}[\dot{\xi}_j - \gamma(\xi_i - \xi_j)] + \frac{1}{\eta_i(t)} \sum_{j=1}^{n} a_{i(n+1)}[\dot{\xi}^r - \gamma(\xi_i - \xi^r)], \quad i = 1, 2, \cdots, n \tag{1.8}$$

式中, γ 为正常数, $\eta_i(t) = \displaystyle\sum_{j=1}^{n} a_{ij}$。

对于有向、时不变通信拓扑, 有如下一致性跟踪定理。

定理 1.6 假设 A_{n+1} 时不变, 当采用式 (1.8) 时, u_i 有唯一解且可实现一致性跟踪当且仅当有向图 G_{n+1} 含有一簇有向生成树。

当为切换通信拓扑时, 有如下一致性跟踪定理。

定理 1.7 假设 $A_{n+1}(t)$ 分段连续, 并且 $A_{n+1}(t)$ 的每个非零 (即正) 项从紧集 $[\underline{a}, \overline{a}]$ 中取值, 其中 $\underline{a}$ 和 $\overline{a}$ 均为正常数。令 t_0 为初始时间, 再令 $t_1, t_2, \cdots$ 为矩阵 $A_{n+1}(t)$ 的切换时刻。对于 $i = 1, 2, \cdots, n$, 若采用算法 (1.8), u_i 有唯一解当且仅当有向切换图 $G_{n+1}(t)$ 在每个时刻 $[t_i, t_{i+1})$ $(i = 0, 1, 2, \cdots, n)$ 都含有一簇有向生成树。进一步, 对于 $i = 0, 1, 2, \cdots$, 如果有向切换图 $G_{n+1}(t)$ 在每个时刻段 $[t_i, t_{i+1})$ 内都有一簇有向生成树, 那么算法 (1.8) 可以实现一致性跟踪。

现有文献已对一致性算法 (1.2) 进行了不同形式的扩展。例如, 文献 [85] 和 [86] 将一致平衡点推广为初始信息状态的加权幂平均函数或任意函数。文献 [87] 研究了量子一致性问题, 其中各节点的信息状态取整数值。在文献 [88] 中, 一致性算法 (1.2) 嵌入了一个外部输入, 以致各节点的信息状态可以跟踪一个时变的外部输入。文献 [89] 研究了常值参考状态的一致性问题, 文献 [90] 和 [91] 研究了时变参考状态的一致性问题。文献 [92] 推导了一群智能体受一个 "领航者" 控制时达到一致的充要条件。文献 [86] 提出了一种基于非光滑梯度流的方法, 使得编队在有限时间达到平均一致。

单积分动力系统的一致性算法 (1.2) 也可以扩展为双积分动力系统。单积分动力系统的一致性算法中, 一致平衡点为一维常数。与此不同, 双积分动力系统的一致性算法可能更适合下面的情况, 即要求部分信息状态收敛于某一个一致变量值 (如编队队形中心的位置), 而其他信息状态收敛于另一个一致变量值 (如编队队形中心的速度)。然而, 单积分动力系统的一致性算法难以直接扩展到双积分动力系统。

考虑如下双积分动力系统:

$$\dot{\xi}_i = \zeta_i, \quad \dot{\zeta}_i = u_i, \quad i = 1, 2, \cdots, n \tag{1.9}$$

式中, $\xi_i \in \mathbb{R}^m$ 为信息状态; $\zeta_i \in \mathbb{R}^m$ 为信息状态导数; $u_i \in \mathbb{R}^m$ 为智能体 i 的信息控制输入。

在某些情况下，n 个智能体之间关于 ξ_i 和 ζ_i 的通信拓扑可以是不同的。采用有向图 G_n^A 和 G_n^B 分别表示 n 个智能体间关于 ξ_i 和 ζ_i 的通信拓扑模型。令矩阵 $A_n = [a_{ij}] \in \mathbb{R}^{n \times n}$ 和 $B_n = [b_{ij}] \in \mathbb{R}^{n \times n}$ 分别是 G_n^A 和 G_n^B 的邻接矩阵，L_n^A 和 L_n^B 分别是 G_n^A 和 G_n^B 的非对称拉普拉斯矩阵，当 n 个智能体之间仅存在一种通信拓扑时，简单地用 G_n 表示 n 个智能体之间的通信拓扑模型。

对此可以给出关于式 (1.9) 的一致性算法：

$$u_i = -\sum_{j=1}^{n} a_{ij}(t)[(\xi_i - \xi_j) - \gamma(t)(\zeta_i - \zeta_j)], \quad i = 1, 2, \cdots, n \tag{1.10}$$

式中，$a_{ij}(t)$ 为 G_n 在时间 t 的邻接矩阵 $A_n(t) \in \mathbb{R}^{n \times n}$ 的第 (i,j) 项；$\gamma(t)$ 对任意时间 t 是一个正数。

当 ξ_i 和 ζ_i 分别表示智能体 i 的位置和速度时，式 (1.10) 表示该智能体的加速度。借助于算法 (1.10)，如果对于所有 $\xi_i(0)$ 和 $\zeta_i(0)$，当 $t \to \infty$ 时，$\|\xi_i(t) - \xi_j(t)\| \to 0$ 且 $\|\zeta_i(t) - \zeta_j(t)\| \to 0$ $(i, j = 1, 2, \cdots, n)$，那么智能体编队达到一致。

对于时不变通信拓扑，其收敛性有如下定理。

定理 1.8 令 μ_i 表示 $-L_n$ 的第 i 个特征值 $(i = 1, 2, \cdots, n)$，如果有向图 G_n 含有一簇有向生成树，并且

$$\gamma > \bar{\gamma} \tag{1.11}$$

其中如果 $-L_n$ 的所有 $n-1$ 个非零特征值均为负数，则 $\bar{\gamma} \triangleq 0$，否则

$$\bar{\gamma} = \max_{\forall \text{Re}(\mu_i) < 0, \text{Im}(\mu_i) > 0} \sqrt{\frac{2}{|\mu_i| \cos\left[\arctan \dfrac{\text{Im}(\mu_i)}{-\text{Re}(\mu_i)}\right]}} \tag{1.12}$$

那么算法 (1.10) 渐近达到一致。

对于时变切换通信拓扑，其收敛性有如下定理。

定理 1.9 令 $t_0, t_1, \cdots$ 是有向图 $G_n(t)$ 的切换时间序列，再令 τ 是满足 $t_{i+1} - t_i \geqslant \tau$ $(i = 0, 1, \cdots)$ 的停留时间。如果 $G_n(t)$ 对于每一 $t \in [t_i, t_{i+1})$，都含有一簇有向生成树，γ 是一个对任意 $\sigma \in P$ 都满足式 (1.11) 的常量，而且停留时间 τ 满足 $\tau > \sup_{p \in P}\{a_p / \chi_p\}$，那么算法 (1.10) 在有向切换通信拓扑条件下渐近达到一致，并且对扰动是鲁棒的。

文献 [76] 证明，对于一般的有向信息传递，通信拓扑和耦合强度 γ 都能影响一致性结果。为了达到一致，有向通信网络必须含有一簇生成树并且 γ 要足够大。关于扩展为更高阶一致性算法的结果可见文献 [93]。

与一致性算法相关的工作还有非线性耦合振荡器的同步问题。经典的 Kuramoto 模型由 n 个耦合振荡器组成，其动力学方程为

$$\dot{\theta}_i = \omega_i + \frac{k}{n}\sum_{j=1}^{n}\sin(\theta_j - \theta_i) \tag{1.13}$$

式中，θ_i 和 ω_i 分别表示第 i 个振荡器的相位和固有频率；k 表示耦合强度。

注意：该模型假定了网络是全连通的。文献 [94] 将模型 (1.13) 推广到近邻信息交换情形：

$$\dot{\theta}_i = \omega_i + \frac{k}{n}\sum_{j=1}^{n}a_{ij}(t)\sin(\theta_j - \theta_i) \tag{1.14}$$

文献 [95] 研究了耦合振荡器的相位模型与自驱动粒子群的动力学模型之间的关系，建立了镇定其集群运动的分析和设计方法。文献 [94] 研究了广义耦合非线性 Kuramoto 振荡器的稳定性问题，证明了当耦合强度超过某个阈值时，所有振荡器同步到相同且不确定的固有频率上。文献 [96] 扩展了文献 [94] 的结果，给出了关于全连通经典 Kuramoto 模型的更紧凑的耦合强度下界。文献 [94] 的结果也被推广到有不同时延和切换拓扑的情况[97]。

现有文献还研究了具有其他非线性动力学的耦合振荡器的同步问题。例如，考虑由 n 个智能体组成的网络，每个智能体的信息状态方程为

$$\dot{x}_i = f(x_i, t) + \sum_{j=1}^{n}a_{ij}(t)\sin(x_j - x_i) \tag{1.15}$$

式中，$x = [x_1,\ x_2,\ \cdots,\ x_n]$。文献 [98] 应用局部收缩理论推导了关于方程 (1.15) 的智能体编队达到一致的条件。此外，文献 [99] 研究了一个由 n 个非线性振荡器组成的动态网络，其中每个振荡器的状态方程为

$$\dot{x}_i = f(x_i) + \gamma\sum_{j=1}^{n}a_{ij}(t)(x_j - x_i) \tag{1.16}$$

式中，$x_i \in \mathbb{R}^m$，$\gamma > 0$ 表示全局耦合强度参数。文献 [99] 证明，网络拉普拉斯矩阵的代数连通度在同步中起着核心的作用。

1.2.2　高阶线性多智能体一致性

目前绝大多数多智能体成果主要局限于对个体动力学模型为一阶积分器和二阶积分器的分析，关于高阶多智能体系统分布式协同控制的研究成果较少[100]，且目前已有的理论成果主要局限于动力学模型为高阶积分器的系统。一阶和二阶积分器是高阶积分器模型的特例。Ren 等[93, 101] 指出了一类高阶线性积分器模型实

现一致性的充分必要条件, 并研究了模型参考一致性问题。文献 [102] 研究了高阶积分器多智能体在切换拓扑和时延情况下的一致性问题。文献 [103] 研究了在不含有生成树条件下的高阶积分器多智能体的时延一致性控制。文献 [104] 提出了一种只用局部一阶状态信息的基于邻居集的动态协议。文献 [105] 针对反馈控制器和局部信息交互两部分内容, 提出了一种线性一致性协议; 针对带噪声和时滞的领航-跟随高阶线性多智能体系统一致性问题开展研究, 并在无向图拓扑条件下给出了一致性协议。由于高阶积分器模型的特点, 上述研究主要基于矩阵分析工具, 但是许多非线性工具, 如 Backstepping 方法等也可用于此类模型的控制器设计。文献 [106]~[109] 研究了带扰动的高阶积分器模型的一致性问题。文献 [110] 和 [111] 研究了离散时间系统的高阶线性多智能体系统的一致性问题等。此外, LTI 线性模型多智能体系统协同控制问题、高阶 Brunovsky 多智能体控制问题、高阶链式多智能体系统一致性控制问题将在接下来的几节中得到阐述。

由于动力学模型的特点, 高阶线性多智能体系统控制器设计大量运用矩阵分析等数学工具。此外, 还有一些非线性系统的设计方法也可以处理高阶线性系统的协调控制问题, 如非线性控制理论中著名的 Backstepping 方法。由于线性积分器多智能体系统具有严格反馈系统的下三角结构特征, 结合图论与 Backstepping 方法, 每个微分方程的高阶状态在迭代设计控制器的过程中被看成虚拟控制, 则高阶多智能体系统的一致性控制问题可以分解成一系列低阶子系统的分布式控制器设计问题来处理。此外, Backstepping 方法与自适应控制、滑模控制、神经网络控制等控制方法相结合, 不仅可以解决线性智能体系统的控制问题, 而且也能解决大量非线性智能体系统的合作控制问题[107, 108]。

1. 高阶线性积分器多智能体系统控制

最基本的高阶线性多智能体系统模型用如下的 n 阶积分器形式来表示:

$$
\begin{aligned}
\dot{\xi}_i^{(0)} &= \xi_i^{(1)} \\
&\vdots \\
\dot{\xi}_i^{(l-2)} &= \xi_i^{(l-1)} \\
\dot{\xi}_i^{(l-1)} &= u_i
\end{aligned} \tag{1.17}
$$

式中, $\xi_i^{(k)} \in \mathbb{R}^m, k = 0, 1, \cdots, l-1(l \geqslant 3)$, l 表示每个智能体的模型阶次, $u_i \in \mathbb{R}^m$ 是第 j 个智能体的控制输入, $\xi_i^{(k)}$ 表示 ξ_i 的第 k 次微分, 且 $\xi_i^{(0)} = \xi_i$。显然, 模型 (1.17) 是线性积分器多智能体模型的一般形式, 它涵盖了一阶和二阶积分器多智能体模型, 具有一般性。

对于高阶线性积分器多智能体系统, 标准的一致性协议如下:

$$u_i = -\sum_{j=1}^{n} g_{ij} k_{ij} \left[\sum_{k=0}^{l-1} \gamma_k (\xi_i^k - \xi_j^k) \right], \quad i \in \{1, \cdots, n\} \tag{1.18}$$

式中, $k_{ij} > 0, \gamma_k > 0, g_{ii} \triangleq 0$, 如果智能体 j 信息能传达给智能体 i, 则 $g_{ij} = 1$, 否则为 0. $\forall i \neq j$, 当 $k = 0, 1, \cdots, l-1$ 时, 若 $\xi_i^{(k)} \to \xi_j^{(k)}$, 则称多智能体系统 (1.17) 实现一致。令 $\xi = [\xi_1, \cdots, \xi_n]^T$, 利用一致性控制器 (1.18), 高阶线性多智能体系统 (1.17) 可重新写成如下的矩阵形式:

$$\begin{bmatrix} \dot{\xi}^{(0)} \\ \dot{\xi}^{(1)} \\ \vdots \\ \dot{\xi}^{(l-1)} \end{bmatrix} = (\Gamma \otimes I_m) \begin{bmatrix} \xi^{(0)} \\ \xi^{(1)} \\ \vdots \\ \xi^{(l-1)} \end{bmatrix} \tag{1.19}$$

根据多智能体系统的特性, 智能体闭环系统可以表示为向量的形式, 因此在线性多智能体稳定性分析时常利用矩阵分析等工具。作为最基础的一致性控制问题, 有的学者最早研究不含领航者的一致性控制问题。西北工业大学朱旭等[100] 总结了高阶积分器多智能体系统的一般性收敛判据, 并基于图论和矩阵分解方法, 推导出了高阶多智能体系统一致性收敛的充分必要条件。Ren 等[93, 101] 提出了一类 $l(l \geqslant 3)$ 阶一致性算法, 同时指出这类高阶线性积分器多智能体系统实现一致的充分必要条件。此外, Ren 还研究了带有领航者的高阶线性积分器智能体网络的控制问题, 以及 l 阶模型参考一致性问题, 其中每个状态变量和它们的高次微分不仅达到一致, 而且收敛到预先规定的动力学模型的解。Jiang 等[102] 分别研究了高阶线性积分器多智能体系统在固定拓扑-切换拓扑、零通信延迟-非零通信延迟下的一致性控制问题。Yang 等[103] 研究了在时延情况下的切换拓扑高阶积分器多智能体系统一致性问题。其设计的控制器即使在通信拓扑可能没有生成树的情况下, 也可以在任意有界时延情况下到达一致性。Zhang 等[104] 也研究了上述高阶积分器形式的多智能体系统的一致性, 不同于 Ren 等[93, 101] 所提出的方法, 他们所提出的方法只使用智能体第一阶的相对状态信息来设计控制器, 并且推导出智能体网络渐近实现一致性的充分条件。He 等[105] 提出的线性一致性控制协议把一致性问题分为两部分, 一部分是反馈控制器, 另一部分是来自邻居智能体的直接交互; 并提出了设计一致性控制器的充分必要条件。他们提出的控制器结构如下: $u_i = u_{i1} + u_{i2}$, 其中 $u_{i1} = b \sum_{k=1}^{l-1} \xi_i^k$ 是反馈控制器, b 是需要设计的非零常数, $u_{i2} = \sum_{j=1}^{n} c_{ij} \left(\sum_{k=1}^{l-2} \gamma_k (\xi_j^k - \xi_i^k) \right)$, 其一致性协议参数的设计方法的优点在于使得反馈增益设计更加灵活。作为特例，还给出上述一般高阶模型下的二阶和三阶多智能体系统的标准控制器，并设计了具体的反馈增益和系统参数。Miao 等[106] 研究了无向图条件下带有噪声和时延的高阶线性多智能体系统"领航-跟随"一致性问题。

由于高阶线性多智能体系统模型的线性特征，上述文献中一致性问题的处理都是基于矩阵理论框架来设计分布式控制器。

2. 带扰动的高阶线性多智能体系统控制

在实际应用中，具有明确物理背景的智能体系统往往受到各种干扰，如执行器偏差，测量、计算错误和通信拓扑动态变化等。

一类带外部扰动的高阶非线性系统，可以用如下动力学模型描述：

$$
\begin{aligned}
\dot{\xi}_i^{(0)} &= \xi_i^{(1)} \\
&\vdots \\
\dot{\xi}_i^{(l-2)} &= \xi_i^{(l-1)} \\
\dot{\xi}_i^{(l-1)} &= u_i + w_i
\end{aligned}
\tag{1.20}
$$

式中，$i(1 \leqslant i \leqslant n)$ 表示智能体的编号，$\xi_i = [\xi_i^{(0)}, \xi_i^{(1)}, \cdots, \xi_i^{(l-1)}]^{\mathrm{T}} \in \mathbb{R}^l$ 表示智能体 i 的各阶状态，$u_i \in \mathbb{R}$ 是智能体 i 的控制输入量，w_i 表示外部扰动。

针对带扰动的高阶线性积分器多智能体系统 (1.20) 的一致性控制问题，Mo 等[109] 研究了在时滞情况下多智能体系统的一致性的收敛性分析。他们提出如下基于邻居信息的协议：

$$
u_i(t) = -\sum_{k=0}^{l-1} g_k \sum_{j \in \mathcal{N}_i(t)} a_{ij}(\xi_i^{(k)}(t-\tau) - \xi_j^{(k)}(t-\tau))
\tag{1.21}
$$

式中，$i \in \{1, 2, \cdots, n\}$，边的权重 $a_{ij} > 0$，$g_k > 0 (k = 0, 1, \cdots, l-1)$，$\tau > 0$ 表示智能体网络的通信时滞。

通过计算所有智能体的平均相对位置，再结合交互信息，定义如下的输出函数：

$$
\begin{aligned}
z_{il}(t) &= \frac{1}{n} \sum_{j=1}^{n} [\xi_i^{(l-1)}(t) - \xi_j^{(l-1)}(t)] \\
&= \xi_i^{(l-1)}(t) - \frac{1}{n} \sum_{j=1}^{n} \xi_j^{(l-1)}(t)
\end{aligned}
\tag{1.22}
$$

其 H_∞ 性能指标定义为

$$
J = \int_0^\infty [z^{\mathrm{T}}(t)z(t) - \gamma^2 w^{\mathrm{T}}(t)w(t)]\mathrm{d}t
\tag{1.23}
$$

式中, γ 是正常数。与文献 [112] 中一阶智能体的研究结论和二阶智能体的成果不同的是, 文献 [109] 中提出的方法没有采用任何模型变换。

Liu 等[113] 分别研究了固定拓扑和有向图切换拓扑条件下的 l 阶带外部扰动的多智能体系统的输出一致性问题。其主要思想是定义一个受控输出量来测量每个智能体输出与所有智能体输出平均值的误差。上述受控输出函数设计类似于文献 [109] 中的式 (7), 把一致性问题转化成一个 H_∞ 控制问题。随后, 提出依据自身状态信息和邻居智能体的测量输出信息来设计的分布式控制协议。再次, 他们给出了两步模型变换, 得到有关 H_∞ 等效的非奇异降阶系统, 研究在固定有向图的智能体网络拓扑条件下的一致性的充分必要条件, 在此基础上设计一致性协议以确保 H_∞ 性能下输出一致性。不同于常见的全状态一致性协议, 文献 [113] 中的控制器能直接获得的信息只是其邻居节点的输出测量值 $y_j(t) = \xi_j^{(1)}(j \in \mathcal{N}_i)$, 如要获取智能体邻居的其他状态则需要通过设计估计器来获得。因此, 利用可用状态信息 $\xi_j^{(1)}(j \in \mathcal{N}_i)$ 代替所有阶次导数 $\xi_j^{(1)}(t)$ 设计如下控制器:

$$u_i(t) = \sum_{k=2}^{l} -K_k \xi_i^{(k)}(t) + K_1 \sum_{j \in \mathcal{N}_i} a_{ij}(\xi_j^{(1)} - \xi_i^{(1)}(t)) \tag{1.24}$$

式中, $i = 1, 2, \cdots, n$ 为智能体的编号, $K_k \in \mathbb{R}(k = 1, 2, \cdots, l)$ 为一致性增益。局部负反馈 $\sum_{k=2}^{l} = -K_k \xi_i^{(k)}(t)$ 的作用是减小高阶变量 $\xi_i^{(k)}(t)(k = 2, 3, \cdots, l)$ 的模值。

3. 离散时间高阶线性多智能体系统控制

由于实际系统的控制往往采用离散量, 一些学者开始关注离散时间尺度下的高阶线性多智能体系统的控制, 其典型动力学模型如下:

$$
\begin{aligned}
\xi_i^{(0)}(k+1) &= \xi_i^{(0)}(k) + \xi_i^{(1)}(k)T \\
&\vdots \\
\xi_i^{(l-2)}(k+1) &= \xi_i^{(l-2)}(k) + \xi_i^{(l-1)}(k)T \\
\xi_i^{(l-1)}(k+1) &= \xi_i^{(l-1)}(k) + u_i(k)T
\end{aligned} \tag{1.25}
$$

假定多智能体系统 (1.25) 由 N 个离散的智能体组成, 与连续时间系统不同的是, 智能体网络的拓扑 $\mathcal{G}(kT) = (\mathcal{V}, \mathcal{E}(kT), \mathcal{A}(kT))$ 中的 $T > 0$ 是采样时间, $\mathcal{V} = \{v_1, \cdots, v_N\}$ 是拓扑节点集, $\mathcal{E}(kT) \subseteq \mathcal{V} \times \mathcal{V}$ 是边集, $\mathcal{A}(kT) = [a_{ij}(kT)]$ 是节点间的邻接权重。在采样时刻 kT, 智能体 i 的邻居集以及拓扑 $\mathcal{G}(kT)$ 的拉普拉斯变换形式分别写为 $\mathcal{N}_i(kT)$ 和 $L(kT)$。

不同于文献 [113] 中介绍的设计方法, 含有通信时滞的离散时间的高阶多智能体系统的控制器可采用如下形式:

$$u_i(k) = -\sum_{j=1}^{l-1} p_j \xi_i^{(j)}(k) - \sum_{s_j \in N_i(k)} a_{ij}(k)(\xi_i^{(0)}(k) - \xi_j^{(0)}(k - \tau_{ij})) \tag{1.26}$$

其中, $i = 1, 2, \cdots, n$; $p_j > 0(j = 1, 2, \cdots, l-1)$; $a_{ij} > 0$ 表示从有限集 $\bar{a}$ 中选取的边权重; $\tau_{ij}(t) \leqslant \tau_{\max}$ $(i \neq j)$ 是智能体网络节点 v_j 到 v_i 的通信时滞, 其中 $\tau_{\max}$ 表示最大通信时滞是一个正常数。

Lin 等[110] 介绍了离散智能体的控制器设计的充分条件, 并推导出即使通信拓扑结构动态变化, 甚至智能体网络拓扑没有生成树情况下的一致性。其结论也表明, 任意通信时滞不影响多智能体系统的稳定性。Xu 等[111] 基于观测器的方法, 设计了离散时间下 "领航-跟随" 多智能体系统的一致性控制问题。

4. LTI 型高阶线性多智能体系统控制

高阶线性多智能体系统模型, 除了积分器型系统, 另外一类比较常见的高阶线性多智能体模型为线性时不变 (linear time-invariant, LTI) 模型[114-127]。此类系统的每个智能体有独立的多输入多输出 (MIMO) 线性动力学, 其阶次可以是任意阶。这类多智能体系统可用如下形式表示:

$$\begin{aligned} \dot{x}_i &= Ax_i + Bu_i \\ y_i &= Cx_i, \quad i = 1, \cdots, N \end{aligned} \tag{1.27}$$

式中, $x_i \in \mathbb{R}^n$ 为状态信息; $u_i \in \mathbb{R}^p$ 为控制输入; $y_i \in \mathbb{R}^q$ 为可测的系统输出; A、B、C 为常数矩阵, 其中假定 C 满秩。

高阶 LTI 模型与高阶积分器模型相比, 两者的区别在于: 首先, 从系统结构特性上看, LTI 高阶多智能体模型包含高阶积分器多智能体系统模型。然而, 对于积分器多智能体系统模型, 状态反馈只能作用在每个智能体状态变量的最后一个分量上, 此时通过设计反馈增益矩阵进而使 LTI 多智能体系统实现一致性的方法并不能直接用来求解积分器多智能体模型的一致性问题。不能简单地把积分器多智能体系统看成 LTI 线性多智能体系统的特殊形式。下面介绍 LTI 型高阶多智能体系统的研究进展。

上述 1～3 的一致性控制器是依据邻居智能体的所有状态来设计的。然而, 对于高阶 LTI 多智能体系统, 每个智能体不是单输入单输出结构, 每个智能体的输入数与系统阶次相同[114]。Scardovi 和 Sepulchre[115] 提出了输出反馈一致性的问题, 每个智能体的状态观测器的数值发送给邻居智能体, 所发送的信息数量与采用的状态反馈情况相同。Tuna[116] 研究了通过输出反馈实现一致性的问题, 但是仅讨论了静态输出反馈的情况。在上述工作的基础上，Seo 等[117] 研究了在广义环境下的一致性问题，在这个意义上，每个智能体是一种多输入多输出线性动态系统，它是可镇定并可检测的，并且动态一致性算法从相邻智能体只使用输出信息而不是完整的状态信息。需要指出的是，Seo 等提出的方法采用滤波器技术，并且提出了一般形式和滤波器构建方法。假设智能体 i 通过如下的控制协议获得邻居智能体的输出信息：

$$z_i(t) = \sum_{j \in \mathcal{N}_i} \alpha_{ij}(y_j(t) - y_i(t)) = -\sum_{j \in \mathcal{N}} l_{ij} y_j(t) \tag{1.28}$$

式中，$\mathcal{N}_i = \{j \in \mathcal{N} : \alpha_{ij} \neq 0\}$。假设采集信息 $z_i(t)$ 经过 $\kappa(s)$ 滤波，并通过式 (1.29) 反馈到智能体 i：

$$u_i = \kappa(s)z_i = \kappa(s)\sum_{j \in \mathcal{N}_i} \alpha_{ij}(y_j - y_i) = -\kappa(s)\sum_{j \in \mathcal{N}} l_{ij} y_j \tag{1.29}$$

Li 等[118] 研究了有向拓扑下的连续和离散时间线性多智能体一致性控制，在拓扑含有有向生成树的条件下，提出了基于邻居智能体输出和分布式降阶观测器的一致性协议。

1.2.3 高阶非线性多智能体一致性

关于高阶多智能体系统的控制，已有的文献大多只考虑严格反馈的积分器型线性高阶动力学模型。然而，几乎所有的物理系统具有本质非线性的特征，例如，一组轮式移动机器人、机械臂等，因此非线性多智能体系统协调控制研究十分有应用价值。此外，在许多实际应用中，系统的动力学往往不仅是非线性而且含有不确定未建模动态。因此，解决上述系统的一致性问题具有很强的现实意义。1.2.2 节提到的许多线性系统设计方法，如矩阵分析法等，在非线性多智能体系统分布式控制中并不适用。因此，不确定高阶非线性多智能体系统的协调控制比线性积分器多智能体控制更具挑战性。目前此方面的研究成果还不是很多。

研究高阶非线性多智能体系统协同控制问题的动机来源于实际系统普遍具有的高阶特性、不确定特性、非完整约束特性、强非线性特性等。例如，协调作战的无人机组，迫于环境变化突然改变运动方向，此时不但要求位置和速度一致，而且要求加速度协调统一。因此，近几年来，高阶不确定非线性系统的分布式自适应控制设计问题已经成为非线性控制领域中较为重要的一个分支，备受科研工作者关注。Jiang 等[128-132] 对非线性系统控制进行了一些研究，包括动态拓扑非线性多智能体控制[128]，基于输出反馈的非线性控制[129]，基于循环小增益的非线性控制[130]，无全局定位的多智能体编队控制[131] 等。究其原因，主要是该类系统不仅有着极为重要的理论价值，而且也有很强的实用价值。从实际上看，高阶多智能体一致性控制理论对于一类机械系统合作控制、机器人编队合作、航天飞行器编队飞行、同步发电机协同工作等实际系统中都有着广泛的应用。但是，外界不确定扰动的影响和系统本身的未知性给实际的运转增加了困难。因此，高阶非线性多智能体系统控制问题的解决，必然也会给工业生产带来一定的经济效益。从理论上看，该系统的数学模型是最近 20 年来得到大量研究的严格反馈非线性控制系统的更一般形式。对高阶非线性系统的理论研究，无论是镇定问题、跟踪问题，还是输出反馈控制设计问题，都将会对严格反馈非线性控制系统的理论研究和控制设计起着指导作用。因此，该系统模型的理论研究是控制理论领域的前沿方向之一，提出的控制器设计的新方法也必将丰富传统多智能体控制器的设计方法。

下面以动力学模型分类，分别介绍几种常见的高阶非线性多智能体系统的研究进展情况。

1. 一类典型的高阶非线性多智能体系统控制

早期关于高阶非线性多智能体系统的研究，其研究对象模型较为简单，主要基于如下动力学模型开展：

$$\dot{x}_{ij} = f_i(\bar{x}_{ij}) + x_{i+1,j} \tag{1.30}$$
$$\dot{x}_{nj} = f_n(\bar{x}_{nj}) + u_j$$

式中，$i = 1, \cdots, n-1$，$\bar{x}_{ij} = [x_{1j}, \cdots, x_{ij}]^T$，假设非线性函数 f_i 已知且光滑，$u_j \in \mathbb{R}$ 是智能体 j 的控制输入。

Dong 等[133, 134] 研究了高阶非线性多智能体 (1.30) 一致性和跟踪控制问题，其设计控制器的方法综合应用了鲁棒控制、逼近理论和反推技术。其设计的一致性控制器如下：

$$u_j = \sum_{i \in \mathcal{N}_j} a_{ji}(z_{nj} - z_{ni}) - f_n(\bar{x}_{nj}) + \dot{\alpha}_{nj}(\bar{x}_{n-1,j}) \tag{1.31}$$

式中，$1 \leqslant j \leqslant m$，$a_{ji} = a_{ij} \geqslant \delta > 0$。通过反馈技术设计智能体 j 的误差系统 $z_{*j} = x_{*j} - \alpha_{*j}$，其中 $x_{*j} = [x_{1j}, x_{2j}, \cdots, x_{nj}]^T$，$\alpha_{*j} = [\alpha_{1j}, \alpha_{2j}, \cdots, \alpha_{nj}]^T$ 是智能体 j 的各阶虚拟控制。控制器 (1.31) 能够使得一组智能体的状态收敛到平衡点。对于跟踪问题，如下的鲁棒自适应控制器 (1.32) 使得智能体的状态收敛到参考系统的状态值。

$$u_j = -\sum_{i \in \mathcal{N}_j} a_{ji}(z_{nj} - z_{ni}) - \mu_j b_j(z_{nj} - z_{n0}) + \Phi_j(t)^T \hat{\theta}_j$$
$$- f_n(\bar{x}_{nj}) + \dot{\alpha}_{nj}(\bar{x}_{n-1,j}), \quad 1 \leqslant j \leqslant m \tag{1.32}$$

式中，常数 $b_j \geqslant \delta > 0$，如果参考系统的信息等传递到智能体 j，则 $\mu_j = 1$，否则 $\mu_j = 0$。$\Phi_j(t)^T \hat{\theta}_j$ 是利用自适应控制设计一致性搜索的项。虽然反推方法成为非线性系统设计的一个重要工具，但值得注意的是，由于其迭代设计过程中需要反复设计虚拟控制器及其微分，可能会带来的"计算爆炸"问题。为了解决上述设计过程中的复杂度爆炸问题，Yoo[135] 针对严格反馈的多智能体系统，提出了动态面结合神经网络的方法来设计控制器，他所设计的分布式一致和跟踪控制器基于模型 (1.31)。分布式动态面的设计与单体系统或者集中式系统相比，误差面中耦合了拓扑信息，上述误差面用于设计领航者与跟随者之间的一致性跟踪。此外，Yoo 采用神经网络的万能逼近功能来显现非线性函数的逼近且补偿跟随者控制输入中的非匹配未知非线性。

与模型 (1.30) 相比，下述高阶非线性不确定多智能体系统模型更具有一般性：

$$\dot{x}_{ij} = f_{ij}(\bar{x}_{ij}) + x_{i+1,j} + \theta_j^{\mathrm{T}} \phi_{ij}(\bar{x}_{ij})$$
$$\dot{x}_{nj} = f_{nj}(\bar{x}_{nj}) + \theta_j^{\mathrm{T}} \phi_{nj}(x_{nj}) + u_j \tag{1.33}$$

式中，$\bar{x}_{ij} = [x_{1j}, \cdots, x_{ij}]^{\mathrm{T}}$；函数 $f_{ij} \in \mathbb{R}$，$\phi_{ij} \in \mathbb{R}^p$ 光滑，并假设已知；$\theta_j \in \mathbb{R}^{p_j}$ 是未知的常数向量；$u_j \in \mathbb{R}$ 是智能体 j 的控制输入。

若 $\theta_j = \theta$，则分布式自适应一致性控制器可以通过反推技术来设计。Dong[136] 研究了模型 (1.33) 的一致性问题，采用了反推技术和自适应控制方法。不足之处在于，文献 [136] 只考虑了三阶系统的情况，其设计的控制器不适用于系统阶数大于 3 的情况。究其原因，其控制器的设计过程中采用了两跳信息。如果将系统推广到 n 阶，就需要 $n-1$ 跳信息来设计控制器，这显然是难以实现的。此外，增加幂次积分的方法可用于处理一些高阶下三角结构系统的控制问题[137-139]，但是由于其具有严格的使用条件，且目前只用于单体系统，如何将这类方法用于多智能体系统的控制值得进一步探讨。

2. Brunovsky 型高阶非线性多智能体系统控制

Brunovsky 型是另一种有代表性的标准型高阶非线性多智能体系统。此类智能体模型通过一个高阶积分器耦合未知非线性动力学以及未知扰动来表示：

$$\dot{x}_{ij} = x_{i+1,j}$$
$$\dot{x}_{nj} = f_j(x_j) + u_j + \zeta_j \tag{1.34}$$

式中，$i = 1, \cdots, n-1$；$x_{ij} \in \mathbb{R}$ 是智能体 j 的第 i 阶状态；$x_j = [x_{1j}, \cdots, x_{nj}]^{\mathrm{T}}$ 是智能体 j 的状态向量；未知函数 $f_j(\cdot) : \mathbb{R}^n \to \mathbb{R}$ 在 $\mathbb{R}^n$ 上局部 Lipschitz，且 $f_j(0) = 0$；$u_j \in \mathbb{R}$ 为控制输入；$\zeta_j \in \mathbb{R}$ 是未知但有界的外部扰动。

Zhang 等[140] 在有向固定拓扑条件下，针对带领航者的 Brunovsky 型高阶非线性多智能体系统 (1.34) 设计了分布式跟踪控制器。领航者节点被建模为高阶非自治、非线性系统，其可看成一个命令发生器仅向智能体网络的一小部分节点提供的控制命令。他们所设计的鲁棒自适应神经网络控制器能确保所有跟踪者智能体最终与领航者状态同步且跟踪误差有界。相比强连通，文献 [140] 的主要贡献是放松了控制器设计对网络拓扑的要求，即增广拓扑含有一个生成树。

大多数文献的研究结论是渐近稳定的一致性算法，它意味着随着时间趋于无穷，智能体之间的状态误差渐近收敛到零。然而，一些对精确性要求比较高的重要的实际应用中，对一致性的收敛速度有有限时间的要求。Khoo 等[141, 142]分别提出了基于有向和无向智能体网络的滑模变量。如果智能体 h 与领航者连通，则 $b_h > 0$，否则 $b_h = 0$。"领航–跟随"智能体系统的高阶一致性问题通过滑模面的设计，进一步推导控制器来实现。快速有限时间一致性控制的李雅普诺夫函数设计方法参见文献 [141] 和 [142]，依据上述李雅普诺夫函数设计及其稳定性分析，可得滑模变量的快速有限时间收敛，并且非光滑控制律的设计确保了快速有限时间内可达到所设计的一组滑模面上，最终保证了智能体网络的有限时间一致性。

3. 高阶非完整约束多智能体系统控制

从分析力学的角度看，高阶非完整智能体系统是一种自由度少于其位形空间维数的欠驱动分布式集群系统[143-147]，它是一个关于力学、数学和非线性控制理论等学科相融合的复杂问题。如何利用约束系统的"非完整性"开发可控的欠驱动分布式智能体系统，如群体合作机器人系统，是一项非常有意义的研究方向。

考虑如下的高阶非完整链式非线性多智能体系统：

$$
\begin{aligned}
\dot{x}_{0j} &= u_{0j}^{p_o} \\
\dot{x}_{1j} &= x_{2j}^{p_1} u_{0j}^{q_1} \\
&\;\;\vdots \\
\dot{x}_{n-1,j} &= x_{2j}^{p_1} u_{0j}^{q_1} \\
\dot{x}_{nj} &= u_{1j}^{p_n}
\end{aligned}
\tag{1.35}
$$

式中，$x_j = (x_{0j}, x_{1j}, \cdots, x_{nj})^{\mathrm{T}} \in \mathbb{R} \times \mathbb{R}^n$ 和 $u_j = (u_{0j}, u_{1j})^{\mathrm{T}} \in \mathbb{R}^2$ 分别表示智能体 j 的状态和控制输入；$p_i(i = 0, \cdots, n)$、$q_k(k = 1, \cdots, n-1)$ 为正整数。

多智能体系统 (1.35) 代表一大类本质非线性系统，众所周知的非完整链式约束系统可以看成其一个特例，轮式移动机器人等一些典型机械系统模型也可以转换成非完整链式约束系统的形式。这类系统的控制难点在于，非完整智能体系统的运动往往表现为非线性，在许多情况下呈现出非线性对称仿射系统的形式。这类非线性对称仿射系统在平衡点渐近稳定的连续状态反馈控制律不存在，即不满足Brockett 必要条件[148]。除此之外，每个智能体只能利用局部信息，也给控制器的设计带来挑战。目前已有学者采用串级系统的设计思路[149, 150]，将上述高阶非完整链式非线性多智能体系统分为两个子系统来降低设计难度，主要结果参见文献 [151]~[153]。

目前，高阶非完整链式多智能体系统的镇定及跟踪是一个开放性研究方向。

1.3 多智能体非合作行为检测与补偿概述

多智能体系统的非合作行为检测问题对应于传统控制系统的故障检测问题，目前仍属于一个新兴的研究主题。对于多智能体系统，节点发生故障的表现就是节点产生了非合作行为。需要说明的是，非合作行为包括但不局限于节点故障，其产生的原因可能是多方面的，如节点自身能量耗尽或损坏、节点受到恶意攻击、节点受到敌方诱捕等。随着多智能体系统规模不断扩大以及执行任务复杂性不断增加，系统中不可避免地会出现非合作节点，而若无法及时对其进行诊断与处理，其不利影响将随着通信扩散至整个系统中，破坏系统的正常工作。例如，在编队控制中，如果某一节点受到攻击而无法继续运行，则剩余正常节点也会受此节点影响，随着时间的推移，所有节点都会被卡在该节点周围，无法继续完成预期的编队任务。在采用分布式控制的网络结构中，某一节点受外部影响成为恶意节点，此时若无法及时将其检测隔离，它就可以通过影响自己的邻居节点，逐渐将恶意信息传播至整个网络，给系统安全带来极大的威胁。从上述分析可以看出，对于多智能体系统，建立一套快速高效的非合作行为检测方法，并设计出具有非合作行为检测、隔离与补偿一体化能力的控制系统，是一项紧迫且拥有广阔应用前景的工作。

近年来，受生物学、人类社会学研究的启发，面向多智能体系统的协调控制研究已在无线传感器网络、多机械臂协同装配、无人机编队、卫星编队、集群航天器深空探测等领域广泛应用，成为当下控制领域的研究热点之一。类似于鱼群捕食、鸟群迁徙等生物与人类社会中的群体性优势，多个个体之间的协调与合作将大大提高个体行为的智能化程度，更好地完成很多单个个体无法完成的工作，并具有效率高、可扩展性强和内在的并行性等优点[154]。随着多智能体系统的广泛应用，人们对其安全性与可靠性也提出了更高的要求，面向多智能体系统的非合作行为检测研究逐渐受到了学者的关注。需要说明的是，该领域现有成果大多是基于传统的故障检测理论，对其进行改进与完善而来，因而仍多采用故障检测 (fault detection) 的描述方式。在故障检测的研究中，基于观测器的方法已取得了长足的发展，如基于卡尔曼滤波器、龙伯格观测器的故障检测方法等[155-157]。这类方法针对集中式控制系统，属于基于模型的故障检测方法，其核心思想是通过设计状态观测器估计系统的某一特征参数，同时借助参考输入观测误差信号，并以此为依据诊断系统故障。当前，针对多智能体系统的故障检测研究，绝大部分已有成果都是基于传统的基于观测器的方法，对其进行分布化设计使之适应多智能体系统分布式的特点。

基于观测器的多智能体故障检测方法主要可分为以下几类。

1) 基于未知输入观测器 (unknown input observer) 的故障检测方法

未知输入观测器是龙伯格观测器的一种改进形式, 它可以在系统存在未知输入的情况下估计出系统的预期状态, 并通过将实际状态作为反馈引入观测器中来得到未知输入的具体形式。利用未知输入观测器可以在故障信号还未对输出产生影响时将其观测出来, 且计算量相对较小, 时效性好, 因此得到了广泛的研究和应用[156, 158, 159]。

文献 [160] 第一次将未知输入观测器引入多智能体故障检测领域, 并给出了对于带有故障信号二阶多智能体系统的分布式未知输入观测器设计方法。此外, 文章中还提出, 对于多智能体系统中的每个节点, 均设计 $N+1$ 个未知输入观测器, 其中 N 为该节点的邻居数。每个观测器只对某一个邻居的未知输入不敏感 (其中有一个对自身未知输入不敏感)。这样, 一旦某个邻居发生故障, 则其邻居对其未知输入不敏感的观测器就会产生偏差信号, 进而检测出该故障节点。另外, 文章中还进一步指出, 若想观测某节点的某一状态是否出现故障, 则系统中所有节点的该状态必须可以测量, 否则未知输入观测器将无法设计。

文献 [161] 则进一步研究了对于模型不精确的系统, 如何利用未知输入观测器对系统中具有微小变化量故障进行检测的方法。文章通过分析系统模型在渐变故障影响下参数的变化, 给出了未知输入观测器观测误差的表达式, 并通过进一步设计门限函数, 使得系统能够对渐变故障保持足够的敏感度, 进而检测出故障节点。同时, 文献中还研究了故障节点的隔离问题, 系统通过增加或删减通信路径实现对故障节点的隔离任务。

文献 [162] 则将未知输入观测器应用于网络化控制系统, 给出了具有网络化特性的未知输入观测器的一般结构及其稳定性证明。另外, 文章着重研究了通信时延对网络化控制系统和网络化未知输入观测器的影响, 从观测器设计的角度求得了系统所允许的通信时延最大值, 并给出了一种对通信时延有很强鲁棒性的观测器设计方法, 使得观测器对未知输入的敏感度始终保持最小。

2) 基于残差生成器的故障检测方法

基于观测器的残差生成器是一种比较常见的故障检测方法, 其在本质上仍是状态观测器, 但输出并不是系统状态的观测值, 而是观测误差。因此, 借助残差生成器可以方便地获得系统中状态的误差信号, 进而检测出故障发生的地点及其具体形式。由于残差生成器与系统模型紧密相关, 所以其并没有一个固定的形式, 而是针对具体问题灵活设计。文献 [163] 对残差生成器在故障检测方面的应用做了开创性的工作, 给出了针对线性时不变系统残差生成器的存在条件和一般设计方法, 为其进一步推广与应用奠定了基础。随后, 众多学者对这一问题展开了研究[164-166]，并在各自领域取得了相应的成果。近年来，随着多智能体系统研究的兴起，基于残差生成器的多智能体故障检测方法也有成果出现。

文献 [167] 给出了面向多智能体系统的残差生成器的特点，即以节点的参考输入 u 和输出 y 为输入信号，输出为一个残差信号集 r_i，满足：当系统中不存在故障节点时，r_i 所有分量均渐近衰减至 0；r_i 的某一分量只与某个特定节点有关，其余分量均与该节点无耦合关系。这样，通过分析其对应关系，即可在已知 r_i 值的前提下唯一地定位故障节点。文献中还指出，对于一个无人飞行器网络系统，其执行机构的误差信号是独立存在的，整个系统可以看成一个过驱动系统。通过对独立误差信号设计残差生成器，即可对系统执行机构的故障进行有效检测。另外，文章还讨论了在集中式、半集中式和分布式控制条件下该故障检测方案的设计问题，并分别给出了其可行性条件。

文献 [168] 在文献 [167] 的基础上提出了一种新颖的混合式故障检测与隔离方案。整个故障处理框架由一组连续时间残差生成器和一个离散事件故障检测器组成。残差生成器不断观测到残差信号，而离散事件故障检测器则根据残差信号的特征及其时序关系诊断故障。另外，文章还研究了对于受到强干扰节点该故障处理方案的效果，指出对于此类节点该故障处理方案同样适用。

文献 [169] 研究了针对多飞行器系统的故障检测问题，提出对系统中的每个节点均设计一个基于观测器的残差生成器，用于生成自身和其邻居的误差信号。该方案进一步采用投票方式确定故障节点，即若某一节点的大部分邻居均认为该节点发生故障，则可断定该节点为故障节点。这从一定程度上减小了系统产生误检的概率，具有一定的实际应用价值。

文献 [170] 研究了基于几何方法设计残差生成器的问题，并针对线性变参数 (linear parameter varying, LPV) 系统给出了其具体设计方法。首先，文章给出了 LPV 系统不变子空间和不可观测子空间的定义，并针对存在噪声影响的 LPV 多智能体系统定义了合理的不可观测子空间；其次，针对系统的执行器故障，文章分两层设计了一种只对某一个故障敏感而对其他故障和噪声解耦的残差生成器；最后，文章还给出了一种简单可操作的参数确定方法，用以确定残差生成器的参数。

3) 基于滑模观测器的故障检测方法

滑模观测器是一种非线性的变结构观测器，通过使用非线性高增益反馈迫使估计状态逼近超平面，使估计输出趋近于测量输出。由于滑模观测器对于系统中的建模误差、噪声干扰等不确定因素有很强的鲁棒性，且利用滑模观测器进行故障检测，不仅可以检测、隔离任何类型的有界故障，还可以重构故障信息，因而受到了广泛的研究和关注[171-173]。近年来，针对多智能体和网络化控制系统的故障检测问题，基于滑模观测器的故障检测方法也产生了不少研究成果。

文献 [174] 针对一类具有马尔可夫转移延迟的非线性网络化控制系统, 给出了基于滑模观测器的故障估计方法, 推导出了滑模观测器的稳定性条件, 并证明了故障信号估计的有效性。

文献 [175] 考虑了一类具有通信时延和有界干扰的离散网络化控制系统, 设计了一种非线性离散滑模观测器, 并借助线性矩阵不等式证明了观测器的稳定性。另外, 文章中还给出了滑模面的具体设计方法和系统趋于滑模面所需满足的条件。

文献 [176] 研究了利用滑模观测器对多智能体系统进行故障检测的问题。文章首先对系统模型进行投影与变换操作, 使其生成的子系统满足设计观测器的条件; 随后, 借助多智能体系统节点间的相关状态信息设计滑模观测器, 有效降低了观测器对系统模型及实时通信数据的要求; 最后, 给出了误差信号的构造方法及故障的观测模型, 并通过逻辑分析对故障进行了精确定位。故障检测作为控制领域的一个重要研究方向已经产生了较为完善的理论体系[155, 156], 也形成了基于不同原理的各种方法。国际故障检测权威 Frank 教授[177] 曾将所有的故障检测方法归纳为基于解析模型的方法、基于信号处理的方法和基于知识的方法三大类。文献 [178] 则在此基础上进一步将其细分, 具体参见图 1.2。但是, 在多智能体的故障检测领域, 除基于观测器的方法, 其余方法并不多见, 这主要是由多智能体系统内在的分布式特性和单节点有限的计算资源引起的。

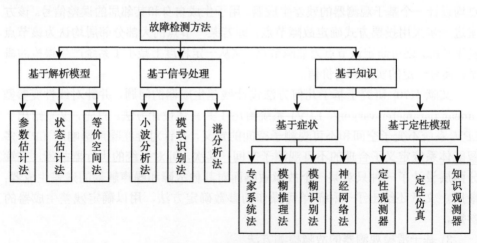

图 1.2 常用故障检测方法

文献 [179] 提出了一种新颖的运动探测器的概念, 并指出运动探测器可用于多智能体系统的故障检测。运动探测器是指令多智能体系统中的某些节点在执行原有一致性控制任务的同时, 还要执行其他控制任务, 这些任务与原有的一致性任务不能完全重合, 借此对系统产生激励, 并借助这些激励信号完成一些其他任务, 如避障、故障检测等。文章中给出了利用运动探测器进行故障检测的大致思路, 并设计了对故障节点的修复算法, 但并没有具体说明运动探测器的数学描述及用来进行故障检测时的理论证明, 后续相关的工作暂时也没有公布。

文献 [180] 从多智能体系统的拓扑结构出发, 借助局部控制器的概念设计了一种基于症状的故障检测方案。其主要思想是在邻居模型及参考输入已知的前提下, 通过计算求得邻居的理论运行状态, 并与通信或传感器测得的邻居实际运行状态作比较得到误差信号, 借此诊断故障节点。该方案与传统基于观测器故障检测方案的最大区别在于它是一种基于症状的故障检测方案, 只能判断出节点是否有故障, 无法确定故障种类、位置、产生原因等具体信息, 且该方案是一种被动的故障检测方案, 只能在系统已经出现异常的情况下才能起效。

多智能体系统本身是一个复杂的分布式非线性自治系统, 这给其控制和应用研究带来了很大的挑战。而且, 系统中要借助通信进行信息交互, 还存在着通信时滞、丢包等现象, 这些问题在故障检测研究中都是无法回避的。

文献 [181] 第一次研究了网络诱导时延对于基于观测器的故障检测方案的影响, 并指出采用一般非网络化观测器对该类问题进行故障检测时, 观测器将无法获得误差信号。为解决这一问题, 文章给出了一种与原系统部分相关的状态观测器的设计方法, 并给出了其在故障检测任务中的可行性证明。文献 [182] 指出, 如果网络诱导时延小于系统自身的采样周期, 则在进行故障检测时网络诱导延时可被认为是一个未知输入, 观测器对该输入具有鲁棒性, 不会影响最终的检测结果。文献 [183] 研究了一类具有随机网络诱导时延的不确定系统, 给出了依据双线性矩阵不等式 (bilinear matrix inequality, BMI) 设计的故障观测器的形式及存在条件, 并设计了一种迭代算法将这一非凸的 BMI 问题转化为拟凸优化问题。通过该方法, 系统中的网络诱导时延只要求有界而不必小于采样周期。除此之外, 关于多智能体系统中时延对故障检测问题的影响, 文献 [158]、[171]、[184]~[188] 等均对此进行了研究。另外, 部分文献从故障的具体表现形式出发, 讨论了因外界攻击而导致的不同类型的故障[189], 如拒绝服务类攻击[190, 191]、重复信息攻击[192]、信息阻塞攻击[193-195]、虚假信息攻击[196] 等, 并针对不同种类的攻击有针对性地提出了解决方案。与传统故障检测技术相比, 多智能体系统的非合作行为检测技术存在特有的优势, 但同时也伴随着诸多挑战。

优势:

(1) 检测对象为节点动力学模型, 无需对节点的实际物理模型进行建模。一般地, 节点动力学模型较为简单 (一阶、二阶积分器模型), 且故障检测时有精确的参考模型。

(2) 同时存在多个节点对同一节点进行检测, 系统具有群体性优势。

挑战:

(1) 多智能体系统具有天然的分布式特性, 不存在一个中心节点统筹规划整个系统的行为，因而非合作行为检测算法也必须是分布式的。

(2) 执行检测算法的是节点的邻居而非节点本身，算法可利用的信息会受到限制，如邻居节点的控制输入作为内部信息通常不能直接获得，且某些情况下只能获得与邻居相关的状态信息。

(3) 多智能体系统可看成一个网络化控制系统，信息交互可能会受到诸多外界环境的干扰，且会存在时滞、丢包等现象。

(4) 在多智能体系统中，单节点计算资源通常有限，无法执行过于复杂的检测算法。

1.4　代数图论背景知识

假设多智能体系统通过通信网络、感知网络，或两网络的结合进行信息交互，则很自然地会想到用有向图或无向图来建立智能体之间的交互模型。对于一个包含 p 个智能体的系统，用有向图 $(\mathscr{V}, \mathscr{E})$ 表示其交互模型，其中 $\mathscr{V} \triangleq \{1, \cdots, p\}$ 表示有限非空的节点集合，$\mathscr{E} \subseteq \mathscr{V} \times \mathscr{V}$ 是有序节点对之间的边的集合，称为边集合。定义 $\mathscr{G} \triangleq (\mathscr{V}, \mathscr{E})$。有向图边集合中的边 (i, j) 表示智能体 j 能够从智能体 i 获取信息，但反过来不一定成立。除非另有说明，否则自身到自身的边 (i, i) 是不允许出现的。对于边 (i, j)，i 是父节点，j 是子节点。如果边 $(i, j) \in \mathscr{E}$，则节点 i 是节点 j 的邻居节点。节点 i 的邻居集合表示为 $\mathscr{N}_i$。相比于有向图，无向图中的节点对是无序的，即边 (i, j) 表示智能体 i 和智能体 j 可以相互获取对方的信息。值得注意的是，可以将无向图看成特殊的有向图，无向图中的边 (i, j) 对应有向图中的边 (i, j) 和边 (j, i)。加权图中的每一条边都被赋予一定权值。本书中，所有图都是加权图。多个图的并集依然可用图表示，它的节点和边是集合中所有图的节点和边的并集。

有向路径可由有向图中一系列的边 $(i_1, i_2), (i_2, i_3), \cdots$ 的序列来定义。无向图中的无向路径也有相似的定义。有向图中，环定义为起始点和终止点是同一节点的有向路径，如果每个节点与其他任一节点之间都存在有向路径，则该有向图是强连通的。无向图中，如果任意两个不同节点之间都存在无向路径，那么此无向图是连通的。若无向图中任意两个节点之间都有边，则称该无向图是全连通的。若有向图中任意两个节点之间都有边，则称该有向图是完全的。有向树是一个有向图，在有向树中除根节点，每个节点都只有一个父节点，有向树的根节点没有父节点，根节点具有指向任意其他节点的有向路径。需要注意的是，由于有向树中的每一条边的指向都是远离根节点方向的，所以有向树中不存在环。在无向图中，树指的是每一对节点间都 (仅) 有一条无向路径连接的图。

如果图 $(\mathscr{V}^s, \mathscr{E}^s)$ 满足 $\mathscr{V}^s \subseteq \mathscr{V}$ 且 $\mathscr{E}^s \subseteq \mathscr{E} \bigcap (\mathscr{V}^s \times \mathscr{V}^s)$，则称图 $(\mathscr{V}^s, \mathscr{E}^s)$ 是图

$(\mathscr{V},\mathscr{E})$ 的子图。若有向图 $(\mathscr{V},\mathscr{E})$ 的子图 $(\mathscr{V}^s,\mathscr{E}^s)$ 是有向树且满足 $\mathscr{V}^s = \mathscr{V}$，则称 $(\mathscr{V}^s,\mathscr{E}^s)$ 是图 $(\mathscr{V},\mathscr{E})$ 的有向生成树。无向图的无向生成树也有类似的定义。如果存在一个有向生成树是有向图 $(\mathscr{V},\mathscr{E})$ 的子图，则称 $(\mathscr{V},\mathscr{E})$ 包含一个有向生成树。值得注意的是，有向图 $(\mathscr{V},\mathscr{E})$ 具有有向生成树当且仅当 $(\mathscr{V},\mathscr{E})$ 中至少存在一个节点，该节点具有指向其他所有节点的有向路径。在无向图中，存在无向生成树等价于图是连通的。但是，在有向图中，存在有向生成树的条件弱于强连通的条件。图 1.3 给出了一有向图，该图包含多个有向生成树，但它并不是强连通的。因为节点 1 和 2 都有到所有节点的有向路径，所以节点 1 和 2 都是有向生成树的根节点。然而，该有向图并非强连通的，原因在于节点 3、4、5 和 6 没有到达其他所有节点的有向路径。

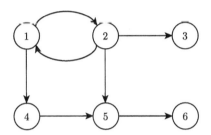

图 1.3　六个智能体组成的有向图

$\mathscr{A} \triangleq [a_{ij}] \in \mathbb{R}^{p\times p}$ 称为有向图 $(\mathscr{V},\mathscr{E})$ 的邻接矩阵，其中：如果 $(j,i) \in \mathscr{E}$，则 a_{ij} 是正的权值；如果 $(j,i) \notin \mathscr{E}$，则 $a_{ij} = 0$。除非特殊声明，否则不允许节点有到自身的边，即 $a_{ii} = 0$。类似地，可定义无向图的邻接矩阵，但对于无向图，若 $(j,i) \in \mathscr{E}$ 则可知 $(i,j) \in \mathscr{E}$，因此对于所有 $i \neq j$ 有 $a_{ij} = a_{ji}$。注意，a_{ij} 代表的是边 $(j,i) \in \mathscr{E}$ 的权重。对于 $(j,i) \in \mathscr{E}$，如果对权重没有特殊的定义，则当 $(j,i) \in \mathscr{E}$ 时，定义 $a_{ij} = 1$。节点 i 的出度和入度分别定义为 $\sum_{j=1}^{p} a_{ij}$ 及 $\sum_{j=1}^{p} a_{ji}$。对于节点 i，如果 $\sum_{j=1}^{p} a_{ij} = \sum_{j=1}^{p} a_{ji}$，则称节点 i 是平衡的。对于所有的节点 i，如果满足 $\sum_{j=1}^{p} a_{ij} = \sum_{j=1}^{p} a_{ji}$，则称图是平衡的。对于无向图，由于 $\mathscr{A}$ 是对称的，所以任何无向图都是平衡的。

定义矩阵 $\mathscr{L} \triangleq [l_{ij}] \in \mathbb{R}^{p\times p}$ 为

$$l_{ii} = \sum_{j=1,j\neq i}^{p} a_{ij}, \quad l_{ij} = -a_{ij}, \quad i \neq j \tag{1.36}$$

注意，如果 $(j,i) \notin \mathscr{E}$，则有 $l_{ij} = -a_{ij} = 0$。矩阵 $\mathscr{L}$ 满足

$$\ell_{ij} \leqslant 0, \quad i \neq j, \quad \sum_{j=1}^{p} \ell_{ij} = 0, \quad i = 1, \cdots, p \qquad (1.37)$$

对于无向图，$\mathscr{L}$ 是对称的，被称为拉普拉斯矩阵。而对于有向图，$\mathscr{L}$ 可能不是对称的，因此被称为非对称拉普拉斯矩阵[197] 或有向拉普拉斯矩阵[64]。

说明 1.1 式 (1.36) 的 $\mathscr{L}$ 可以等价地定义为 $\mathscr{L} \triangleq D - \mathscr{A}$，其中 $D \triangleq [d_{ij}] \in \mathbb{R}^{p \times p}$ 称为入度矩阵，当 $i \neq j$ 时，$d_{ij} = 0$；否则，$d_{ii} = \sum_{j=1}^{p} a_{ij}, i = 1, \cdots, p$。需要注意的是，对有向图的非对称拉普拉斯矩阵的定义式 (1.36) 有别于图论中对有向图拉普拉斯矩阵的一般定义 (如文献 [198])。为了与协同算法相适应，书中将有向图的拉普拉斯矩阵定义成式 (1.36) 的形式。

无论是无向图还是有向图，由于 $\mathscr{L}$ 的行和为零，可知 0 是 $\mathscr{L}$ 对应于特征向量 1_p 的特征值。注意到 $\mathscr{L}$ 是对角线占优的，且对角元素非负。根据 Gershgorin 圆盘定理，对于一个无向图，$\mathscr{L}$ 的所有非零特征值为正 ($\mathscr{L}$ 是对称半正定的)；而对于一个有向图，$\mathscr{L}$ 所有的非零特征值具有正实部。

引理 1.1 [199, 200] 令 $\mathscr{L}$ 为 p 阶有向图 (无向图) $\mathscr{G}$ 的非对称拉普拉斯矩阵 (拉普拉斯矩阵)。对于有向图 $\mathscr{G}$ (无向图 $\mathscr{G}$)，$\mathscr{L}$ 存在至少一个零特征值，且它的所有非零特征值具有正实部 (是正的)。另外，$\mathscr{L}$ 存在唯一一个零特征值，且它的所有非零特征值具有正实部 (是正的)，当且仅当 $\mathscr{G}$ 具有有向生成树 (是连通的)。此外，有 $\mathscr{L}1_p = 0_p$ 且存在一非负向量 $p \in \mathbb{R}^p$ 满足 $p^{\mathrm{T}}\mathscr{L} = 0_{1 \times p}$ 和 $p^{\mathrm{T}}1_p = 1$[①]。

注 1.1 注意 $\mathscr{L}x$，其中 $x \triangleq [x_1, \cdots, x_p]^{\mathrm{T}} \in \mathbb{R}^p$，是 $\sum_{j=1}^{p} a_{ij}(x_i - x_j)(i = 1, \cdots, p)$ 的列向量组。如果 $\mathscr{G}$ 是无向的 (因此 $\mathscr{L}$ 是对称的)，则有 $x^{\mathrm{T}}\mathscr{L}x = \frac{1}{2}\sum_{i=1}^{p}\sum_{j=1}^{p} a_{ij}(x_i - x_j)^2$。如果 $\mathscr{G}$ 是无向连通的，那么根据引理 1.1 可以推导出 $\mathscr{L}x = 0_p$ 或 $x^{\mathrm{T}}\mathscr{L}x = 0$ 当且仅当对于所有的 $i, j = 1, \cdots, p$ 有 $x_i = x_j$。

对于一个无向图，将特征值按 $\lambda_1(\mathscr{L}) \leqslant \lambda_2(\mathscr{L}) \leqslant \cdots \leqslant \lambda_p(\mathscr{L})$ 排序，令 $\lambda_i(\mathscr{L})$ 表示 $\mathscr{L}$ 的第 i 个特征值，因此有 $\lambda_1(\mathscr{L}) = 0$。对于一个无向图，$\lambda_2(\mathscr{L})$ 是图的代数连通度，根据引理 1.1，无向图中 $\lambda_2(\mathscr{L})$ 的值为正当且仅当无向图是连通的。代数连通度可决定一致性算法的收敛速率[31]。

引理 1.2 [34] 令 $\mathscr{L}$ 为有向图 $\mathscr{G}$ 对应的非对称拉普拉斯矩阵，如果 $\mathscr{G}$ 是平衡的，那么有 $x^{\mathrm{T}}\mathscr{L}x \geqslant 0$，其中 $x \triangleq [x_1, \cdots, x_p]^{\mathrm{T}} \in \mathbb{R}^p$。如果图 $\mathscr{G}$ 既是强连通的又是平衡的，那么 $x^{\mathrm{T}}\mathscr{L}x = 0$ 成立当且仅当对于所有的 $i, j = 1, \cdots, p$ 有 $x_i = x_j$。

---

① 1_p 和 p 分别是 $\mathscr{L}$ 的零特征值对应的右特征向量和左特征向量。如果 $\mathscr{G}$ 具有有向生成树 (对应于无向图，图是连通的)，那么 p 是唯一的。

引理 1.3(文献 [200], 引理 2.10) 假设 $z \triangleq [z_1^{\mathrm{T}}, \cdots, z_p^{\mathrm{T}}]^{\mathrm{T}}$, $z_i \in \mathbb{R}^m$, 令 $\mathscr{A} \in \mathbb{R}^{p \times p}$ 和 $\mathscr{L} \in \mathbb{R}^{p \times p}$ 分别对应有向图 $\mathscr{G}$ 的邻接矩阵和非对称拉普拉斯矩阵, 则以下五个命题等价:

(1) $\mathscr{L}$ 具有对应于特征向量 1_p 的简单零特征值, 其他特征值都具有正实部。

(2) $(\mathscr{L} \otimes I_m)z = 0$ 当且仅当 $z_1 = \cdots = z_p$。

(3) 闭环系统 $\dot{z} = -(\mathscr{L} \otimes I_m)z$, 或等价闭环系统 $\dot{z}_i = -\sum_{j=1}^{n} a_{ij}(z_i - z_j)$ 能达到一致, 其中 a_{ij} 是 $\mathscr{A}$ 的第 (i,j) 个元素。也就是说, 对于所有的 $z_i(0)$, 以及所有的 $i, j = 1, \cdots, p$, 当 $t \to \infty$ 时, 有 $\|z_i(t) - z_j(t)\| \to 0$。

(4) 有向图 $\mathscr{G}$ 具有有向生成树。

(5) $\mathscr{L}$ 的秩是 $p - 1$。

引理 1.4(文献 [200], 引理 2.11) 假设 z、$\mathscr{A}$、$\mathscr{L}$ 如引理 1.3 中的定义, 以下四个命题等价:

(1) 有向图 $\mathscr{G}$ 具有有向生成树且节点 k 无邻居。

(2) 有向图 $\mathscr{G}$ 具有有向生成树且 $\mathscr{L}$ 的第 k 行所有元素为零。

(3) 闭环系统 $\dot{z} = -(\mathscr{L} \otimes I_m)z$, 或等价闭环系统 $\dot{z}_i = -\sum_{j=1}^{n} a_{ij}(z_i - z_j)$ 能达到一致。特别地, 对于所有的 $z_i(0)$, 以及所有 $i = 1, \cdots, p$, 当 $t \to \infty$ 时, 有 $z_i(t) \to z_k(0)$。

(4) 节点 k 是 $\mathscr{G}$ 中唯一一个具有到达所有节点的有向路径的节点。

引理 1.5(文献 [200], 引理 2.33) 令 $\mathscr{A}(t) \in \mathbb{R}^{p \times p}$ 和 $\mathscr{L}(t) \in \mathbb{R}^{p \times p}$ 分别为有向图 $\mathscr{G}(t) \triangleq [\mathscr{V}(t), \mathscr{E}(t)]$ 的邻接矩阵和非对称拉普拉斯矩阵, 假设 $\mathscr{A}(t)$ 分段连续, 且其非零元素 (即正元素) 一致上有界和一致下有界 (即如果 $(j, i) \in \mathscr{E}(t)$, 则 $a_{ij}(t) \in [\underline{a}, \bar{a}]$, 其中 $0 < \underline{a} < \bar{a}$, 否则 $a_{ij}(t) = 0$)。令 $t_0, t_1, \cdots$ 为 $\mathscr{A}(t)$ 的切换时间组成的时间序列, 假定 $t_i - t_{i-1} \geqslant t_L, \forall i = 1, 2, \cdots$, 其中 t_L 是正常数。对于一个从 $t_{i_1} = t_0$ 开始并且由连续、非空、一致有界的时间间隔 $[t_{i_j}, t_{i_{j+1}})(j = 1, 2, \cdots)$ 所组成的无限序列, 若涵盖每一个时间间隔的 $\mathscr{G}(t)$ 的并集有一个有向生成树, 则闭环系统 $\dot{z} = -[\mathscr{L}(t) \otimes I_m]z$ 或等价闭环系统 $\dot{z}_i = -\sum_{j=1}^{n} a_{ij}(t)(z_i - z_j)$ 能达到一致。

引理 1.6 令 $\mathscr{G}$ 为包含 p 个跟随者节点的有向图 (无向图), 跟随节点用智能体或者跟随者 $1 \sim p$ 标记。令 $\mathscr{A} \triangleq [a_{ij}] \in \mathbb{R}^{p \times p}$ 和 $\mathscr{L} \in \mathbb{R}^{p \times p}$ 分别为 $\mathscr{G}$ 所对应的邻接矩阵和非对称拉普拉斯矩阵 (拉普拉斯矩阵)。假设在这 p 个跟随者之外还存在一个领航者, 用智能体 0 标记。令 $\bar{\mathscr{G}}$ 为智能体 $0 \sim p$ (即包含领航者及

所有跟随者) 对应的有向图 ①，$\mathscr{A} \in \mathbb{R}^{(p+1)\times(p+1)}$ 和 $\mathscr{L} \in \mathbb{R}^{(p+1)\times(p+1)}$ 分别表示
对应于图 $\mathscr{G}$ 的邻接矩阵和非对称拉普拉斯矩阵。此处，$\mathscr{A} \triangleq \begin{bmatrix} 0 & 0_{1\times p} \\ \bar{a} & \mathscr{A} \end{bmatrix}$，其中
$\bar{a} \triangleq [a_{10}, \cdots, a_{p0}]^{\mathrm{T}}$，如果智能体 0 是智能体 i 的邻居，则有 $a_{i0} > 0, i = 1, \cdots, p$;
否则 $a_{i0} = 0$。$\mathscr{L} \triangleq \begin{bmatrix} 0 & 0_{1\times p} \\ -\bar{a} & H \end{bmatrix}$，其中 $H \triangleq \mathscr{L} + \mathrm{diag}\{a_{10}, \cdots, a_{p0}\}$。所以，$\mathscr{G}$ 是
有向 (无向) 的，H 的所有特征值具有正实部 (对应于无向图，H 是对称正定的)，
当且仅当有向图 $\mathscr{G}$ 中领航者具有到达所有跟踪者的有向路径。

证明   注意到在有向图 $\mathscr{G}$ 中，领航者无邻居。因此，由引理 1.4 可知，在 $\mathscr{G}$
中领航者具有到所有跟随者的有向路径的这一条件与 $\mathscr{G}$ 具有有向生成树且领航者
无邻居等价。由引理 1.3 可得，$\mathrm{rank}(\mathscr{L}) = p$，当且仅当 $\mathscr{G}$ 具有一个有向生成树。
需要注意的是，$\mathrm{rank}(\mathscr{L}) = \mathrm{rank}([-\bar{a}|H])$，因为 $\mathscr{L}$ 的每行的行和都为零，所以有
$-\bar{a} + H 1_p = 0_p$，这说明对于 $p \times (p+1)$ 维矩阵 $[-\bar{a}|H]$，它的第一列与其后 p 列相
关。接下来有 $\mathrm{rank}([-\bar{a}|H]) = \mathrm{rank}(H)$，因此有 $\mathrm{rank}(H) = p$，或等价地有 H 满秩，
进而可知 H 没有零特征值，当且仅当在 $\mathscr{G}$ 中领航者具有到达所有跟随者的有向路
径。需要注意的是，H 是对角线占优并且具有非负对角线的元素。根据 Gershgorin
圆盘定理可知，H 的所有非零特征值具有正实部。综上所述，$\mathscr{G}$ 是有向的，H 的所
有特征值具有正实部，当且仅当 $\mathscr{G}$ 中的领航者具有到所有跟随者的有向路径；若
$\mathscr{G}$ 是无向的，则 H 是对称矩阵。因此，H 是对称正定的，当且仅当在 $\mathscr{G}$ 中领航者
具有到所有跟随者的有向路径。   □

注 1.2   假设 $\mathscr{G}$ 是无向的，引理 1.6 的一个特殊情况是，如果 $\mathscr{G}$ 是连通的，且
至少存在一个 $a_{i0} > 0$，则 H 是对称正定的。另一个特殊情况是，如果所有 $a_{i0} > 0$，
则 H 是对称正定的。

给定矩阵 $S \triangleq [s_{ij}] \in \mathbb{R}^{p\times p}$，$S$ 的有向图记为 $\mathbb{D}(S)$，其是具有节点集合 $\mathscr{V} \triangleq$
$\{1, \cdots, p\}$ 的有向图，并且 $\mathbb{D}(S)$ 中存在从 j 到 i 的边，当且仅当 $s_{ij} \neq 0$ (参见文
献 [201])。换言之，如果 $s_{ij} \neq 0$，则邻接矩阵元素满足 $a_{ij} > 0$;如果 $s_{ij} = 0$，则有
$a_{ij} = 0$。

---

① 注意，为简便，将多智能体从 0 到 p 而不是从 1 到 $p+1$ 标记，$\mathscr{A}$ 和 $\mathscr{L}$ 中的元素也这样标记。$\mathscr{A}$
说明领航者无邻居节点。

第 2 章 连通性保持条件下多智能体系统群集运动控制

2.1 研究背景

为了克服 1.1 节所述控制律中所采用的人工势场函数为无界函数带来的缺陷，本章分别针对带有动态领航者的二阶积分器运动学的多智能体系统设计一种分布式领航跟随群集运动控制策略，该策略可使整个系统在实现期望的群体几何构形的同时有效应对系统的拓扑连通性保持。上述算法的贡献分为两个方面：

(1) 设计了一种光滑有界的人工势场函数，该函数在设计过程中同时兼顾了系统的拓扑连通性保持、相对距离镇定和碰撞规避等控制需求，可以确保在有界控制输入的条件下实现期望的稳定群集运动行为，且所设计的势场函数兼顾了智能体感知能力和执行能力的有限性，所以该方法更符合实际工程系统的需要。

(2) 在所有跟随者均缺乏对动态领航者的加速度信息观测的条件下，利用滑模变结构控制思想，给出了具有连通性保持功能的系统分布式有界群集运动控制算法，较之文献 [4]、[22]、[23]、[25] 和 [202]，本章提出的算法可在无领航者加速度信息条件下实现渐近稳定的群集运动行为，在一定程度上可以替代实际应用中昂贵的高精度加速度量测装置。

2.2 问题描述

考虑具有双积分器运动学特性的 N 个移动自主智能体，其运动方程描述如下

$$\dot{x}_i = v_i$$
$$\dot{v}_i = u_i, \quad i = 1, 2, \cdots, N \tag{2.1}$$

式中，x_i 为智能体 i 的位置向量，v_i 为智能体 i 的速度向量，u_i 为施加在智能体 i 上的控制输入 (加速度向量)。定义 $x = (x_1^{\mathrm{T}}, x_2^{\mathrm{T}}, \cdots, x_N^{\mathrm{T}})^{\mathrm{T}}$ 和 $v = (v_1^{\mathrm{T}}, v_2^{\mathrm{T}}, \cdots, v_N^{\mathrm{T}})^{\mathrm{T}}$ 为整个多智能体系统的位置栈向量和速度栈向量。令 $\varepsilon \in (0, R]$ 为小的加边迟滞常量，系统的初始连接为 $\mathcal{E}(0) = \{(i, j) | \ \|x_i(0) - x_j(0)\| < R - \varepsilon_0, i, j \in \mathcal{V}\}$，其中 $0 < \varepsilon_0 \leqslant \varepsilon_2$。

进一步，为系统引入一动态领航者来引导群体运动，此领航者被视为一普通的智能体被其他智能体所跟随，每个跟随者可以获取此动态领航者的信息当且仅当其与领航者的间距小于通信半径时。动态领航者的运动描述为 $\dot{x}_l = v_l$，其中 $x_l \in \mathbb{R}^2$ 和 $v_l \in \mathbb{R}^2$ 代表动态领航者的位置向量和速度向量。不失一般性，假定 $\|\dot{v}_l\|_1 < f$，其中 f 为一正常量。

本章的控制目标为利用邻接智能体之间的局部信息，在系统初始连通的条件下，设计一类分布式有界群集运动控制律来驱使所有的跟随者与领航者实现速度同步和碰撞规避，并且系统的连通性在演化过程中能够始终得到保持。

2.3　领航跟随群集运动控制律

注意到文献 [4] 及 [23]~[25] 中，当每个跟随者可以精确获取动态领航者的加速度信息 $\dot{v}_l$ 时，算法是可行的。然而，由于在实际应用中并非所有的智能体 (机器人、飞行器、机械手等) 均配备有加速度传感器，加速度信息的获取通常比位置和速度信息的获取更加困难。而且，不具有加速度信息量测的算法具有可以节约设备成本和降低系统通信负担等优势。鉴于此，这里研究不带有加速度量测信息条件下系统的拓扑连通性保持和领航跟随群集运动控制问题。

为了实现期望的群集运动行为，受文献 [203] 的启发，为每个跟随者 i 设计有界群集控制协议如下：

$$
\begin{aligned}
u_i = -&\sum_{\substack{j \in \mathcal{N}_i \\ j \neq l}} \nabla_{x_i} V_{ij}(\|x_{ij}\|) - h_i \nabla_{x_i} V_{il}(\|x_{il}\|) \\
&- \alpha \sum_{j \in \mathcal{N}_i} a_{ij} \left\{ \operatorname{sgn}\left[\sum_{\substack{k \in \mathcal{N}_i \\ k \neq l}} a_{ik}(v_i - v_k) + h_i(v_i - v_l) \right] \right\} \\
&+ \alpha \sum_{j \in \mathcal{N}_i} a_{ij} \left\{ \operatorname{sgn}\left[\sum_{\substack{k \in \mathcal{N}_j \\ k \neq l}} a_{jk}(v_j - v_k) + h_j(v_j - v_l) \right] \right\}
\end{aligned} \tag{2.2}
$$

式中，$h_i(t) = \begin{cases} 0, & i \in \mathcal{N}_l(t) \\ 1, & \text{其他} \end{cases}$；$\operatorname{sgn}(\cdot)$ 是符号函数；$\alpha > 0$ 是控制增益；$V_{ij}, \forall j \in \mathcal{N}_i$ 是待设计的刻画智能体 i 和 j 之间交互作用的有界人工势场函数。

定义如下的半正定能量函数：

$$
\psi(x, v, x_l, v_l) = \frac{1}{2} \sum_{i=1}^{N} U_i(x, x_l) + \frac{1}{2} \sum_{i=1}^{N} (v_i - v_l)^{\mathrm{T}}(v_i - v_l) \tag{2.3}
$$

式中

$$U_i(x, x_l) = \sum_{\substack{j \in \mathcal{N}_i \\ j \neq l}} V_{ij}(\|x_{ij}\|) + 2h_i V_{il}(\|x_{il}\|)$$

进而定义 $\psi_{\max}$ 如下:

$$\psi_{\max} = \frac{1}{2} \sum_{i=1}^{N} (v_i(0) - v_l(0))^{\mathrm{T}} (v_i(0) - v_l(0))$$
$$+ \frac{N(N+1)}{2} V_{\max} \tag{2.4}$$

为了在有界控制输入的条件下使整个系统能够实现期望的稳定群集运动, $V_{ij}(\|x_{ij}\|)$ 应该设计为以智能体 i 和 j 之间相对距离 $\|x_{ij}\| = \|x_i - x_j\|$ 为自变量的一个非负有界的光滑函数, 以同时解决碰撞规避、距离镇定和连通性保持问题:

(1) $V_{ij}(\|x_{ij}\|)$ 在 $\|x_{ij}\| \in (0, R)$ 内连续可微;

(2) $V_{ij}(\|x_{ij}\|)$ 在 $\|x_{ij}\| \in (0, d)$ 内单调递减, 在 $\|x_{ij}\| \in (d, R)$ 内单调递增, 其中 $\varepsilon_1 < d < R - \varepsilon_2$;

(3) $V_{ij}(0) = c_1 + \psi_{\max}$, $V_{ij}(R) = c_2 + \psi_{\max}$, 其中 $c_1, c_2 \geqslant 0$, 且:

$$\psi_{\max} \triangleq \frac{1}{2} \sum_{i=1}^{N} (v_i(0) - v_l(0))^{\mathrm{T}} (v_i(0) - v_l(0))$$
$$+ \frac{N(N+1)V_{\max}}{2} \tag{2.5}$$

式中

$$V_{\max} = \max\{V(\varepsilon_1), V(R - \varepsilon_2)\}, \quad \varepsilon_1 = \min_{i,j \in \mathcal{E}(0)} \{\|x_{ij}(0)\|_2\}$$

性质 (1) 确保控制器的光滑性; 性质 (2) 表明 V_{ij} 能够在智能体 i 和 j 之间相对距离趋于 R 时产生吸引力, 相对距离趋于 0 时产生排斥力, 显然, V_{ij} 可在 $\|x_{ij}\| = d$ 处达到最小值; 性质 (3) 表明势函数 V_{ij} 将在智能体 i 和 j 之间相对距离为 R 或 0 时产生足够大的吸引力/排斥力以实现智能体间的碰撞规避和连通性保持, 如图 2.1 所示。综上, 给出 V_{ij} 的具体形式如下:

$$V_{ij}(\|x_{ij}\|) = \frac{(\|x_{ij}\| - d)^2 (R - \|x_{ij}\|)}{\|x_{ij}\| + \dfrac{d^2(R - \|x_{ij}\|)}{c_1 + \psi_{\max}}}$$
$$+ \frac{\|x_{ij}\|(\|x_{ij}\| - d)^2}{(R - \|x_{ij}\|) + \dfrac{\|x_{ij}\|(R - d)^2}{c_2 + \psi_{\max}}} \tag{2.6}$$

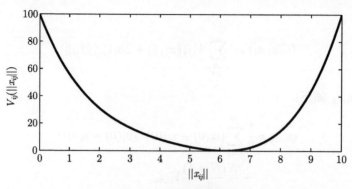

图 2.1   有界势函数 V_{ij}

注意到文献 [204]～[206] 给出了两类特殊的无界势函数,其可以在智能体 i 和 j 的间距趋于 R 时产生无穷大的吸引力,这显然与实际不符,因为实际系统中的执行机构无法提供无穷大/无界的控制输入。

注 2.1   注意到 $\varepsilon_1 = \min\limits_{i,j \in \mathcal{E}(0)} \{\|x_{ij}(0)\|_2\}$ 的确定需要整个多智能体系统的全局初始信息,为了实现算法的完全分布化操作,可采用流言 (Gossip) 算法与基于市场竞争机制的拍卖决策算法相结合的方法来预先确定 ε_1。

注 2.2   从图 2.1 和式 (2.6) 可以看出,V_{ij} 及其梯度均有界,α 为有界控制增益。进一步,由于符号函数 $\mathrm{sgn}(\cdot)$ 也有界,且在 $[-1,1]$ 内取值,所以与文献 [4] 及 [23]～[25] 中的领航跟随群集运动控制算法相比,本章为每个跟随智能体所设计的控制律 (2.2) 是有界的。

2.4   稳定性分析

假设 $\mathcal{G}(t)$ 在时刻 $t_k(k = 1, 2, \cdots)$ 发生切换,由于在拓扑连接添加过程中引入了迟滞机制,系统拓扑相邻两次切换的驻留时间为 $\tau > 0$,则本章的主要结果由下面的定理给出。

定理 2.1   考虑由 N 个跟随者智能体和一个动态领航者智能体所组成的二阶线性积分器多智能体系统,领航者的动力学模型满足式 (2.1),为跟随者设计控制律 (2.2),假设初始拓扑 $\mathcal{G}(t_0)$ 为连通图,初始能量 $Q(t_0)$ 为有限值,系统拓扑的切换在所有切换时刻 t_k 满足 $t_k - t_{k-1} > \tau > 0$,并且控制增益满足 $\alpha > f/\|(L(t_0) + H(t_0))\|_1$。则 $\mathcal{G}(t) \in \mathcal{C}, \forall t \geqslant t_0$,所有的智能体渐近地与动态领航者实现速度同步并且彼此可以避免碰撞,整个系统可以实现稳定的群集运动行为。

证明   定义跟随者 i 与动态领航者 l 的位置偏差和速度偏差向量分别为 $\tilde{x}_i = x_i - x_l$ 和 $\tilde{v}_i = v_i - v_l$,则有

$$
\begin{cases}
\dot{\tilde{x}}_i = \tilde{v}_i \\
\begin{aligned}
\dot{\tilde{v}}_i = & -\sum_{\substack{j\in\mathcal{N}_i\\ j\neq l}} \nabla_{\tilde{x}_i}\psi(\|\tilde{x}_i - \tilde{x}_j\|) - h_i\nabla_{\tilde{x}_i}V_{il}(\|\tilde{x}_i\|) - \dot{v}_l \\
& -\alpha\sum_{j\in\mathcal{N}_i} a_{ij}\left\{\operatorname{sgn}\left[\sum_{\substack{k\in\mathcal{N}_i\\ k\neq l}} a_{ik}(\tilde{v}_i - \tilde{v}_k) + h_i\tilde{v}_i\right]\right\} \\
& +\alpha\sum_{j\in\mathcal{N}_i} a_{ij}\left\{\operatorname{sgn}\left[\sum_{\substack{k\in\mathcal{N}_j\\ k\neq l}} a_{jk}(\tilde{v}_j - \tilde{v}_k) + h_j\tilde{v}_j\right]\right\}
\end{aligned}
\end{cases}
\tag{2.7}
$$

而且, 式 (2.3) 可以重写为

$$
\psi(\tilde{x},\tilde{v}) = \frac{1}{2}\sum_{i=1}^{N} U_i(\tilde{x}) + \frac{1}{2}\sum_{i=1}^{N} \tilde{v}_i^{\mathrm{T}}\tilde{v}_i
\tag{2.8}
$$

式中

$$
\tilde{x} = [\tilde{x}_1^{\mathrm{T}}, \cdots, \tilde{x}_N^{\mathrm{T}}]^{\mathrm{T}}, \quad \tilde{v} = [\tilde{v}_1^{\mathrm{T}}, \cdots, \tilde{v}_N^{\mathrm{T}}]^{\mathrm{T}}
$$

$$
U_i(\tilde{x}) = \sum_{\substack{j\in\mathcal{N}_i\\ j\neq l}} V(\|\tilde{x}_i - \tilde{x}_j\|) + 2h_iV_{il}(\|\tilde{x}_i\|)
$$

在区间 $[t_0, t_1)$ 内, $\psi(t_0)$ 取有限值, ψ 对时间求导, 有

$$
\begin{aligned}
\dot{\psi} = & -\sum_{i=1}^{N} \tilde{v}_i^{\mathrm{T}}\left(\alpha\sum_{j\in\mathcal{N}_i} a_{ij}\left\{\operatorname{sgn}\left[\sum_{\substack{k\in\mathcal{N}_i\\ k\neq l}} a_{ik}(\tilde{v}_i - \tilde{v}_k) + h_i\tilde{v}_i\right]\right\}\right) \\
& +\sum_{i=1}^{N} \tilde{v}_i^{\mathrm{T}}\left(\alpha\sum_{j\in\mathcal{N}_i} a_{ij}\left\{\operatorname{sgn}\left[\sum_{\substack{k\in\mathcal{N}_j\\ k\neq l}} a_{jk}(\tilde{v}_j - \tilde{v}_k) + h_j\tilde{v}_j\right]\right\}\right) \\
& -\sum_{i=1}^{N} \tilde{v}_i^{\mathrm{T}}\dot{v}_l \\
= & -\alpha\tilde{v}^{\mathrm{T}}\left(L(t_0) + H(t_0)\right)\operatorname{sgn}\left[\left(L(t_0) + H(t_0)\right)\tilde{v}\right] - \sum_{i=1}^{N} \tilde{v}_i^{\mathrm{T}}\dot{v}_l \\
\leqslant & (f - \alpha\|L(t_0) + H(t_0)\|_1)\,\|\tilde{v}\|_1 \leqslant 0, \quad \forall t\in[t_0, t_1)
\end{aligned}
\tag{2.9}
$$

式 (2.9) 表明 $\psi(t) \leqslant \psi(t_0) < \psi_{\max}, \forall t\in[t_0, t_1)$。因此, 在时间区间 $t\in[t_0, t_1)$ 内, 系统中所有的通信连接的长度既不会等于通信半径, 也不会为零, 否则由式 (2.6) 有 $V_{ij}(0) = c_1 + \psi_{\max} > \psi_{\max}$, $V_{ij}(R) = c_2 + \psi_{\max} > \psi_{\max}$, 由此产生矛盾。因此, 在 t_1 时刻, 系统中既不会发生碰撞也不会发生拓扑连接的丢失。所以, 系统的

拓扑在 t_1 时刻发生切换之后只可能会产生新的拓扑连接。注意到由于引入的加边延迟机制可以确保当有限个拓扑连接被添加进系统 $\mathcal{G}(t)$ 中时，系统所对应的势函数依然取有限值，即 $\psi(t_1)$ 有限。

由 $\alpha > f/\|L(t_0) + H(t_0)\|_1$，有 $\alpha > f/\|L(t_{k-1}) + H(t_{k-1})\|_1$。类似上面的分析，在每个区间 $[t_{k-1}, t_k)$，对 ψ 求取关于时间的导数，可得

$$
\begin{aligned}
\dot{\psi} = &-\alpha \tilde{v}^{\mathrm{T}} \left((L+H)(t_{k-1})\right) \operatorname{sgn}\left[\left((L+H)(t_{k-1})\right)\tilde{v}\right] \\
&- \sum_{i=1}^{N} \tilde{v}_i^{\mathrm{T}} \dot{v}_l \\
\leqslant & \left(f - \alpha\|(L+H)(t_{k-1})\|_1\right)\|\tilde{v}\|_1 \leqslant 0
\end{aligned}
\tag{2.10}
$$

因而有

$$
\begin{aligned}
&\psi(t) \leqslant \psi(t_{k-1}) < \psi_{\max} \\
&\forall t \in [t_{k-1}, t_k), \quad k = 2, 3, \cdots
\end{aligned}
\tag{2.11}
$$

类似地，对于时间区间 $t \in [t_{k-1}, t_k)$，由于 $\psi(t)$ 对于所有时刻 $t \geqslant t_0$ 均有界，系统在演化过程中现有的通信连接的长度均不会趋于 R 或零，这表明系统中所有的拓扑连接均不会丢失，所有智能体也均不会发生彼此碰撞，$\psi(t_k)$ 为有限值。由于 $\mathcal{G}(t_0)$ 为连通图并且 $\mathcal{E}(t_0)$ 中的边均会得到保持，所以 $\mathcal{G}(t)$ 的连通性始终能够得到保持。

假设有 N_k 条新的拓扑连接在时刻 t_k 被加入 $\mathcal{G}(t)$ 中，易知 $0 < N_k \leqslant N(N+1)/2 - N = N(N-1)/2 \triangleq \bar{N}$，由式 (2.3) 和式 (2.10)，有

$$
\psi(t_k) \leqslant \psi(t_0) + (N_1 + \cdots + N_k)V(\|R - \varepsilon_2\|) < \psi_{\max}
\tag{2.12}
$$

由于对于任一初始连通拓扑，最多可以向其中添加的拓扑连接的数目为 $\bar{N}$，可得 $N_k < \bar{N}$ 且 $\psi(t) < \psi_{\max}, \forall t \geqslant 0$。因此，切换数目 k 为有限值，即表明 $\mathcal{G}(t)$ 最终会变为固定拓扑。因此，下面只需针对区间 $[t_k, +\infty)$ 进行讨论，由于由式 (2.6) 所定义的 V 在区间 $[d, R)$ 具有单调递增的性质，所以系统中所有的边长至多为 $V^{-1}(\psi_{\max})$。进一步定义正向不变水平集

$$
\Omega = \{\bar{\bar{x}} \in D, \tilde{v} \in \mathbb{R}^{2N} | \psi(\tilde{x}, \tilde{v}) \leqslant \psi_{\max}\}
$$

式中

$$
D = \{\bar{\bar{x}} \in \mathbb{R}^{N^2} | \tilde{x}_i - \tilde{x}_{j2} \in [0, V^{-1}(\psi_{\max})], \quad \forall(i, j) \in \mathcal{E}(t)\}
$$

其中，$\bar{\bar{x}} = [\tilde{x}_{11}^{\mathrm{T}}, \cdots, \tilde{x}_{1N}^{\mathrm{T}}, \cdots, \tilde{x}_{N1}^{\mathrm{T}}, \cdots, \tilde{x}_{NN}^{\mathrm{T}}]^{\mathrm{T}}$。

由于 $\mathcal{G}(t)$ 对于 $t \geqslant 0$ 为连通图, 所以对于所有的智能体 i 和 j, 可得 $\|\tilde{x}_i - \tilde{x}_j\|_2 \leqslant (N-1)R$。由于 $\psi(t) < \psi_{\max}$, 有 $\|\tilde{v}_i\|_2 < \sqrt{2\psi_{\max}}, \forall i$, Ω 是有界闭集, 因而为紧集。注意到在控制律 (2.2) 作用下的系统 (2.1) 在区间 $[t_k, \infty)$ 内为自治系统, 因此由非光滑版本的拉塞尔不变集原理[207] 可知, 系统所有起始于 Ω 的状态轨迹最终将收敛至如下定义的集合的最大不变子集:

$$S = \{\bar{\tilde{x}} \in D, \tilde{v} \in \mathbb{R}^N | \dot{\psi} = 0\} \tag{2.13}$$

由式 (2.10), 有 $\dot{\psi} = 0 \Leftrightarrow \|\tilde{v}\|_1 = 0 \Leftrightarrow v_1 = \cdots = v_N = v_l$, 即所有的跟随者智能体的速度会渐近收敛至动态领航者的速度。由于 $v_1 = \cdots = v_N = v_l$, 容易得到 $\frac{\mathrm{d}\|x_{ij}\|_2^2}{\mathrm{d}t} = 2x_{ij}^{\mathrm{T}}(v_i - v_j) = 0, \forall (i,j) \in \mathcal{E}(t)$, 表明所有智能体之间的距离会实现渐近镇定。 □

2.5 仿真和实验

2.5.1 数值仿真

本节在相同初始状态下给出比较数值仿真来对本章提出的算法与文献 [22] 中所提出的算法进行对比。不失一般性, 仿真中考虑在平面上运动的五个智能体所组成的多智能体系统。系统初始位置位于区间 $[0,10]\mathrm{m} \times [0,10]\mathrm{m}$ 内并保证系统拓扑初始连通, 所有智能体的初始速度在区间 $[-5,5]\mathrm{m/s} \times [-5,5]\mathrm{m/s}$ 内随机选择, 显然所有智能体的速度上界为 $v_{\max} = 5\mathrm{m/s}$。仿真中设定初始时刻 $t_0 = 0\mathrm{s}$ 并且仿真运行周期为 60s, 动态领航者分别沿着平面上的圆周轨道和正弦轨道运动。领航者的动力学方程如下:

$$u_l = -3\cos(t)[1,0]^{\mathrm{T}} - 3\sin(t)[0,1]^{\mathrm{T}} \tag{2.14}$$

所有跟随者智能体受到控制律 (2.2) 的驱动, 进一步, 势函数 V 由式 (2.6) 定义。通信半径固定为 $R = 1\mathrm{m}$, 期望的距离为 $d = 0.5\mathrm{m}$, $\varepsilon_0 = \varepsilon_2 = 0.1$, $\varepsilon_1 = 0.3$。控制增益 $\alpha = 10$。经过简单的数学推导易知 $V_{\max} = V(R - \varepsilon_2)$。首先令 $c_1 = c_2 = 0$, 可得

$$\begin{aligned}
\psi_{\max} &\leqslant \frac{1}{2}\sum_{i=1}^{N}(v_i(0) - v_l(0))^{\mathrm{T}}(v_i(0) - v_l(0)) \\
&\quad + \frac{N(N+1)}{2}V(R - \varepsilon_2) \\
&\leqslant 2Nv_{\max}^{\mathrm{T}}v_{\max} + \frac{N(N+1)}{2}V(R - \varepsilon_2)
\end{aligned}$$

$$=2Nv_{\max}^{\mathrm{T}}v_{\max} + \frac{N(N+1)}{2}\frac{(R-\varepsilon_2-d)^2\varepsilon_2}{(R-\varepsilon_2)+\dfrac{d^2+\varepsilon_2}{\psi_{\max}}}$$

$$+ \frac{N(N+1)}{2}\frac{(R-\varepsilon_2)(R-\varepsilon_2-d)^2}{\varepsilon_2+\dfrac{(R-\varepsilon_2)(R-d)^2}{\psi_{\max}}} \tag{2.15}$$

因此，$\psi_{\max}$ 可以通过对所有智能体初始速度的估计的上界来加以确定，因而可得 $\psi_{\max}\leqslant 50.3$。然后选择 $c_1=c_2=9.7$，可以得到有界势函数的具体形式为

$$V_{ij}(\|x_{ij}\|) = \frac{(\|x_{ij}\|-0.5)^2(1-\|x_{ij}\|)}{\|x_{ij}\|+\dfrac{(1-\|x_{ij}\|)}{240}}$$

$$+ \frac{\|x_{ij}\|(\|x_{ij}\|-0.5)^2}{(1-\|x_{ij}\|)+\dfrac{\|x_{ij}\|}{240}} \tag{2.16}$$

将式 (2.16) 代入式 (2.2) 即可获得最终控制律的具体形式。

图 2.2 给出了在控制律 (2.2) 作用下动态领航者在跟踪圆周轨道时领航跟随群集运动仿真演化过程的典型时刻。所有的跟随者智能体用黑色圆点加以标记，动态领航者由灰色圆点加以标记，其动力学模型独立于其他跟随者智能体。黑色实线代表邻接智能体之间的拓扑连接，其中箭头代表速度方向。灰色实线表示动态领航者的期望轨迹，即圆心位于 $[5,5]^{\mathrm{T}}\mathrm{m}$、半径为 $R_c=3\mathrm{m}$ 的圆。动态领航者的初始位置为 $[5,2]^{\mathrm{T}}\mathrm{m}$ 并位于圆周底部。

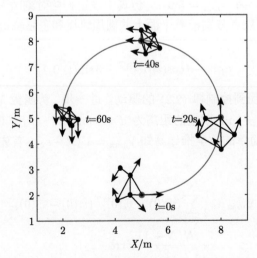

图 2.2   圆周轨迹跟踪下的领航跟随群集运动仿真演化过程的典型时刻

　　图 2.3 给出了在控制率 (2.2) 作用下系统拓扑代数连通度的演化曲线。从图中可以看出，动态领航者沿着圆周轨迹运动，所有跟随者试图靠近动态领航者并避免与其碰撞，系统的拓扑连通性随着时间的演化不断加强。图 2.4 和图 2.5 给出了在控制律 (2.2) 作用下，系统进行圆形轨道跟踪时，本章提出的方法与文献 [22] 所提出的方法的比较仿真。图 2.6 绘制了所有跟随者的控制输入演化曲线，从图中可以看出，对于相同的初始状态，文献 [22] 所提出的控制算法无法保证所有跟随者在无法获取动态领航者的加速度信息的条件下与其实现速度趋同，因而整个系统无法实现稳定的领航跟随群集运动行为。相反，采用本章所提出的控制算法 (2.2)，所有跟随者的速度渐近收敛至动态领航者的速度，且智能体之间彼此无任何碰撞发生，系统可在有界的控制输入作用下实现期望的渐近稳定的群集运动行为，从而验证了本章提出的算法的有效性和优越性。

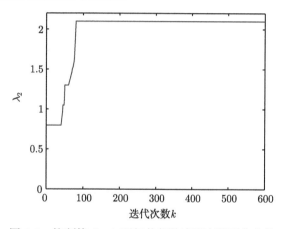

图 2.3　控制律 (2.2) 下拓扑代数连通度的演化曲线

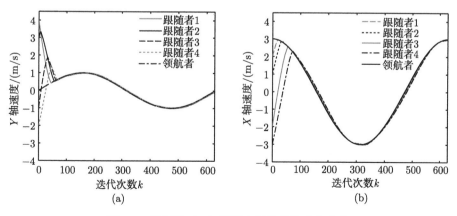

图 2.4　控制律 (2.2) 下所有智能体的速度曲线

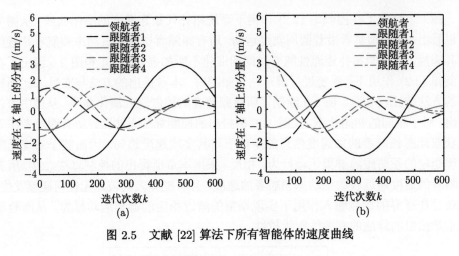

图 2.5　文献 [22] 算法下所有智能体的速度曲线

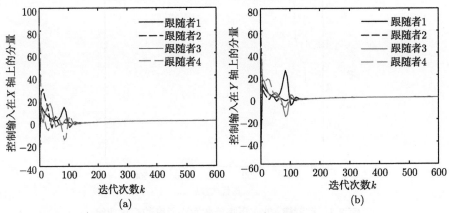

图 2.6　控制律 (2.2) 下所有智能体控制输入演化曲线

2.5.2　实物实验

最后，给出相关的实验结果来验证本章所提出的连通性保持条件下多智能体系统领航跟随群集运动控制算法，实验中使用包括两台 Pioneer 3-AT 型机器人和三台 Amigobot 型轮式移动机器人组成的多机器人群集系统。机器人系统的初始位置在区间 $[0,9]\mathrm{m}\times[0,9]\mathrm{m}$ 内随机选取且需满足系统拓扑的初始连通性。机器人的初始速度在区间 $[-2,2]\mathrm{m/s}\times[-2,2]\mathrm{m/s}$ 内随机选取。每个机器人均可通过其所配备的无线通信设备和感知设备来进行信息交互与共享，且控制周期为 $\Delta t = 0.05\mathrm{s}$。下面的参数在整个实验过程中保持不变：$R = 4\mathrm{m}$，$d = 2\mathrm{m}$，$\delta = 0.8$，$\varepsilon_0 = \varepsilon_2 = 0.3$，$\varepsilon_1 = 0.8$，$c_1 = c_2 = 11.65$，$\alpha = 15$。按照 2.5.1 节的分析，可得 $\psi_{\max} = 408.35$ 以及光滑有界的人工势场函数 (APF) V_{ij} 如下：

$$V_{ij}(\|x_{ij}\|) = \frac{(\|x_{ij}\| - 2)^2 (4 - \|x_{ij}\|)}{\|x_{ij}\| + \dfrac{(1 - \|x_{ij}\|)}{105}}$$

$$+ \frac{\|x_{ij}\|(\|x_{ij}\| - 2)^2}{(4 - \|x_{ij}\|) + \dfrac{\|x_{ij}\|}{105}} \tag{2.17}$$

图 2.7 给出了在控制律 (2.2) 作用下动态领航者在跟踪圆周轨道时领航跟随群集运动仿真演化过程的典型时刻，仿真周期为 30s。图 2.7(a) 表示由四个跟随机器人和一个动态领航机器人所组成的系统的初始连通的拓扑。领航者的初始速度为 $v_l(0) = [1, 0.5]^{\mathrm{T}}\mathrm{m/s}$，加速度为 $u_l(t) = [0.1, 0.05]^{\mathrm{T}}\mathrm{m}^2/\mathrm{s}$。其中实线表示邻接机器人之间的拓扑连接，每个机器人旁边的数字表示不同机器人的 ID，其中，动态领航者的 ID 为 1。图 2.7(b) 表示初始稀疏连通的各跟随机器人逐渐向动态领航机器人靠近，并且由于势函数所产生的吸引排斥作用，整个系统逐渐演变为一个紧致的连通群组，系统的拓扑连通性时刻能够得到保持，各机器人之间可以同时实现彼此避碰。图 2.7(c) 绘制了所有跟随者智能体的最终状态曲线，从图中可以看出，所有跟随机器人与动态领航机器人之间保持了紧凑的相对距离。图 2.8 给出了所有机器人的速度演化曲线，且每个跟随机器人与动态领航机器人之间的相对位置演化曲线由图 2.9 给出。图 2.10 绘制了系统拓扑的代数连通度的演化曲线。图 2.11 绘制了

(a) t=0s

(b) t=15s

(c) t=30s

图 2.7 带有动态领航者的五个轮式移动机器人的群集运动实验

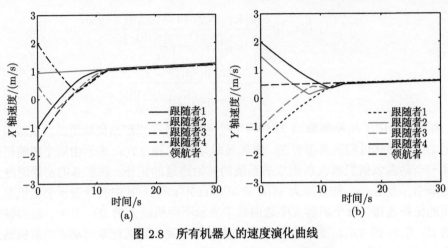

图 2.8　所有机器人的速度演化曲线

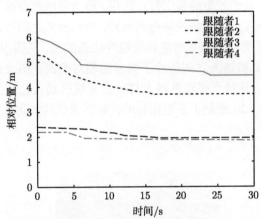

图 2.9　所有跟随机器人与动态领航机器人之间的相对位置演化曲线

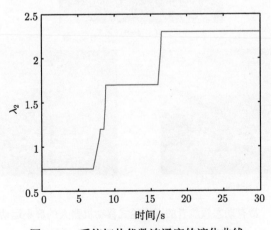

图 2.10　系统拓扑代数连通度的演化曲线

所有跟随机器人的有界控制输入演化曲线。从图中可以看出，所有跟随机器人的速度曲线和动态领航者的速度曲线实现渐近一致，系统的拓扑连通性能够时刻得到保持，整个系统可以在有界控制输入的作用下渐近实现期望的稳定群集运动行为，因此很好地验证了所得到的理论结果。

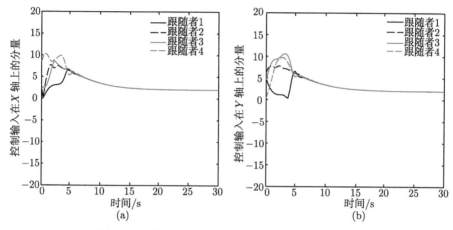

图 2.11　所有跟随机器人的有界控制输入演化曲线

2.6　结　　论

　　本章主要研究了带有动态领航者的二阶线性多智能体系统的领航跟随分布式有界群集运动控制问题。特别考虑了所有跟随者智能体均无法获取动态领航者智能体的加速度信息的条件下，为了使系统实现期望的稳定群集运动行为，首先设计了一类新颖的光滑有界的人工势场函数来同时解决邻接智能体之间的碰撞规避、相对距离镇定以及系统拓扑的连通性保持。进一步，将基于势函数梯度的控制思想与滑模变结构控制思想有机结合，为所有的跟随者智能体设计了分布式群集跟踪控制律，使所有的跟随者能够与动态领航者实现速度同步和碰撞规避，与此同时，系统拓扑的连通性始终能够得到保持。并且，在系统拓扑初始连通的条件下给出了系统可实现领航跟随群集运动控制对于控制增益所需要满足的下界。最后，给出了仿真和实验结果来验证理论结果的正确性以及所提出的控制器的有效性。

第3章 基于代数连通度估计的多智能体系统群集运动控制

3.1 研究背景

本章针对二阶多智能体系统，设计基于代数连通度估计的多智能体群集运动控制律，注意到代数连通度 λ_2 是刻画系统拓扑结构连通性的重要指标，其依赖于整个系统拓扑全局信息的获取，而群集运动控制协议的设计仅允许利用邻接智能体的局部信息。因此，为解决这种全局与局部的矛盾，需要通过设计相应的特征值/特征向量的估计器来实现对代数连通度的分布式估计，进而利用分布式估计器所得出的有关代数连通度的信息来实现仅利用邻接智能体间的局部信息交互来完成连通性保持条件下系统群集运动控制器的分析与设计，从而使系统最终收敛至期望的群集几何拓扑构形。

3.2 问题描述

考虑由 N 个智能体所组成的多智能体系统，每个智能体具有如下所示的双积分器运动学模型

$$
\begin{aligned}
\dot{q}_i &= p_i \\
\dot{p}_i &= u_i
\end{aligned}
\tag{3.1}
$$

式中，$q_i \in \mathbb{R}^n$ 表示智能体 i 的位置信息；$p_i \in \mathbb{R}^n$ 表示智能体 i 的速度信息；$u_i \in \mathbb{R}^n$ 表示智能体 i 的控制输入 (加速度)。$q = [q_1^{\mathrm{T}}, q_2^{\mathrm{T}}, \cdots, q_N^{\mathrm{T}}]^{\mathrm{T}} \in \mathbb{R}^{2N}$ 代表多智能体系统位置栈向量。假设每个智能体具有相同的有限通信半径 R，则整个系统的拓扑可以用一个时变无向图 $\mathcal{G} = \{\mathcal{V}, \mathcal{E}\}$ 来进行建模，$\mathcal{V} = \{1, 2, \cdots, N\}$ 对应于 N 个智能体集合，$\mathcal{E}$ 对应于智能体之间的拓扑连接集合。进而定义智能体 i 和 j 之间的拓扑连接权重 a_{ij} 为

$$
a_{ij} = \begin{cases}
1, & \|q_{ij}\|_2 \in [0, \delta R) \\
\dfrac{1}{2}\left[1 + \cos\left(\pi \dfrac{\|q_{ij}\|/R - \delta}{1 - \delta}\right)\right], & \|q_{ij}\|_2 \in [\delta R, R) \\
0, & \text{其他}
\end{cases}
\tag{3.2}
$$

式中，$0 < \delta < 1$，$q_{ij} = q_i - q_j$ 表示智能体 i 和 j 之间的相对位置向量。

定义状态依赖加权无向图为

$$\mathcal{G} = \{\mathcal{V}, A, \mathcal{E}\} \tag{3.3}$$

式中，$\mathcal{V} = \{1, 2, \cdots, N\}$ 代表 N 个智能体；$A = [a_{ij}] \in \mathbb{R}^{N \times N}$ 为系统的对称邻接矩阵，满足 $a_{ij} = a_{ji}$；$\mathcal{E} \subseteq \mathcal{V} \times \mathcal{V}$ 为智能体之间拓扑连接的集合。定义 $\mathcal{N}_i = \{j \in \mathcal{V}, (i,j) \in \mathcal{E}\}$ 为智能体 i 的邻居集合且满足对称性质 $i \in \mathcal{N}_j \Leftrightarrow j \in \mathcal{N}_i$。进一步定义度矩阵 $D = \mathrm{diag}(d_i)$，其中 $d_i = \sum_{j \in \mathcal{N}_i} a_{ij}$ 为智能体 i 的加权节点度，则系统的拉普拉斯矩阵为

$$L = D - A \tag{3.4}$$

令 $0 = \lambda_1 \leqslant \lambda_2 \leqslant \cdots \leqslant \lambda_N$ 为 L 的按升序排列的特征值序列，其对应的单位特征向量为 $\{v_1, v_2, \cdots, v_N\}$，则由代数图论的相关知识，拉普拉斯矩阵具有如下重要性质。

引理 3.1[198]   给定任一无向图 $\mathcal{G}$：

(1) $L(\mathcal{G})$ 为对称半正定矩阵，满足

$$x^{\mathrm{T}} L x = \frac{1}{2} \sum_{i=1}^{N} \sum_{j \in \mathcal{N}_i} (x_i - x_j)^2 \tag{3.5}$$

式中，$x = [x_1, x_2, \cdots, x_N]^{\mathrm{T}} \in \mathbb{R}^N$。

(2) $\lambda_1 = 0, \lambda_2 > 0$ 当且仅当 $\mathcal{G}$ 为连通图。

(3) λ_2 为权重 a_{ij} 的增函数，即

$$\lambda_2 = \min_{x \perp 1_N, x \neq 0} \frac{x^{\mathrm{T}} L x}{x^{\mathrm{T}} x} = \min_{x \perp 1_N, x \neq 0} \frac{\sum_{(i,j) \in \mathcal{E}} a_{ij}(x_i - x_j)}{x^{\mathrm{T}} x} \tag{3.6}$$

(4) $v_i^{\mathrm{T}}(L) v_j(L) = 0, \forall 1 \leqslant i, j \leqslant N, i \neq j$。特别地，$v_1 = 1_N$，其中 1_N 为所有分量均为 1 的 N 维列向量。

(5) L 的谱半径 $\rho(L) = \lambda_N \leqslant N$。

在性质 (2) 中，λ_2 称为系统的代数连通度，其可表征系统的连通属性，并在很多基于系统拓扑的控制算法的收敛性中扮演着重要角色。因此，本章的控制目标为仅利用邻接智能体之间的局部信息交互设计一类分布式控制器，从而驱使整个系统可实现稳定的群集运动构形，同时系统拓扑的连通性在系统整个演化过程中能够始终得到保持，即在系统拓扑初始连通的条件下，使得 $\lambda_2(L(t)) > 0, \forall t \geqslant 0$。

3.3 控制律设计

群集运动控制的目标为设计分布控制律,使智能体的速度渐近趋同,智能体的间距收敛到期望的距离的同时实现碰撞的规避。除此之外,系统拓扑的连通性还应该在系统的演化过程中总始终得到保持以便促进邻接个体之间的信息交互与共享,从而使既定的控制任务得以顺利完成。为此,设计如下形式的群集运动控制律:

$$u_i = -(\nabla_{q_i} V_i^a + l_i \dot{\nabla}_{q_i} V_i^t) - \sum_{j \in \mathcal{N}_i} \nabla_{q_i} V_{ij} - \sum_{j \in \mathcal{N}_i} a_{ij}(q)(p_i - p_j) \qquad (3.7)$$

式中,$\mathcal{N}_i$ 为智能体 i 的邻居集;$a_{ij}(q)$ 随着邻接智能体间距在 $(0, R)$ 连续变化,从而在 $[0, 1]$ 区间光滑取值;V_i^a 是避障势场函数;V_i^t 是目标跟踪势场函数;如果智能体 i 能观测到目标,则 $l_i = 1$,否则 $l_i = 0$。V_i^a 和 V_i^t 可以简单地选取函数为 $V_i^a = \dfrac{1}{(\|q_{io}\| - r)}$ 与 $V_i^t = \|q_{it}\|^2$,其中 $q_{io} = q_i - q_o$,q_o 是障碍物的中心点位置,r 是障碍物的半径,$q_{it} = q_i - q_t$,q_t 是目标区域的中心点位置。

另外,连通性保持势场函数的具体形式如下:

$$V_{ij} = \left\| \frac{1}{\|q_i - q_j\|} - \frac{1}{d} \right\|^{2\alpha} \frac{1}{\lambda_2{}^\beta}, \quad (i, j) \in E \qquad (3.8)$$

式中,$0 < \alpha, \beta \leqslant 1$;$0 < d < R$ 为邻接智能体的期望间距且需满足 $R/d = 1 + \varepsilon, \varepsilon \ll 1$。从式 (3.8) 容易看出,只要保证 V_{ij} 为有限值,就有 $\lambda_2 > 0$,因此可以实现系统拓扑的连通性保持。类似地,V_{ij} 取值的有限性可保证 $\|q_i - q_j\| \neq 0$,因而可确保智能体之间实现碰撞规避。

然而,利用连通性保持势场函数 (3.8) 来构造群集运动控制律 (3.9) 可能会在系统拓扑发生动态切换时产生不连续和非光滑的控制输入。鉴于此,设计光滑的群集运动控制律如下:

$$u_i = -(\nabla_{q_i} V_i^a + l_i \dot{\nabla}_{q_i} V_i^t) - \sum_{j \in \mathcal{N}_i} \nabla_{q_i} V_{ij}^c - \sum_{j \in \mathcal{N}_i} a_{ij}(q_i - q_j) \qquad (3.9)$$

式中,V_{ij}^c 为系统拓扑的连通性保持势函数,其具体形式如下:

$$V_{ij}^c = \begin{cases} \left\| \dfrac{1}{\|q_i - q_j\|} - \dfrac{1}{d} \right\|^{2c_1} \dfrac{1}{(\hat{\lambda}_2^i - \tilde{\varepsilon})^{c_2}}, & \|q_i - q_j\| \in (0, d) \\[4mm] \dfrac{k}{2} \dfrac{1 - \cos\left(\pi \dfrac{\|q_i - q_j\| - d}{R - d}\right)}{(\hat{\lambda}_2^i - \tilde{\varepsilon})^{c_2}}, & \|q_i - q_j\| \in [d, R) \\[4mm] \dfrac{k}{(\hat{\lambda}_2^i - \tilde{\varepsilon})^{c_2}}, & \|q_i - q_j\| \in [R, \infty) \end{cases} \qquad (3.10)$$

式中, $k > 0$; $c_1, c_2 > 1$; $0 < d < R$ 为智能体之间的期望距离; $\hat{\lambda}_2^i$ 为智能体 i 对于代数连通度的估计值; $\tilde{\varepsilon} > 0$ 为 $\hat{\lambda}_2^i$ 的期望下界, 可间接反映系统中各智能体对于代数连通度的估计误差的上界, 其具体确定过程将在后面加以详细阐述。

相应地, 有

$$
\nabla_{q_i} V_{ij}^c = \begin{cases}
-\dfrac{c_2}{(\hat{\lambda}_2^i - \tilde{\varepsilon})^{c_2+1}} \left\| \dfrac{1}{\|q_i - q_j\|} - \dfrac{1}{d} \right\|^{2c_1} \dfrac{\partial \hat{\lambda}_2^i}{\partial q_i} \\
\quad -\dfrac{2c_1}{(\hat{\lambda}_2^i - \tilde{\varepsilon})^{c_2}} \left\| \dfrac{1}{\|q_i - q_j\|} - \dfrac{1}{d} \right\|^{2c_1-1} \dfrac{(q_i - q_j)}{\|q_i - q_j\|^3}, & \|q_i - q_j\| \in (0, d) \\[4mm]
-\dfrac{kc_2}{2(\hat{\lambda}_2^i - \tilde{\varepsilon})^{c_2+1}} \left[1 - \cos\left(\pi \dfrac{\|q_i - q_j\| - d}{R - d} \right) \right] \dfrac{\partial \hat{\lambda}_2^i}{\partial q_i} \\
\quad + \dfrac{k\pi}{2(\hat{\lambda}_2^i - \tilde{\varepsilon})^{c_2}(R - d)} \sin\left(\pi \dfrac{\|q_i - q_j\| - d}{R - d} \right) \dfrac{(q_i - q_j)}{\|q_i - q_j\|}, & \|q_i - q_j\| \in [d, R) \\[4mm]
-\dfrac{kc_2}{(\hat{\lambda}_2^i - \tilde{\varepsilon})^{c_2+1}} \dfrac{\partial \lambda_2}{\partial q_i}, & \|q_i - q_j\| \in [R, \infty)
\end{cases}
\tag{3.11}
$$

进一步可得

$$
\frac{\partial \hat{\lambda}_2^i}{\partial q_i} = \frac{\dfrac{(\hat{v}_2^i)^{\mathrm{T}} L (\hat{v}_2^i)}{(\hat{v}_2^i)^{\mathrm{T}} (\hat{v}_2^i)}}{\partial q_i}
\tag{3.12}
$$

从式 (3.12) 可以看出, 对于 λ_2 和 v_2 的分布式估计是实现连通性保持条件下系统稳定群集运动的关键。

从式 (3.10) 可以看出, 智能体 i 和 j 之间的期望距离可以通过最小化 V_{ij}^c 来加以确定。因此, 如果 V_{ij}^c 始终取有限值, 则 $1/\|q_i - q_j\|$ 可以确保边 (i, j) 的长度不会为零而导致彼此发生碰撞。因此, 控制律 (3.9) 可以驱使智能体 i 与其邻居智能体之间实现期望的距离镇定, 同时避免碰撞。注意到 V_{ij}^c 取值的有限性意味着 $\hat{\lambda}_2^i(t) > \tilde{\varepsilon}, \forall t \geqslant 0$, 即系统拓扑的连通性可以时刻得到保持。与此同时, 与传统的连通性保持的控制律相比, 由于系统拓扑的连通性保持即 $\hat{\lambda}_2^i > \tilde{\varepsilon}$ 不需要刻意保持每一条现有的拓扑连接, 所以其可以赋予系统中每个智能体更高的运动自由度。不仅如此, 由于所设计的系统的拓扑连通性保持势函数 (3.11) 的光滑性, 控制律 (3.9) 在系统拓扑发生切换时也具有本质光滑的属性, 其可有效克服由于控制信号的不连续或非光滑切换给系统带来的高频抖振现象的缺陷。

3.4 λ_2 的分布式估计

为了有效控制系统的拓扑连通性, 本节提出一种基于反幂法迭代思想的代数连通度估计方法。Yang 等[14] 基于幂迭代与 PI 平均值估计器相结合的思想提出了

一种对于系统拉普拉斯矩阵的特征值/特征向量的分布式估计机制。然而，幂迭代方法的收敛速率在理论上与系统的次主导特征根与主导特征的比值 $|\lambda_{N-1}/\lambda_N|$ 成正比。因此，当主导特征值的幅值比较接近时，幂迭代算法的收敛速度将会非常缓慢。为了克服传统幂迭代算法的这一本质缺陷，考虑使用反幂迭代法来对目标的矩阵的特征值/特征向量进行估计。分布式反幂迭代法的运算操作可以转化成求解一系列相关非齐次线性方程组。对于每组非齐次线性方程组，使用共轭梯度法 (CG) 来求解方程。为了使共轭梯度法能够完全分布化，受文献 [14] 的启发，一个基于 PI 平均值一致性的分布式和值估计算法 1 随后被设计出来。

算法 1　分布式和值计算

1. 对于每个智能体 i，遵循以下 PI 一致性算法进行运算

$$\begin{cases} \dot{H}_i = K_1(f_i - H_i) - K_2 \sum_{j \in \mathcal{N}_i} (H_i - H_j) - K_3 \sum_{j \in \mathcal{N}_i} (\mathcal{M}_i - \mathcal{M}_j) \\ \dot{\mathcal{M}}_i = -K_3 \sum_{j \in \mathcal{N}_i} (H_i - H_j) \end{cases} \tag{3.13}$$

式中，f_i 是智能体 i 对应测量数值的初值，H_i 是智能体 i 对平均值 $\dfrac{\sum\limits_{i=1}^{N} f_i}{N}$ 的估计值，K_1 是新旧信息的更新速率，K_2、K_3 是估计增益。

2. 对于多智能体群体和值 $\sum\limits_{i=1}^{N} f_i$ 的估计值可由

$$F_i = H_i N \tag{3.14}$$

获得。其中，N 是多智能体系统中的多智能体个数，F_i 是智能体 i 的估计器输出结果。当 PI 平均值算法收敛时，F_i 可视为分布式和值算法的最终输出结果。

基于算法 1，结合传统的共轭梯度算法，得出了一个分布式的共轭梯度算法，其具体形式为算法 2。

算法 2　分布式共轭梯度算法

1. 对于非齐次线性方程组 $Ax = b$，其中 A 为一个 N 维正定方阵，b 是一个已知 N 维向量，x 为方程组的解向量。$w^{(0)}$ 是一个与 x 以及方程组有关的初始向量，其表达式为

$$w^{(0)} = -r^{(0)} = b - Ax^{(0)} \tag{3.15}$$

共轭梯度法的初始迭代步数 $k = 0$,其中 $w^{(k)}$ 是共轭梯度法迭代步数 k 时的修改方向向量,$r^{(k)}$ 是共轭梯度法迭代步数 k 时的剩余向量。

2. 在共轭梯度算法迭代步数 k,$x^{(k+1)}$ 有以下形式的更新律:

$$x_i^{(k+1)} = x_i^{(k)} + \alpha^{(k)} w_i^{(k)}, \quad i = 1, \cdots, N \tag{3.16}$$

式中

$$\alpha^{(k)} = -\frac{\langle r^{(k)}, w^{(k)} \rangle}{\langle w^{(k)}, Aw^{(k)} \rangle} \tag{3.17}$$

并且 $\langle r^{(k)}, w^{(k)} \rangle = \sum\limits_{i=1}^{N} r_i^{(k)} w_i^{(k)}$,$\langle w^{(k)}, Aw^{(k)} \rangle = \sum\limits_{i=1}^{N} \left(w_i^{(k)} \sum\limits_{m=1}^{N} A_{i,m} w_m^{(k)} \right)$。$\langle r^{(k)}, w^{(k)} \rangle$ 和 $\langle w^{(k)}, Aw^{(k)} \rangle$ 的计算要用到向量 $r^{(k)}$ 和 $w^{(k)}$ 以及矩阵 A 之中的所有元素,所以在此用算法 1 使这些变量的计算能够完全分布化。

3. 如果当前迭代步数 $k < N - 1$,$r_i^{(k+1)}$ 和 $\beta^{(k+1)}$ 以及 $w_i^{(k+1)}$ 的下一步迭代更新律如下:

$$\begin{cases} r_i^{(k+1)} = \sum\limits_{m=1}^{N} A_{i,m} x_i^{(k+1)} - b_i \\ \beta^{(k+1)} = \dfrac{\langle r^{(k+1)}, Aw^{(k)} \rangle}{\langle w^{(k)}, Aw^{(k)} \rangle} \\ w_i^{(k+1)} = -r_i^{(k+1)} + \beta^{(k)} w_i^{(k)} \end{cases} \tag{3.18}$$

式中,$\langle r^{(k+1)}, Aw^{(k)} \rangle = \sum\limits_{i=1}^{N} \left(r_i^{(k+1)} \cdot \sum\limits_{m=1}^{N} A_{i,m} w_m^{(k)} \right)$ 和 $\sum\limits_{m=1}^{N} A_{i,m} x_i^{(k+1)}$ 的计算过程同样可以利用算法 1 使其分布化。当本步骤计算完成时,跳回算法步骤 2,设置 $k = k + 1$。

4. 如果当前迭代步数 $k \geqslant N - 1$ 并且 $\|x_i^{(k+1)} - x_i^{(k)}\| \leqslant e_c$,那么每个智能体对应的解向量元素 $x_i^{(k)}$ 可作为最终分布式共轭梯度算法的结果输出,即 $Ax = b$ 的解 $x = x^{(k)}$。其中 e_c 为分布式共轭梯度算法所要求的误差。

注 3.1 在算法 2 中,$\langle \cdot \rangle$ 代表两个向量的内积运算;$A_{i,m}$ 是矩阵 A 中第 (i,m) 个位置上的元素;$w_m^{(k)}(x_i^{(k+1)}, x_i^{(k)}, r_i^{(k+1)}, w_i^{(k+1)})$ 是向量 $w^{(k)}(x^{(k+1)}, x^{(k)}, r^{(k+1)}, w^{(k+1)})$ 第 m 个位置上的元素。注意,$\alpha^{(k)}$ 和 $\beta^{(k+1)}$ 的计算可以经由算法 1 进行分布化。根据推导过程,可以得出结论,即当分布式共轭梯度算法 2 运算完成时,向量 $x^{(N-1)}$ 将会以完全分布式的形式收敛到 $Ax = b$ 的解向量。

在上述分布式共轭梯度算法的基础上,设计了一个基于分布式共轭梯度法的

反幂法估计框架。首先考虑对 L 进行压缩操作得

$$\hat{L} = L + \frac{N + \delta}{N} 11^{\mathrm{T}} \tag{3.19}$$

式中，$\delta \in \mathbb{R}$ 且 $\delta > 0$；$\hat{L}$ 的特征值集合为 $\{\lambda_2, \cdots, \lambda_N, N + \delta\}$，其对应的特征向量集合为 $\{v_2, \cdots, v_N, 1_N / \sqrt{N}\}$。定义矩阵 $(\hat{L} - \mu I)^{-1}$，其中 $\mu \in \mathbb{R}$，易知 $(\hat{L} - \mu I)^{-1}$ 所对应的特征值集合为

$$\{(N + \delta - \mu)^{-1}, (\lambda_N - \mu)^{-1}, \cdots, (\lambda_2 - \mu)^{-1}\} \tag{3.20}$$

可见反幂迭代过程收敛至目标矩阵 $(\hat{L} - \mu I)^{-1}$ 所对应的主导特征值/特征向量对，即对应于原系统拉普拉斯矩阵的特征值/特征向量对 $\{\lambda_2, v_2\}$，并且其收敛速度正比于 $|\lambda_2 - \mu| / |\lambda_3 - \mu|$。$(\hat{L} - \mu I)^{-1}$ 的对称正定性可以通过恰当地选择 $0 \leqslant \mu < \lambda_2$ 来加以保证。因此，若 μ 选取得与 λ_2 很接近，反幂迭代算法的收敛速度就会显著优于原始幂迭代算法的收敛速度。上述思想突出表现为如下的基于反幂迭代算法的特征向量更新律：

$$(\hat{L} - \mu I_N)^{-1} \hat{v}_2^{(k)} = \hat{v}_2^{(k+1)} \tag{3.21}$$

式中，$\hat{v}_2^{(k)}$ 为算法在第 k 步得到的对应于特征值 λ_2 的特征向量 v_2 的估计。

$\hat{\lambda}_2$ 趋近 λ_2 的收敛速度反比于收敛因子 $\gamma = \left| \dfrac{\lambda_2 - \mu}{\lambda_3 - \mu} \right|$，即 γ 越接近 0，$\hat{\lambda}_2$ 的收敛速度越快。对称矩阵 $(L - \mu I)^{-1}$ 的正定性可由条件 $0 \leqslant \mu < \lambda_2$ 满足。因此，只要参数 μ 合适，就可以保证反幂迭代法的收敛速度比标准幂迭代法的收敛速度快很多。本书中，μ 可以依据 λ_2 相关的先验知识以及根据文献 [198] 所示的拉普拉斯矩阵 λ_2 的性质来精心选取。在反幂迭代算法的运算过程中，矩阵求逆运算是不可避免的，并且计算量非常大。矩阵求逆要用到矩阵中所有元素的信息，例如，在本问题中，智能体 i 要想独自完成一般的求逆运算，需要知道拉普拉斯矩阵中所有元素的值，但是，这无法在分布式体系下做到。因此，直接矩阵求逆在多智能体系统中无法实现，为了代替直接矩阵求逆，这里提出一种非直接迭代算法用以求解矩阵取逆问题。在反幂迭代法步数为 $k + 1$ 时，假设 $\hat{v}_2^{(k)}$ 是算法步数 k 时所求得的估计结果，式 (3.21) 可以化为一组非齐次线性方程组的形式。由此可以产生新的算法更新律如下：

$$\left(\hat{L} - \mu I \right) \hat{v}_2^{(k+1)} = \hat{v}_2^{(k)} \tag{3.22}$$

为了实现算法更新律的完全分布化，先前所提出的分布式共轭梯度算法 2 在此用于求解反幂迭代法第 $k + 1$ 步非齐次方程组 $E\hat{v}_2^{(k+1)} = \hat{v}_2^{(k)}$ 的解向量 $\hat{v}_2^{(k+1)}$，其中

$E = (\hat{L} - \mu I)$。因此，基于之前的准备工作，提出一个完全分布式的代数连通度估计框架，其算法的具体形式如下 (算法 3)。

算法 3 分布式代数连通度与对应特征向量估计算法

1. 智能体 i 计算其在预处理矩阵 E 中所对应行的所有元素的值，其中

$$E_{i,j} = \left(L_{i,j} + \frac{N+\delta}{N} - \zeta\mu \right), \quad j = 1, \cdots, N \qquad (3.23)$$

并且 $\zeta = \begin{cases} 0, & j \neq i \\ 1, & j = i \end{cases}$。

2. 智能体 i 利用算法 2 求解非齐次方程 $E\hat{v}_2^{(k+1)} = \hat{v}_2^{(k)}$。在反幂法步数为 $k+1$ 时，智能体 i 可以得到解向量中所对应的元素的估计值 $\hat{v}_{2,i}^{(k+1)}$。

3. 智能体 i 计算 λ_2 的估计值 $\hat{\lambda}_2^{(k+1),i}$，其具体形式如下：

$$\hat{\lambda}_2^{(k+1),i} = \frac{\sum\limits_{j \in (\mathcal{N}_i \cup i)} L_{i,j}\hat{v}_{2,j}^{(k+1)}}{\hat{v}_{2,i}^{(k+1)}} \qquad (3.24)$$

如果 $\|\hat{\lambda}_2^{(k+1),i} - \hat{\lambda}_2^{(k),i}\| \leqslant e$，则取估计框架的最终估计结果为 $\hat{\lambda}_2^i = \hat{\lambda}_2^{(k+1),i}$，其中 e 为最终估计结果需要满足的估计误差。如果 $\|\hat{\lambda}_2^{(k+1),i} - \hat{\lambda}_2^{(k),i}\| > e$，则将 $\hat{v}_{2,i}^{(k+1)}$ 转回反幂迭代法步骤 2 的计算，并且设置 $k = k+1$。

定理 3.1   在估计算法 3 的作用下，在反幂法迭代步数为 $k+1$ 时，智能体 i 可以得出 λ_2 对应特征向量的估计值 $\hat{v}_2^{(k+1)}$ 中其所对应的元素 $\hat{v}_{2,i}^{(k+1)}$。由此可见，在多智能体系统的全局层面，整体估计框架算法 3 可以成功地解决代数连通度 λ_2 与对应特征向量 v_2 的分布式估计问题。

证明   在估计算法 3 的运算过程中，PI 平均值估计器的收敛时间明显要比算法 2 中步骤 2 和步骤 3 的运算时间小很多，可以看出，分布式共轭梯度算法 2 会趋同于标准的共轭梯度算法。$\alpha^{(j)}$ 和 $\beta^{(j+1)}$ 在算法 1 的作用下被分布式得出，因此可以以完全分布式的方式完成算法 2 的运算过程，且智能体 i 在反幂迭代法步数为 $k+1$ 的情况下可以得到本步特征向量中对应元素的估计值 $\hat{v}_{2,i}^{(k+1)}$。由此，分布式反幂迭代法的每一步运算都可以收敛，表明整体代数连通度估计框架可以成功运行。基于上述分析，可以以完全分布式的方式得到代数连通度与其对应特征向量的估计值 $\hat{\lambda}_2$ 与 $\hat{v}_2$。 □

下面给出分布式代数连通度与对应特征向量估计框架算法 3 的整体流程图，具体如图 3.1 所示。

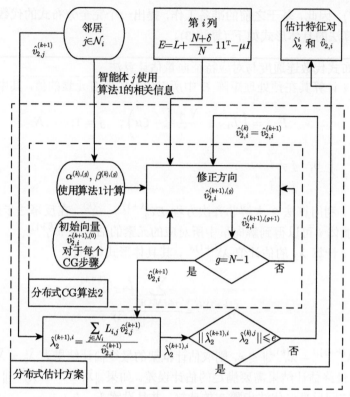

图 3.1 算法 3 的整体流程图

3.5 稳定性分析

在获取了对于 λ_2 和 v_2 的估计值 $\hat{\lambda}_2$ 和 $\hat{v}_2^i$ 之后，可以最终获得分布式连通性保持条件下的群集控制算法。通过利用反幂法得到的对应的 $\hat{\lambda}_2$ 的归一化单位特征向量 $\hat{v}_2^i$ 之后，式 (3.12) 可化为

$$
\frac{\partial \hat{\lambda}_2^i}{\partial q_i} = \frac{\partial \dfrac{\hat{v}_2^{\mathrm{T}} L \hat{v}_2^{\mathrm{T}}}{\hat{v}_2^{\mathrm{T}} \hat{v}_2}}{\partial q_i}
$$

$$
= \frac{\partial \hat{v}_2^{\mathrm{T}}}{\partial q_i} L \hat{v}_2^{\mathrm{T}} + \hat{v}_2^{\mathrm{T}} \frac{\partial L}{\partial q_i} \hat{v}_2 + \hat{v}_2^{\mathrm{T}} L \frac{\partial \hat{v}_2}{\partial q_i} \tag{3.25}
$$

由于对于无向图，L 总为对称半正定矩阵，所以有

$$
\frac{\partial \hat{v}_2^{\mathrm{T}}}{\partial q_i} L \hat{v}_2^{\mathrm{T}} + \hat{v}_2^{\mathrm{T}} \frac{\partial L}{\partial q_i} \hat{v}_2 + \hat{v}_2^{\mathrm{T}} L \frac{\partial \hat{v}_2}{\partial q_i} = 2\frac{\partial (\hat{v}_2)^{\mathrm{T}}}{\partial q_i} L(\hat{v}_2) + \hat{v}_2^{\mathrm{T}} \frac{\partial L}{\partial q_i} \hat{v}_2
$$

$$
\begin{aligned}
&= 2\lambda_2 \frac{\partial \left(\hat{v}_2^{\mathrm{T}} \hat{v}_2\right)}{\partial q_i} + \hat{v}_2^{\mathrm{T}} \frac{\partial L}{\partial q_i} \hat{v}_2 \\
&= \hat{v}_2^{\mathrm{T}} \frac{\partial L}{\partial q_i} \hat{v}_2 \\
&= \sum_{j \in \mathcal{N}_i} \frac{\partial a_{ij}}{\partial q_i} (\hat{v}_2^i - \hat{v}_2^j)^2
\end{aligned}
\tag{3.26}
$$

结合式 (3.11) 和式 (3.26) 及式 (3.9)，显然，每个智能体的控制协议中仅利用了局部信息 q_i、q_j 和 $\hat{v}_2^i$、$\hat{v}_2^j$、$\hat{\lambda}_2^i$。

首先给出如下所示的候选李雅普诺夫函数来对整个系统进行稳定性分析

$$
V = \sum_{i=1}^{N} \left(\sum_{j \subset \mathcal{N}_i} V_{ij}^c + V_i^a + l_i \cdot V_i^t \right) + \frac{1}{2} \sum_{i=1}^{N} p_i^{\mathrm{T}} p_i
\tag{3.27}
$$

则主要的稳定性结果由下面的定理给出。

定理 3.2　考虑由 N 个智能体所组成的多智能体系统，每个智能体满足运动学模型 (3.1)，则在分布式控制律 (3.9) 的作用下。如果 $V(0)$ 是有限值，并且 $\lambda_2(0) > \varepsilon + 2\Delta$，则有 $\lambda_2(t) > \varepsilon, \forall t \geqslant 0$，所有的智能体可渐近实现速度趋同、碰撞规避、避开障碍并抵达目的地。

证明　对式 (3.27) 关于时间求导，有

$$
\begin{aligned}
\dot{V} &= \sum_{i=1}^{N} p_i^{\mathrm{T}} \left(\sum_{j \in \mathcal{N}_i} \nabla_{q_i} V_{ij}^c + \nabla_{q_i} V_i^a + l_i \cdot \nabla_{q_i} V_i^t \right) + \sum_{i=1}^{N} p_i^{\mathrm{T}} \dot{p}_i \\
&= -p^{\mathrm{T}} (L \otimes I_2) p \leqslant 0
\end{aligned}
\tag{3.28}
$$

式中，$\otimes$ 表示克罗内克积。由于 L 为对称半正定矩阵，$\dot{V} \leqslant 0$。因为系统的初始能量有限，如式 (3.27) 和式 (3.28) 所示，若 $V(0)$ 为有限值，则 V 的非负性将会时刻得到保持。注意到由式 (3.24)，$\lambda_2(0) > \varepsilon + 2\Delta$ 意味着 $\hat{\lambda}_2^i(0) \geqslant \varepsilon + \Delta = \tilde{\varepsilon}, \forall i$。则由式 (3.10) 和式 (3.28)，以及初始能量的有界性，对于每个智能体 i，有 $\hat{\lambda}_2^i(t) \geqslant \tilde{\varepsilon}, \forall t \geqslant 0$，因此上述结论可保证 $\lambda_2(t) \geqslant \tilde{\varepsilon} - \Delta = \varepsilon$。因此，系统拓扑的连通性可以得到保持并且时刻以 $\varepsilon > 0$ 为下界。进一步，由式 (3.28)，有 $\frac{1}{2} \sum_{i=1}^{N} p_i^{\mathrm{T}} p_i \leqslant V \leqslant V(0)$，这意味着 $\|p_i\| \leqslant \sqrt{2V(0)}$ 和 $V_{ij} \leqslant V \leqslant V(0) \ll \infty, \forall j \in \mathcal{N}_i$。由式 (3.10)，$V_{ij} \ll \infty$ 保证了 $\|q_i - q_j\| > 0$ 和 $\hat{\lambda}_2^i > 0$。前者可确保邻接智能体 i 和 j 实现碰撞规避，后者意味着 $\mathcal{G}(t) \in \mathbb{C}, \forall t \geqslant 0$。因此，系统中的任意两个智能体可通过至少一条路径彼此连通，且路径长度不会超过 $(N-1)R$，所以集合 $\Omega = \{(q_{ij}, p_i) | V \leqslant V(0), t > 0\}$ 为有界闭集 (紧集)。由于带有控制输入 (3.9) 的系统 (3.1) 在 $t \in [0, \infty)$ 为一个自治系统，

所以可用拉塞尔不变集原理来分析系统的稳定性, 即对于任意起始于 Ω 的系统的初始状态, 其轨迹最终将会收敛至集合 $M = \{(q_{ij}, p_i) \in \Omega \mid \dot{V} = 0\}$ 内部的最大不变集, 此时有

$$\dot{V} = -p^{\mathrm{T}}(L \otimes I_2)p = -\frac{1}{2}\sum_{i=1}^{N}\sum_{j \in \mathcal{N}_i}(p_i - p_j)^2 = 0 \tag{3.29}$$

因为 $\mathcal{G}(t) \in \mathbb{C}$, 其中 $\mathbb{C}$ 代表所有连通图集合, 所以式 (3.29) 成立当且仅当 $p_1 = p_2 = \cdots = p_N = p^*$, 这就意味着所有智能体的速度矢量实现了渐近趋同。

由于 $(L \otimes I_2)p = 0$, 有 $(L \otimes I_2)u = 0$, 所以 $u = 1_N \otimes \beta$, 其中 $\beta \in \mathbb{R}^2$ 为某一常向量。则由式 (3.9), 有

$$\dot{p} = u = -\nabla V(q) = \begin{bmatrix} -\sum_{j \in \mathcal{N}_1} \nabla_{q_1} V_{1j}(\|q_{1j}\|) \\ -\sum_{j \in \mathcal{N}_2} \nabla_{q_2} V_{2j}(\|q_{2j}\|) \\ \vdots \\ -\sum_{j \in \mathcal{N}_N} \nabla_{q_N} V_{Nj}(\|q_{Nj}\|) \end{bmatrix} = 0 \tag{3.30}$$

由式 (3.30) 和 $V(\|q_{ij}\|) = V(\|q_{ji}\|)$, 可得

$$\nabla_{q_i} V(\|q_{ij}\|) = -\nabla_{q_j} V(\|q_{ij}\|) = -\nabla_{q_j} V(\|q_{ji}\|)$$

$$\sum_{j \in \mathcal{N}_1(t)} \nabla_{q_1} V(\|q_{ij}\|) + \cdots + \sum_{j \in \mathcal{N}_N(t)} \nabla_{q_N} V(\|q_{ij}\|) = 0$$

$$(1_N \otimes \beta)^{\mathrm{T}} u = 0$$

由于 $u = \{1_N \otimes \beta\} \cap \{1_N \otimes \beta\}^{\perp}$, 有 $u = 0$, 则

$$\dot{p} = \begin{bmatrix} -\sum_{j \in \mathcal{N}_1} \nabla_{q_1} V_{1j}^c(\|q_{1j}\|) - \nabla_{q_1} V_1^a(\|q_{1o}\|) - l_1 \cdot \nabla_{q_1} V_1^t(\|q_{1t}\|) \\ -\sum_{j \in \mathcal{N}_2} \nabla_{q_2} V_{2j}^c(\|q_{2j}\|) - \nabla_{q_2} V_2^a(\|q_{2o}\|) - l_2 \cdot \nabla_{q_2} V_2^t(\|q_{2t}\|) \\ \vdots \\ -\sum_{j \in \mathcal{N}_N} \nabla_{q_N} V_{Nj}^c(\|q_{Nj}\|) - \nabla_{q_N} V_N^a(\|q_{No}\|) - l_N \cdot \nabla_{q_N} V_N^t(\|q_{Nt}\|) \end{bmatrix} = 0 \tag{3.31}$$

由式 (3.31), 系统动力学方程的几乎所有解 (鞍点和局部极大值点除外) 均将收敛至 V 的局部极小值。类似于文献 [4] 中的分析, V 的每个局部极小点对应于一个稳定的群集几何构形, 即所有的智能体均渐近收敛至期望的相对稳定距离, 并且能避开障碍, 到达目标点。 □

3.6 仿真和实验

3.6.1 数值仿真

本节将给出仿真结果以验证所提出的分布式系统拓扑的连通性保持控制算法的有效性。为了验证分布式反幂法迭代算法对于特征值/特征向量估计的性能，针对固定拓扑的情形对反幂法迭代和幂法迭代进行对比仿真。首先，给出一个由 7 个智能体所组成的多智能体系统，具体的初始连通拓扑如图 3.2 所示。

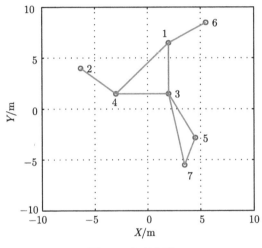

图 3.2 初始拓扑

初始拓扑拉普拉斯矩阵特征值谱为 $\{0, 0.555, 0.634, 2.045, 2.778, 3.632, 4.746\}$，其中 λ_2 所对应的特征向量为 $v_2 = \{-0.156, -0.496, 0.136, -0.221, 0.487, -0.320, 0.569\}$。通信半径设置为 $R = 8\text{m}$，仿真中使用的其他相关参数设置为 $\tau = 0.8$, $K_1 = 5$, $K_2 = 1000$, $K_3 = 10$, $\sigma = 0.7$, $\mu = 0.55$。图 3.3 针对上述拓扑给出了特征向量 v_2 分布式估计的对比仿真结果，具体针对文献 [14] 和本章所提出的反幂迭代法，分别给出了两种算法下每个智能体对于 v_2 第 i 个分量的估计值 $\hat{v}_{2,i}$ 与其真实值 v_2 的演化曲线。从图中可以清楚地看出，使用反幂迭代分布式估计算法，特征向量的估计值 $\hat{v}_{2,i}$ 最终收敛至真实值 v_2 的速度明显快于文献 [14] 中所提出的传统幂迭代算法，充分显示了反幂迭代估计算法的优势。

关于系统代数连通度 λ_2 估计的对比仿真结果如图 3.4 所示。从图中可以看出，与传统的幂迭代算法相比，反幂迭代特征值分布式估计算法收敛速度更快，因而同样验证了本章所提出的分布式特征值估计算法的正确性和有效性。

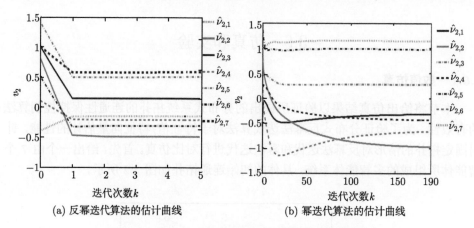

(a) 反幂迭代算法的估计曲线   (b) 幂迭代算法的估计曲线

图 3.3   关于 v_2 的分布式估计的对比仿真结果

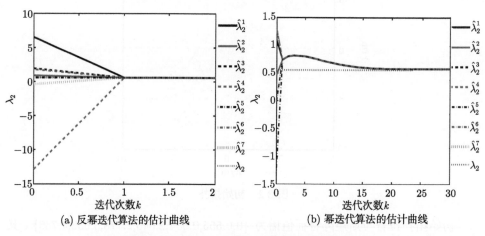

(a) 反幂迭代算法的估计曲线   (b) 幂迭代算法的估计曲线

图 3.4   关于 λ_2 的分布式估计的对比仿真

　　进一步, 为了表征系统的拓扑连通性保持算法在实现稳定群集行为过程中的重要性, 在相同初始连通拓扑条件下, 特别针对带有保守的连通性保持策略的群集控制算法[205]、带有本章所设计的灵活的连通性保持策略以及不带有连通性保持的群集控制算法给出了相关的比较仿真结果。对比仿真的具体结果如图 3.5 所示, 仿真中考虑了满足动力学模型 (3.1) 的由七个智能体所组成的多智能体系统。系统的初始位置和初始速度分别在区间 $[-10, 10]\text{m} \times [-10, 10]\text{m}$ 和 $[-2, 4]\text{m/s} \times [-2, 4]\text{m/s}$ 内随机选取且必须满足系统的初始连通性。$\tilde{\varepsilon} = 0.1$。障碍物中心点为 $[11, 8]\text{m}$, 半径为 8m。目标区域中心点位置为 $[18, 11]\text{m}$, 半径为 1m。在仿真过程中, 只有智能体 5 与智能体 6 可以观测到目标位置。

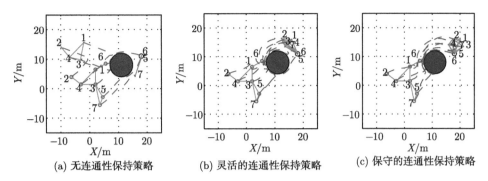

图 3.5 七个智能体的群集运动仿真

显然，图 3.5(a) 表明无连通性保持策略情况下，因为障碍物的存在，集群任务无法完成。图 3.5(b) 和 (c) 表明多智能体系统在连通性保持策略下可以完成给定的集群任务。同时可以注意到，在所设计的灵活的连通性保持策略的作用下，队形演化过程中允许在整体连通性不破坏的前提下，出现拓扑连通边断开的情况，因而多智能体群组分成两个连通的小群体，从两边灵活地绕过了障碍物。而在保守的连通性保持策略下，智能体群组必须保证所有连通边，并且连通边数在不断地增加，束缚了队形的灵活性，因此，多智能体群组只能从障碍物的一侧避过，避障过程耽误了很多时间。代数连通度 λ_2 的演化曲线如图 3.6 所示。由于连通性保持策略的作用，图 3.6(b) 和 (c) 中的 λ_2 值得以保持在 0 以上。同时得益于连通保持策略的灵活性，图 3.6(b) 情况下的避障时间为 73.9s，远低于图 3.6(c) 的情况。

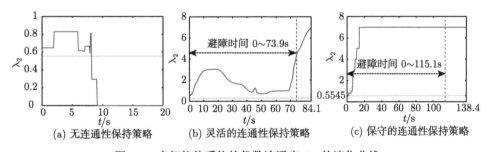

图 3.6 多智能体系统的代数连通度 λ_2 的演化曲线

拓扑连通边数演化曲线如图 3.7 所示。图 3.7(a) 表明，使用灵活的连通性保持策略的集群运动中，多智能体系统拓扑连通边数没有一味地单向增加，使得相较于图 3.7(b) 的情况，避障过程中在通信方面消耗的能量减少很多。

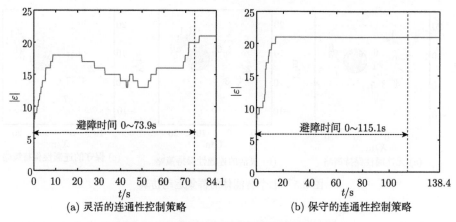

(a) 灵活的连通性控制策略　　　　　(b) 保守的连通性控制策略

图 3.7   多智能体系统的连通边数演化曲线

3.6.2   实物实验

含有避障情况的多智能体系统集群控制实验由四个 Pioneer 3-AT 移动机器人和一个 Pioneer 3-DX 移动机器人的多机器人系统组成。任务设置为避过障碍区域并最终达到目标区域，过程中仅有两个机器人可以感知到目标信息。如图 3.8 和图 3.9 所示，实验场地为 $7\text{m} \times 8\text{m}$ 的室内方形区域，其中有一个圆柱状障碍物。实验结果分为一次带有本章连通性保持策略的群集运动与一次作为对照组的带有保守的连通性保持策略的群集运动。实验结果显示，本章所设计的带有灵活的连通性保持策略的群集算法在避障环节上消耗的时间为 17s。但由于队形保持得比较稀疏，在避障结束后，多机器人群组花费了稍多的时间重整了队形，并最终抵达目标区域。即使如此，本章所设计集群算法结果仍在总时间上优于保守的连通性保持群集算法结果。实验过程中的几个重要时刻的队形状况如图 3.8 和图 3.9 所示。实验过程

(a) t=0s　　　　　　　　　　(b) t=8s

(c) $t=15$s (d) $t=30$s

图 3.8 带有本章连通性保持算法的多智能体系统的队形演化

(a) $t=0$s (b) $t=7$s

(c) $t=26$s (d) $t=35$s

图 3.9 带有保守的连通性保持算法的多智能体系统的队形演化

中的拓扑连通边数和代数连通度的演化曲线如图 3.10 和图 3.11 所示。在图 3.10 中,由于本章连通保持策略的应用,多机器人群组的拓扑连通边数在避障过程中不断地变化,使队形更加灵活多变。作为对照组,图 3.11 中的拓扑连通边数呈现单调递增趋势,致使在某些复杂障碍存在的情况下避障效果不佳。

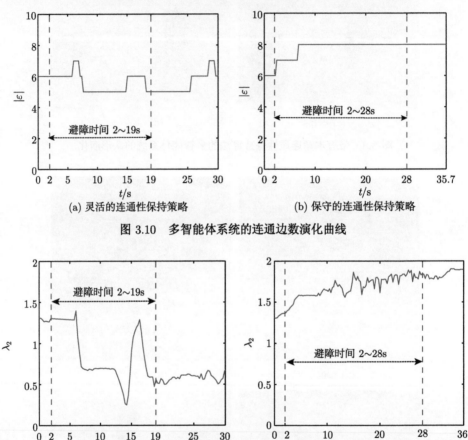

图 3.10　多智能体系统的连通边数演化曲线

图 3.11　多智能体系统的代数连通度演化曲线

3.7　结　　论

本章主要针对具有双积分器运动学特性的多智能体动态系统,讨论了带有系统拓扑的连通性保持控制策略的系统群集运动控制问题,通过引入光滑系统的拓扑连通性保持势场函数来构造群集运动控制协议,从而可保证系统的代数连通度

恒为正 $(\lambda_2 > \varepsilon)$，进而实现系统拓扑的连通性保持。其中系统代数连通度的计算采用了基于反幂迭代算法的分布式特征值/特征向量估计器来实现相应的参数估计，该方法较传统的局部连通性保持控制算法的优势为系统拓扑的连通性保持无需依赖于保持初始系统拓扑所有的连接，系统拓扑结构可以在不同的连通拓扑之间进行切换，从而使系统在保持系统整体连通的条件下具有充分大的运动自由度。因此，其本质上为一种系统拓扑的连通性控制算法，显著提高了系统对于环境和任务变化的灵活性和适应性。

第4章 连通性保持下多移动机器人群集控制

4.1 研究背景

本章的主要工作为设计一类与轮式移动机器人系统所遵循的非完整非线性运动学约束相适应的具有连通性保持功能的分布式群集运动控制协议。特别地,所设计的分布式控制律同时兼具光滑性和有界性,可以同时解决诸如连通性保持、碰撞规避和相对距离镇定等控制需求,可有效避免不连续时不变控制器所固有的抖振现象以及应对执行器饱和问题。并且,系统的稳定性和收敛性只要求初始拓扑为更加一般的强连通非平衡图,从而使所提出的控制算法在实际工程应用中具有更广泛的适应性。

4.2 问题描述

考虑在平面上运动的 N 个轮式移动机器人系统,其满足如下所示的非完整约束运动学方程

$$
\begin{cases}
\dot{x}_i = v_i \cos(\theta_i) \\
\dot{y}_i = v_i \sin(\theta_i) \\
\dot{\theta}_i = \omega_i \\
\dot{v}_i = a_i
\end{cases}
\tag{4.1}
$$

式中, $r_i = (x_i, y_i)^{\mathrm{T}}$ 为机器人 i 的位置矢量, v_i 为机器人 i 的线速度矢量, θ_i 为机器人 i 的朝向角, a_i、ω_i 为施加在机器人 i 上的控制输入。$r = (r_1, r_2, \cdots, r_N)^{\mathrm{T}}$、$v = (v_1, v_2, \cdots, v_N)^{\mathrm{T}}$ 和 $\theta = (\theta_1, \theta_2, \cdots, r_N)^{\mathrm{T}}$ 分别为多机器人系统的位置、速度和朝向角矢量。$r_{ij} = r_i - r_j$ 代表机器人 i 和机器人 j 的相对位置矢量。网络拓扑连接的添加、保持和删除规则的定义与第 2 章相同,此处不再赘述。

引理 4.1 [208] 若对称矩阵 $A, B \in \mathbb{R}^{N \times N}$ 的特征值序列满足 $\lambda_1(A) \leqslant \cdots \leqslant \lambda_N(A)$, $\lambda_1(B) \leqslant \cdots \leqslant \lambda_N(B)$,则有下述不等式成立:

$$
\lambda_{i+j-1}(A + B) \geqslant \lambda_i(A) + \lambda_j(B)
\tag{4.2}
$$

式中, $i + j \leqslant N + 1, 1 \leqslant i, j \leqslant N$。

引理 4.2 [208] 若 $\mathbb{G}$ 为强连通有向图,则存在对应于 $L(\mathbb{G})$ 的零特征值的正左特征向量 $y > 0$,使得 $L(\mathbb{G})1_N = 0, y^{\mathrm{T}}1_N = 1$。

本章的控制目标为在系统拓扑初始强连通的条件下，设计一组分布式光滑有界的控制协议以使具体非完整约束运动学特性的多移动机器人系统可以同时实现线速度和朝向角的渐近趋同，彼此避免碰撞，同时系统的强连通性在系统演化过程中始终能够得到保持。

4.3　群集运动控制器设计

4.3.1　不带有领航者的群集运动控制

为了方便后续证明，首先给出几个关键引理。

引理 4.3　假设有向图为强连通图，定义：

$$P = \mathrm{diag}\{p_i\} \in \mathbb{R}^{N \times N}$$
$$Q = PL + L^{\mathrm{T}}P \tag{4.3}$$

式中，$p = [p_1, p_2, \cdots, p_N]^{\mathrm{T}}$ 为引理 4.2 中定义的对应于 $L(\mathbb{G})$ 的零特征根的正左特征向量，则 $P > 0, Q \geqslant 0$。

证明　易知

$$x^{\mathrm{T}}PLx = \sum_{i=1}^{N} p_i x_i \sum_{i=1}^{N} a_{ij}(x_i - x_j)$$

由于 $L^{\mathrm{T}}p = 0$ 意味着 $p_i \sum_{j=1}^{N} a_{ij} = \sum_{j=1}^{N} p_j a_{ji}$，所以可得

$$\sum_{i=1}^{N} p_i x_i \sum_{j=1}^{N} a_{ij}(x_i - x_j) = \sum_{i=1}^{N} x_i^2 \sum_{j=1}^{N} p_j a_{ji} - \sum_{i=1}^{N} p_i \sum_{j=1}^{N} a_{ij} x_i x_j$$
$$= \sum_{i=1}^{N} x_j^2 \sum_{j=1}^{N} p_i a_{ij} - \sum_{i=1}^{N} \sum_{j=1}^{N} p_i a_{ij} x_i x_j$$
$$= \sum_{i=1}^{N} p_i \sum_{j=1}^{N} a_{ij} x_j(x_j - x_i)$$

从而有

$$x^{\mathrm{T}}Qx = 2x^{\mathrm{T}}PLx$$
$$= 2\sum_{i=1}^{N} p_i x_i \sum_{j=1}^{N} a_{ij}(x_i - x_j)$$

$$= \sum_{i=1}^{N} p_i x_i \sum_{j=1}^{N} a_{ij}(x_i - x_j) + \sum_{i=1}^{N} p_i x_j \sum_{j=1}^{N} a_{ij}(x_j - x_i)$$

$$= \sum_{i=1}^{N} p_i \sum_{j=1}^{N} a_{ij}(x_i - x_j)^2 \geqslant 0$$

□

引理 4.4　对于有向强连通图以及如式 (4.3) 所定义的矩阵 Q, 则有 $N(Q) = N(L) = \text{span}\{1_N\}$。

证明　首先, 由式 (4.3) 易得 $N(L) \subseteq N(Q)$。由于有向图为强连通图, $N(L) = \text{span}\{1_N\}$, $\text{span}\{1_N\} \subseteq N(Q)$。所以, $Q1_N = 0$。因此, Q 为与原系统具有相同节点的增广系统 $\bar{\mathbb{G}}$ 对应的对称拉普拉斯矩阵, 而且边 (i, j) 的权重 $\bar{a}_{ij} = p_i a_{ij} + p_j a_{ji}$。显然 $\bar{\mathbb{G}}$ 为无向平衡图, 此后统称 $\bar{\mathbb{G}}$ 为原系统对应的有向图 $\mathbb{G}$ 的加权镜像图。下面只需证明 $\text{rank}(Q) = N - 1$, 由于 $p_i > 0$, 易知若 $a_{ij} > 0$, 则 $\bar{a}_{ij} > 0$。图 $\mathbb{G}$ 的强连通性意味着其对应的加权镜像图 $\bar{\mathbb{G}}$ 的强连通性, 因此有 $N(Q) = \text{span}\{1_N\}$ 以及 $N(Q) = N(L)$。　　　　　　　　　　　　　　　　　　　　　　　　　　　　　　□

为系统设计如下所示的分布式群集控制协议:

$$a_i = -\sum_{j \in \mathcal{N}_i} a_{ij}\left(\langle \nabla_{r_i} V_i, (\cos\theta_i, \sin\theta_i)^{\mathrm{T}}\rangle - \langle \nabla_{r_j} V_j, (\cos\theta_j, \sin\theta_j)^{\mathrm{T}}\rangle\right)\left\|\sum_{j \in \mathcal{N}_i} a_{ij}(v_i - v_j)\right\|$$

$$-k\sum_{j \in \mathcal{N}_i} a_{ij}(v_i - v_j) - \frac{1}{2}\nabla_{r_i} V_i$$

$$\omega_i = -\sum_{j \in \mathcal{N}_i} a_{ij}\left(\langle \nabla_{r_i} V_i, (\cos\theta_i, \sin\theta_i)^{\mathrm{T}}\rangle - \langle \nabla_{r_j} V_j, (\cos\theta_j, \sin\theta_j)^{\mathrm{T}}\rangle\right)\left\|\sum_{j \in \mathcal{N}_i} a_{ij}(\theta_i - \theta_j)\right\|$$

$$-k\sum_{j \in \mathcal{N}_i} a_{ij}(\theta_i - \theta_j)$$

$$(4.4)$$

式中, $k > 0$ 为控制增益; $\langle \cdot \rangle$ 表示向量内积; $V_i = \sum\limits_{j \in \mathcal{N}_i} V_{ij}$ 为与机器人 i 与所有邻居机器人间的交互势函数。这里用到的势函数的具体形式如下:

$$V_{ij}(\|r_{ij}\|) = \frac{(\|r_{ij}\| - d)^2 (R_j - \|r_{ij}\|)}{\|r_{ij}\| + \dfrac{d^2(R_j - \|r_{ij}\|)}{c_1 + H_{\max}}} + \frac{\|r_{ij}\|(\|r_{ij}\| - d)^2}{(R_j - \|r_{ij}\|) + \dfrac{\|r_{ij}\|(R_j - d)^2}{c_2 + H_{\max}}} \quad (4.5)$$

注意到在文献 [205] 及 [206] 中引入了两类特殊的在通信半径 R 处取值为无穷大的人工势场函数, 由于这些势函数本质上需要执行器能够提供无穷大的控制作用, 所以大大限制了其在工程实际中的应用范围。令 $f_{\max}$ 为交互势场作用力最大值, 则有下述定理。

定理 4.1 考虑由 N 个移动机器人组成的多机器人系统, 每个机器人运动满足非完整约束条件 (4.1), 为每个机器人设计控制律 (4.4), 并且假定初始拓扑为强连通图 $\mathbb{G}(0)$, $\lambda_2(Q(0)) > 2f_{\max}N^2(N-1)/k$ 并且初始能量有限。则系统的强连通性质在任意时刻均会得到满足, 所有机器人的速度矢量最终会渐近趋同, 机器人之间彼此可以实现碰撞规避, 所有机器人之间的相对距离可以得到渐近镇定, 整个系统可实现稳定的群集运动行为。

证明 考虑如下所示的半正定能量函数

$$H = \sum_{i=1}^{N} p_i \sum_{j \in \mathcal{N}_i} V_{ij}(r_{ij}) + v^{\mathrm{T}} P v + \theta^{\mathrm{T}} P \theta \tag{4.6}$$

假设 $\mathbb{G}(t)$ 在系统演化过程中发生切换的时刻为 $t_k, k = 1, 2, \cdots$, 则其在时间区间 $[t_{k-1}, t_k)$ 系统的拓扑固定不变。特别地, 若系统的能量函数初始有限, 则在时间区间 $[0, t_1)$ 上对 $H(t)$ 求导可得

$$\begin{aligned}
\dot{H} &= \sum_{i=1}^{N} v_i^{\mathrm{T}} p_i \sum_{j \in \mathcal{N}_i(t)} \nabla_{r_i} V_{ij} + 2\theta^{\mathrm{T}} P \left(-kL\theta - L(\nabla V)_\perp \|L\theta\| \right) \\
&\quad + 2v^{\mathrm{T}} P \left(-kLv - L(\nabla V)_\| \|Lv\| - \frac{1}{2}\nabla V \right) \\
&= k\theta^{\mathrm{T}}(PL + L^{\mathrm{T}}P)\theta - 2\theta^{\mathrm{T}}PL(\nabla V)_\perp \|L\theta\| \\
&\quad - kv^{\mathrm{T}}(PL + L^{\mathrm{T}}P)v - 2v^{\mathrm{T}}PL(\nabla V)_\| \|Lv\|
\end{aligned} \tag{4.7}$$

式中

$$\begin{aligned}
\nabla V &= [\nabla_{r_1}^{\mathrm{T}} V_1, \nabla_{r_2}^{\mathrm{T}} V_2, \cdots, \nabla_{r_N}^{\mathrm{T}} V_N]^{\mathrm{T}} \\
(\nabla V)_\perp &= [(\nabla_{r_1} V_1)_\perp, \cdots, (\nabla_{r_N} V_N)_\perp]^{\mathrm{T}} \\
(\nabla V)_\| &= [(\nabla_{r_1} V_1)_\|, \cdots, (\nabla_{r_N} V_N)_\|]^{\mathrm{T}}
\end{aligned}$$

$(\nabla_{r_i} V_i)_\|$ 和 $(\nabla_{r_i} V_i)_\perp$ 分别为 $\nabla_{r_i} V_i$ 在机器人 i 本体坐标系上平行于当前线速度方向和垂直于当前线速度方向的分量。

进一步将 v 和 θ 分解为 $v = v^1 \oplus v^{1^\perp}$ 和 $\theta = \theta^1 \oplus \theta^{1^\perp}$, 其中上标 1 和 $1^\perp$ 分别代表与 1_N 相平行和垂直的方向, 则式 (4.7) 变为

$$\begin{aligned}
\dot{H} &= -k\theta^{\mathrm{T}}(PL + L^{\mathrm{T}}P)\theta - 2\theta^{\mathrm{T}}PL(\nabla V)_\perp \|L\theta\| \\
&\quad - kv^{\mathrm{T}}(PL + L^{\mathrm{T}}P)v - 2v^{\mathrm{T}}PL(\nabla V)_\| \|Lv\| \\
&\leqslant -k\lambda_2(Q)\|\theta^{1^\perp}\|^2 + 2f_{\max}\|\theta^{1^\perp}\| \, \|L\theta^{1^\perp}\| \\
&\quad - k\lambda_2(Q)\|v^{1^\perp}\|^2 + 2f_{\max}\|v^{1^\perp}\| \, \|Lv^{1^\perp} t\|
\end{aligned}$$

$$\leqslant -(k\lambda_2(Q) - 2f_{\max}N^2(N-1))\|\theta^{1\perp}\|^2$$
$$-(k\lambda_2(Q) - 2f_{\max}N^2(N-1))\|v^{1\perp}\|^2 \tag{4.8}$$

由初始条件 $\lambda_2(Q(t_0)) > 2f_{\max}N^2(N-1)/k$, 可得

$$\dot{H}(t) \leqslant 0, \quad \forall t \in [t_0, t_1) \tag{4.9}$$

由式 (4.9) 可知, $H(t)$ 在时间区间 $[t_0, t_1)$ 内单调递减, 且根据势函数的定义有 $V_{ij}(R_j) \geqslant H_{\max} > H(t_0), \forall(i,j) \in E$, 这表明对于任一机器人 i, 其与所有邻居机器人 $\forall j \in N_i$ 的相对距离均不会大于 R_j, 系统中所有初始的拓扑连接均能够得到保持, 因此系统只能在切换时刻 t_1 加入新的通信连接。$\mathbb{G}(t)$ 的强连通性在 $[t_0, t_1)$ 内可以得到保持。不失一般性, 假设在 t_1 时刻, 有 N_1 条拓扑连接被加入系统拓扑之中, 由于 $\mathbb{G}(t)$ 强连通, 所以 $\mathbb{G}(t_0)$ 至少含有 N 条边, 从而有 $0 < N_1 \leqslant N_{\max} = N(N-2)$ 和 $H(t_1) < H(t_0) + N_{\max}V(R_{\max} - \varepsilon_2)$。将引理 4.1 应用于无向加权镜像图 $\bar{\mathbb{G}}$, 有 $\lambda_2(Q(t_1)) \geqslant \lambda_2(Q(t_0))$, 因此对任意 $k \leqslant 2$, 有 $\lambda_2(Q(t_{k-1})) > \lambda_2(Q(t_0))$。类似地, 取 $H(t)$ 在 (t_{k-1}, t_k) 内的导数可得

$$\dot{H}(t) \leqslant -(k\lambda_2(Q(t_{k-1})) - 2f_{\max}N^2(N-1))\|\theta^{1\perp}\|^2$$
$$-(k\lambda_2(Q(t_{k-1})) - 2f_{\max}N^2(N-1))\|v^{1\perp}\|^2 \tag{4.10}$$

从而有

$$H(t) \leqslant H(t_{k-1}) < H_{\max}, \quad \forall t \in [t_{k-1}, t_k), \quad k = 1, 2, \cdots \tag{4.11}$$

式 (4.11) 表明, 系统中已经存在的拓扑连接在切换时刻 t_k 前不会消失。由于 $\mathbb{G}(t_0)$ 强连通, 且 $E(t_0)$ 中的拓扑连接均能够得到保持, 所以 $\mathbb{G}(t)$ 的强连通性始终能够得到保持。进一步假设有 N_k 条拓扑连接在切换时刻 t_k 时加入系统中, 显然, $0 < N_k \leqslant N_{\max}$, 有

$$H(t_k) \leqslant H(t_0) + (N_1 + N_2 + \cdots + N_k) \leqslant H_{\max} \tag{4.12}$$

由于对于 $t \geqslant t_0$, 在任一切换时刻至多有 $N_{\max}$ 条拓扑连接被加入当前系统拓扑当中, 所以切换次数 $k \leqslant N_{\max}$ 为有限值, 这意味着系统的交互拓扑最终会保持不变。因此, 只需在时间区间 $[t_k, +\infty)$ 内对系统进行稳定性分析, 注意到系统中每条通信连接的长度既不会小于 $\min\{V^{-1}(H_{\max})\}$, 也不会大于 $\max\{V^{-1}(H_{\max})\}$。定义集合

$$\Omega = \{\bar{r} \in D, \theta \in \mathbb{R}^N, v \in \mathbb{R}^{2N} | H(\bar{r}, \theta, v) \leqslant H_{\max}\} \tag{4.13}$$

式中

$$D = \{\bar{r} \in \mathbb{R}^{2N^2} | r_{ij} \in [\min\{V^{-1}(H_{\max})\}, \max\{V^{-1}(H_{\max})\}], \forall(i,j) \in E(t)\}$$

$\bar{r} = (r_{11}^{\mathrm{T}}, \cdots, r_{1N}^{\mathrm{T}}, \cdots, r_{N1}^{\mathrm{T}}, \cdots, r_{NN}^{\mathrm{T}})^{\mathrm{T}}$。由于 $r_{ij} \leqslant (N-1)R_{\max}, \forall (i,j) \in E(t)$，$H(t) \leqslant H(t_0) \leqslant H_{\max}$，则有 $\|v_i\| \leqslant \sqrt{2H_{\max}}$，$|\theta_i| \leqslant \sqrt{2H_{\max}}$，所以 Ω 为紧集。注意到带有控制输入 (4.4) 的系统 (4.1) 至少在时间区间 $[t_k, \infty)$ 内为自治系统。由拉塞尔不变集原理可知，起始于集合 Ω 的状态轨迹最终会渐近收敛至下述集合的最大不变子集中

$$S = \{\tilde{r} \in D, \theta \in \mathbb{R}^N, v \in \mathbb{R}^{2N}\} | \dot{H} = 0\} \tag{4.14}$$

由式 (4.12)，$\dot{H} = 0$ 当且仅当 $\theta^{1^\perp} = 0$ 和 $v^{1^\perp} = 0$，此即意味着

$$\theta_1 = \cdots = \theta_N = \theta^\star, \quad v_1 = \cdots = v_N = v^\star \tag{4.15}$$

式 (4.15) 表明所有的机器人均可实现线速度和朝向角的渐近趋同，进而可得

$$\omega_1 = \cdots = \omega_N = 0, \quad a_1 = \cdots = a_N = 0$$

综上可得

$$\dot{x}_i = v^\star \cos(\theta^\star), \quad \dot{y}_i = v^\star \sin(\theta^\star) \tag{4.16}$$

$$a = - \begin{bmatrix} \nabla_{r_1} V_{1j} \\ \vdots \\ \nabla_{r_N} V_{Nj} \end{bmatrix} = 0 \tag{4.17}$$

式中，$a = [a_1, a_2, \cdots, a_N]^{\mathrm{T}} \in \mathbb{R}^{2N}$。式 (4.17) 表明多机器人系统渐近收敛至全局势场函数极值点对应的几何构形。然而，除了局部极小点的每个平衡点均为不稳定平衡点，因此可得几乎所有的最终位形均会最小化每个机器人的全局势函数 $\sum_{j \in \mathcal{N}_i} \nabla_{r_i} V_{ij}$。

最后，假设机器人 i 和机器人 j 彼此之间发生碰撞，由式 (4.12) 有 $H(t) \leqslant H_{\max}, \forall t \geqslant t_0$。又由势函数定义式 (4.5)，有 $\lim_{r_{ij} \to 0} V_{ij}(0) \geqslant H_{\max}$，此与式 (4.12) 产生矛盾，所以系统中所有邻接机器人间不会发生彼此碰撞。 $\square$

4.3.2 带有领航者的群集运动控制

本节研究带有一个领航者多移动机器人系统的群集运动控制。定义 $r_l = [x_l, y_l]^{\mathrm{T}}$、$v_l$ 和 θ_l 分别为位置、定常速度和朝向角矢量，$\tilde{r}_i = r_i - r_l$、$\tilde{v}_i = v_i - v_l$ 和 $\tilde{\theta}_i = \theta_i - \theta_l$ 分别为位置、速度和朝向角误差矢量。由 $V_{ij}(r_{ij})$ 的定义，有

$V_{ij}(r_{ij}) = \tilde{V}_{ij}(\tilde{r}_{ij})$，其中 $\tilde{r}_{ij} = \tilde{r}_i - \tilde{r}_j$。具体的控制协议设计如下：

$$
\begin{aligned}
a_i = &-\langle \nabla_{\tilde{r}_i} \tilde{V}_i, (\cos\theta_i, \sin\theta_i)^{\mathrm{T}} \rangle \left| \sum_{j \in \mathcal{N}_i} a_{ij}(\tilde{v}_i - \tilde{v}_j) \right| \\
&- k \sum_{j \in \mathcal{N}_i} a_{ij}(\tilde{v}_i - \tilde{v}_j) - \frac{1}{2} \sum_{j \in \mathcal{N}_i \cup \{l\}} \nabla_{\tilde{r}_i} \tilde{V}_{ij}(\|\tilde{r}_{ij}\|) - h_i \tilde{v}_i \\
\omega_i = &-\langle \nabla_{\tilde{r}_i} \tilde{V}_i, (-\sin\theta_i, \cos\theta_i)^{\mathrm{T}} \rangle \left| \sum_{j \in \mathcal{N}_i} a_{ij}(\tilde{\theta}_i - \tilde{\theta}_j) \right| \\
&- k \sum_{j \in \mathcal{N}_i} a_{ij}(\tilde{\theta}_i - \tilde{\theta}_j) - h_i \tilde{\theta}_i
\end{aligned}
\tag{4.18}
$$

式中，$\tilde{V}_i = \sum_{j \in \mathcal{N}_i} \tilde{V}_{ij}$，$|\cdot|$ 为作用在向量各分量上的绝对值算子。若跟随者机器人 i 能够获取领航者机器人的信息，则 $h_i = 1$，否则 $h_i = 0$。然后，给出下述定理。

定理 4.2　考虑由运动模型 (4.1) 所描述的 $N+1$ 个机器人所组成的多机器人系统，其中为每个跟随者机器人设计控制律 (4.18)。假设系统的初始拓扑 $\mathbb{G}(t_0)$ 为强连通图且系统初始能量为有限值，若

$$
\lambda_2((kQ + 2PH)(t_0)) > \frac{2f_{\max}N(N-1)}{k}
\tag{4.19}
$$

式中，$H = \mathrm{diag}\{h_1, h_2, \cdots, h_N\}$，则所有的跟随者机器人均可实现与领航者机器人的速度趋同和朝向角趋同，系统的拓扑始终保持强连通，所有的机器人之间可以避免碰撞。

证明　考虑如下定义的系统李雅普诺夫函数：

$$
U = \sum_{i=1}^{N} p_i \sum_{j \in \mathcal{N}_i \cup \{l\}} \tilde{V}_{ij}(\|\tilde{r}_{ij}\|) + \tilde{v}^{\mathrm{T}} P \tilde{v} + \tilde{\theta}^{\mathrm{T}} P \tilde{\theta}
\tag{4.20}
$$

式中，$\tilde{v} = [\tilde{v}_1^{\mathrm{T}}, \cdots, \tilde{v}_N^{\mathrm{T}}]^{\mathrm{T}}$，$\tilde{\theta} = [\tilde{\theta}_1, \cdots, \tilde{\theta}_N]^{\mathrm{T}}$。

类似于定理 4.1 的证明，对 $U(t)$ 在 $[t_{k-1}, t_k]$ 上求导可得

$$
\begin{aligned}
\dot{U} = &\, 2\tilde{\theta}^{\mathrm{T}} P \left(-kL\tilde{\theta} - \mathrm{diag}\{(\nabla_{\tilde{r}_i}\tilde{V}_i)_\perp\} \left| L\tilde{\theta} \right| - H\tilde{\theta} \right) \\
&+ 2\tilde{v}^{\mathrm{T}} P \left(-kL\tilde{v} - \mathrm{diag}\{(\nabla_{\tilde{r}_i}\tilde{V}_i)_\|\} L\tilde{v} - \frac{1}{2}\nabla\tilde{V} - H\tilde{v} \right) + \sum_{i=1}^{N} \tilde{v}_i^{\mathrm{T}} p_i \sum_{j \in \mathcal{N}_i(t) \cup \{l\}} \nabla_{\tilde{r}_i}\tilde{V}_{ij} \\
\leqslant &-\tilde{\theta}^{\mathrm{T}}(kQ + 2PH)\tilde{\theta} + 2f_{\max}\|\tilde{\theta}\| \, \|P\| \, \|L\tilde{\theta}\| \\
&- \tilde{v}^{\mathrm{T}}(kQ + 2PH)\tilde{v} + 2f_{\max}\|\tilde{v}\| \, \|P\| \, \|L\tilde{v}\| \\
\leqslant &- \left(\lambda_{\min}(\varXi) - 2f_{\max}N(N-1) \right) \|\tilde{\theta}\|^2 - \left(\lambda_{\min}(\varXi) - 2f_{\max}N(N-1) \right) \|\tilde{v}\|^2
\end{aligned}
\tag{4.21}
$$

式中，$\Xi = kQ + 2PH$。

$$\operatorname{diag}\{(\nabla_{\tilde{r}_i} \tilde{V}_i)_{\parallel}\} = \begin{bmatrix} (\nabla_{\tilde{r}_1} \tilde{V}_1)_{\parallel} & \cdots & 0 \\ \vdots & & \vdots \\ 0 & \cdots & (\nabla_{\tilde{r}_N} \tilde{V}_N)_{\parallel} \end{bmatrix}$$

$$\operatorname{diag}\{(\nabla_{\tilde{r}_i} \tilde{V}_i)_{\perp}\} = \begin{bmatrix} (\nabla_{\tilde{r}_1} \tilde{V}_1)_{\perp} & \cdots & 0 \\ \vdots & & \vdots \\ 0 & \cdots & (\nabla_{\tilde{r}_N} \tilde{V}_N)_{\perp} \end{bmatrix}$$

由于矩阵 PH 为对称半正定的，由引理 4.1 和式 (4.19) 可知

$$\dot{U}(t) \leqslant 0, \quad \forall t \in [t_{k-1}, t_k), \quad k = 1, 2, \cdots \tag{4.22}$$

此即表明

$$U(t_k) \leqslant U(t_{k-1}) < U_{\max}, \quad k = 1, 2, \cdots \tag{4.23}$$

式中

$$U_{\max} = \tilde{\theta}^{\mathrm{T}}(t_0) P \tilde{\theta}(t_0) + \tilde{v}^{\mathrm{T}}(t_0) P \tilde{v}(t_0) + (N^2 - N - 1)V_{\max}$$

因此，对于机器人 i 和 $t \in [t_{k-1}, t_k)$，其与所有邻居机器人 $j \in \mathcal{N}_i$ 的距离均不会超过 R_j，这意味着在 t_k 时刻系统拓扑中所有当前的拓扑连接均能够得到保持。由于 $\mathbb{G}(t_0)$ 强连通，$E(t_0)$ 中所有的拓扑连接均能够得到保持，所以 $\mathbb{G}(t)$ 将会始终保持强连通。

与定理 4.1 的证明类似，集合

$$\Omega = \{\tilde{v} \in \mathbb{R}^{2N}, \tilde{\theta} \in \mathbb{R}^N, \tilde{r} \in D_g | U(\tilde{v}, \tilde{\theta}, \tilde{r}) \leqslant U(t_0)\} \tag{4.24}$$

为正向不变紧集，其中

$$D_g = \{\tilde{r} \in \mathbb{R}^{2N^2} | [\min\{V_{ij}^{-1}(U_{\max})\}, \max\{V_{ij}^{-1}(U_{\max})\}], \forall(i,j) \in E(t)\} \tag{4.25}$$

则由拉塞尔不变集原理，起始于 Ω 的系统的所有状态轨迹最终均会收敛至如下集合的最大不变子集中：

$$S = \{\tilde{v} \in \mathbb{R}^{2N}, \tilde{\theta} \in \mathbb{R}^N, \tilde{r} \in D_g | \dot{U} = 0\}$$

则由式 (4.21) 可知，$\tilde{v}_1 = \cdots = \tilde{v}_N = 0$、$\tilde{\theta}_1 = \cdots = \tilde{\theta}_N = 0$，即 $v_1 = \cdots = v_N = v_l$、$\theta_1 = \cdots = \theta_N = \theta_l$ 以及 $\dot{\theta}_1 = \cdots = \dot{\theta}_N = \dot{\theta}_l = 0$、$\dot{v}_1 = \cdots = \dot{v}_N = \dot{v}_l = 0$。由式 (4.18)，有

$$\dot{v} = - \begin{bmatrix} \displaystyle\sum_{j \in \mathcal{N}_1 \cup \{l\}} \nabla_{\tilde{r}_1} \tilde{V}_{1j} \\ \displaystyle\sum_{j \in \mathcal{N}_2 \cup \{l\}} \nabla_{\tilde{r}_2} \tilde{V}_{2j} \\ \vdots \\ \displaystyle\sum_{j \in \mathcal{N}_N \cup \{l\}} \nabla_{\tilde{r}_N} \tilde{V}_{Nj} \end{bmatrix} = 0 \tag{4.26}$$

因此，几乎系统所有最终的几何拓扑构形均会局部最小化与每个机器人相关联的全局势函数 $\nabla_{\tilde{r}_i} \tilde{V}_{ij}$。最后，类似于定理 4.1 的证明，系统中每对机器人之间均会实现碰撞规避。   □

4.4　仿真和实验

本节给出数值仿真和实例以验证本章所提出的带有连通性保持功能的分布式群集运动控制算法的正确性和有效性。

4.4.1　数值仿真

实验程序主要采用 C++ 编写，机器人仿真系统采用了全新的 MobileSim 仿真平台，所以有别于 MATLAB 中的仿真实验，每个机器人的线速度和朝向角在程序中都进行了详细考虑。机器人身上自带的与线速度、角速度相关的编码器的分辨率为 0.6cm/s 和 30rad/s。这里设定可以容许的位置和角度误差分别为 0.15m 和 60rad。仿真中使用满足运动学模型 (4.1) 的在平面上运动的五个轮式移动机器人。仿真初始时刻 $t_0 = 0$s，系统仿真时间为 50s。各轮式移动机器人的通信/感知半径为 $R_1 = R_2 = R_4 = 2.5$m，$R_3 = R_5 = 3$m。初始位置、速度和朝向角随机选取但须满足下列条件：

(1) 所有机器人的初始位置均位于半径为 $R = 10$m 的圆周内，并且保证系统的初始拓扑为连通图；

(2) 所有机器人的初始速度大小在 $[0, 2]$m/s 范围内随机选择；

(3) 所有机器人的初始朝向角在 $(-\pi, \pi]$ 弧度范围内随机选择。

进一步，如式 (4.5) 所示的势函数的期望距离 $d = 2$m，$\varepsilon_0 = \varepsilon_2 = 0.2$，$\varepsilon_1 = 0.5$，权重 $a_{ij} = 1, \forall (i, j) \in E$，控制增益 $k = 10$。经过简单数学推导可得 $V_{\max} = V(R_{\max} - \varepsilon_2)$，然后有

$$H_{\max} \leqslant N(N-1)V(R_{\max} - \varepsilon_2)$$
$$+ N\lambda_{\max}(P) \max_{i \in V} \tilde{v}_i(0)^{\mathrm{T}} \tilde{v}_i(0)$$

$$+ N\lambda_{\max}(P) \max_{i \in V} \tilde{\theta}_i(0)^{\mathrm{T}} \tilde{\theta}_i(0) \tag{4.27}$$

可得 $H_{\max} \leqslant 748.3$，选择 $c_1 = c_2 = 50$，则可得势函数的具体形式如下：

$$V_{ij}(\|r_{ij}\|) = \frac{(\|r_{ij}\| - 2)^2 (R_j - \|r_{ij}\|)}{\|r_{ij}\| + \frac{(R_j - \|r_{ij}\|)}{200}}$$
$$+ \frac{\|r_{ij}\|(\|r_{ij}\| - 2)^2}{(R_j - \|r_{ij}\|) + \frac{\|r_{ij}\|(R_j - 2)^2}{800}} \tag{4.28}$$

图 4.1 给出了在控制律 (4.4) 作用下系统的群集运动控制过程的仿真结果。图 4.1(a) 给出了初始强连通但非平衡拓扑，其中机器人用矩形表示，机器人之间的通信邻域关系用带有箭头的黑色实线表示，双向通信连接用带有双向箭头的黑色实线表示。整个系统运动的典型时刻如图 4.1(b)~(d) 所示，从图中可以看出，当前时刻系统拓扑中所有的拓扑连接都能够得到保持，新的拓扑连接在系统演化过程中被添加至当前的拓扑之中，系统拓扑的强连通性不会遭到破坏。图 4.1(d) 给出了系统的最终状态，所有的邻接机器人在系统整个运动过程中不会发生彼此碰撞。

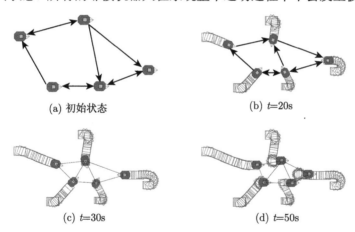

(a) 初始状态   (b) t=20s

(c) t=30s   (d) t=50s

图 4.1 控制律 (4.4) 作用下的五个移动机器人的群集运动仿真

图 4.2(a)~(c) 分别给出了系统沿 X 轴、Y 轴的速度演化曲线以及朝向角演化曲线，从图中可以看出，系统中所有的机器人最终能够实现速度和朝向角的渐近趋同，稳定的群集运动行为最终能够得到实现。

图 4.3 给出了不带有连通性保持控制算法条件下系统的群集运动演化过程，图 4.3(a)~(c) 给出了系统演化的典型时刻。从图中可以看出，对于系统某些特定的初始状态，不带有连通性保持的群集算法会导致系统产生分割现象，系统中所有的机器人最终会分割成孤立的子群而无法形成连通的整体群簇，并且所有机

器人的速度和朝向角最终无法趋同。相反，在带有连通性保持控制律 (4.4) 的条件下，则利用光滑有界势函数 (4.5) 可实现趋同。综上可得如下结论：系统在任意初始连通拓扑自主演化过程中，具有系统拓扑的连通性保持功能的控制策略十分重要，通过设计带有连通性保持功能的人工势场函数和相应的光滑有界控制协议，可确保系统整体实现速度同步和相对距离镇定，从而实现期望的稳定群集运动行为。

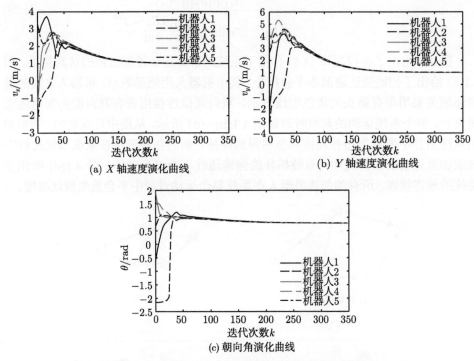

图 4.2　连通性保持下系统的速度和朝向角演化曲线

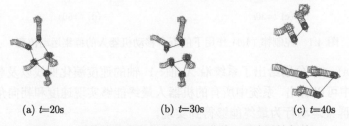

(a) $t=20\mathrm{s}$　　　　　(b) $t=30\mathrm{s}$　　　　　(c) $t=40\mathrm{s}$

图 4.3　系统的速度和朝向角演化曲线 (无连通性保持)

4.4.2　实物实验

接下来给出在控制算法 (4.4) 作用下的多机器人系统的群集运动控制实物实验

的相关结果。实验对象为五台满足非完整运动学约束的轮式移动机器人系统，系统的初始位置配置满足拓扑的初始连通性。机器人的线速度在 $[0,2]\text{m/s}$ 内随机选取，控制周期 $T = 0.5\text{s}$。通信半径设置为 $R_1 = R_2 = R_4 = 2.5\text{m}$，$R_3 = R_5 = 3\text{m}$，期望的距离 $d = 1\text{m}$。进一步，假设系统中所有的移动机器人均受非滑动纯滚动约束，每个机器人可通过机载的无线通信设备进行信息交互。

图 4.4 给出了控制律 (4.4) 作用下多轮式移动机器人系统群集运动实验全过程的典型时刻。其中单向拓扑连接用带有箭头的粗实线标注，双向拓扑连接用不带有箭头的粗实线标注。图 4.4(a) 给出了系统的初始状态，其拓扑图为强连通非平衡图，图 4.4(b) 和 (c) 为系统在 $t = 20\text{s}$ 和 $t = 35\text{s}$ 时的状态，系统的最终状态如图 4.4(d) 所示。从图中可以看出，系统拓扑的强连通性始终能够得到保持。所有的机器人最终可以形成一个紧致的群簇并实现彼此之间速度和朝向角的同步，因而整个系统最终可实现期望的稳定群集运动行为。

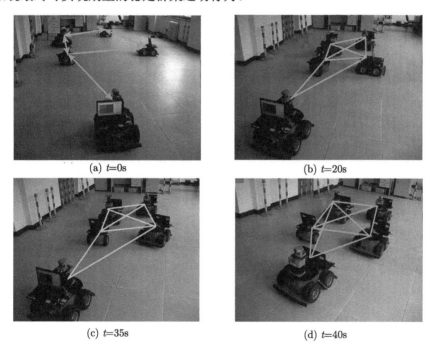

| (a) $t=0\text{s}$ | (b) $t=20\text{s}$ |
| (c) $t=35\text{s}$ | (d) $t=40\text{s}$ |

图 4.4 控制律 (4.4) 作用下多轮式移动机器人系统群集运动实验全过程的典型时刻

最后给出在控制律 (4.18) 作用下带有一个领航者的多移动机器人系统的群集运动仿真结果。仿真中选取在平面上运动的五个机器人，所有机器人通信半径设置为 $R_1 = R_5 = 5\text{m}$，$R_2 = R_3 = R_4 = 3\text{m}$。初始系统拓扑设置为强连通非平衡图，五个机器人的初始速度在 $[-3,3]\text{m/s}$ 内随机选取。领航者的速度和朝向角分别为 $v_l = 2\text{m/s}$、$\theta_l = -\pi/2$。$\varepsilon_1 = 0.9$，$\varepsilon_0 = \varepsilon_2 = 0.5$。因此，易知 $V_{\max} = V(R_{\max} - \varepsilon_2)$，

所以可得

$$H_{\max} \leqslant N(N-1)V(R_{\max}-\varepsilon_2) + N\lambda_{\max}(P)\max_{i\in V}\tilde{v}_i(0)^{\mathrm{T}}\tilde{v}_i(0)$$

$$+ N\lambda_{\max}(P)\max_{i\in V}\tilde{\theta}_i(0)^{\mathrm{T}}\tilde{\theta}_i(0) \tag{4.29}$$

因此可得 $H_{\max} \leqslant 1990.7$,进而选择 $c_1 = c_2 = 10$,$d = 2\mathrm{m}$,则选择光滑有界的势函数如下:

$$V_{ij}(\|r_{ij}\|) = \frac{(\|r_{ij}\|-2)^2(R_j-\|r_{ij}\|)}{\|r_{ij}\| + \dfrac{(R_j-\|r_{ij}\|)}{500}} + \frac{\|r_{ij}\|(\|r_{ij}\|-2)^2}{(R_j-\|r_{ij}\|) + \dfrac{\|r_{ij}\|(R_j-2)^2}{2000}} \tag{4.30}$$

图 4.5 给出了系统群集运动演化过程典型时刻的仿真结果,仿真时间为 50s。图 4.5(a) 描述了系统的初始状态,具有引导信息的机器人用大写字母 "L" 来加以标记。图 4.5(b) 和 (c) 给出了在 $t = 10\mathrm{s}$ 和 $t = 30\mathrm{s}$ 时系统的状态,从图中可以明显看出,在控制律 (4.18) 的作用下,系统拓扑的强连通性始终能够得到保持,初始稀疏分布的各机器人逐渐形成一个紧致的群簇而且彼此之间可以避免碰撞。系统的最终状态如图 4.5(d) 所示。所有跟随者和领航者的速度误差和朝向角误差曲线如图 4.6 所示,从图中可以清楚地看出,所有机器人的速度和朝向角与虚拟领航者渐近趋同,系统最终可以实现期望的稳定群集运动行为。系统的有界控制输入曲线如图 4.7 所示。

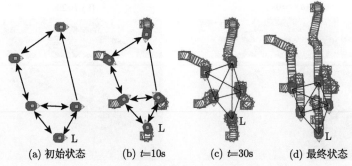

(a) 初始状态   (b) t=10s   (c) t=30s   (d) 最终状态

图 4.5   控制律 (4.18) 作用下多轮式移动机器人系统群集运动典型时刻的仿真结果

最后,图 4.8 给出了系统群集运动演化过程典型时刻的实验结果,实验时间为 50s,控制周期 $T = 0.1\mathrm{s}$。其中实心圆点代表系统中的虚拟领航者,图例中用大写字母 "L" 表示,其以恒定的速度和角度做匀速直线运动,初始线速度为 $[0.1,0]^{\mathrm{T}}\mathrm{m/s}$,初始朝向角为 0rad。图 4.8(a) 给出了系统的初始状态,可见系统的初始拓扑为强连通非平衡图。图 4.8(b) 和 (c) 分别给出了系统在 $t = 10\mathrm{s}$ 和 $t = 20\mathrm{s}$ 时的瞬时状态。从图中可以看出,系统在动态演化过程中,各机器人在控制律 (4.18) 的作用下逐渐向虚拟领航者靠拢并且时刻调整其各自的速度和朝向角以保持和虚拟领航者同步运动。图 4.8(d) 给出了系统最终的状态，可见系统中所有的机器人最终能够与该虚拟领航者保持速度和朝向角的渐近同步，稳定的领航跟随群集运动行为最终能够成功实现，系统拓扑的强连通性始终能够得到保持。系统的控制输入演化曲线如图 4.9 所示，从图中可以看出，系统在整个动态演化过程中，施加在各机器人上的控制输入始终保持有界性，因此可成功验证本章所得到理论结果的正确性和所提出控制算法的有效性。

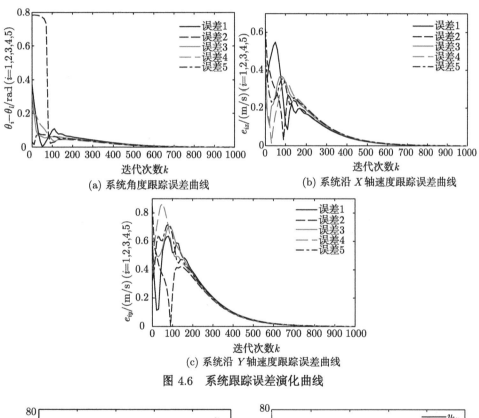

(a) 系统角度跟踪误差曲线

(b) 系统沿 X 轴速度跟踪误差曲线

(c) 系统沿 Y 轴速度跟踪误差曲线

图 4.6 系统跟踪误差演化曲线

(a) 各机器人沿 X 轴控制输入曲线

(b) 各机器人沿 Y 轴控制输入曲线

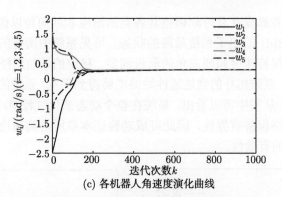

(c) 各机器人角速度演化曲线

图 4.7　系统的有界控制输入曲线

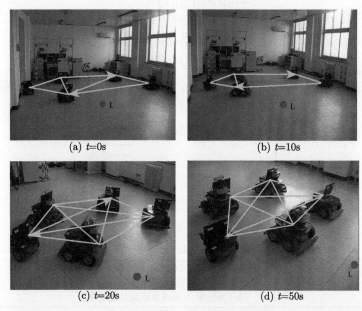

(a) t=0s　　　　　　　　　　　　　　　(b) t=10s

(c) t=20s　　　　　　　　　　　　　　　(d) t=50s

图 4.8　控制律 (4.18) 作用下多轮式移动机器人系统群集运动典型时刻的实验结果

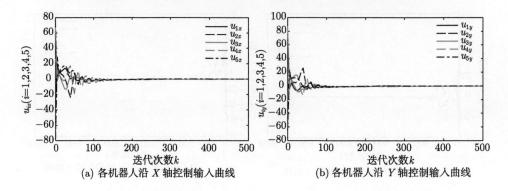

(a) 各机器人沿 X 轴控制输入曲线　　　　　　(b) 各机器人沿 Y 轴控制输入曲线

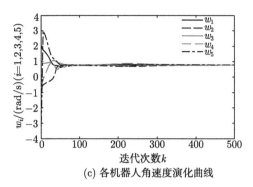

(c) 各机器人角速度演化曲线

图 4.9   控制律 (4.18) 作用下系统控制输入演化曲线

4.5   结   论

　　本章重点讨论了有向系统拓扑中具有非完整运动学约束的多轮式移动机器人系统群集运动控制中的连通性保持问题。研究中特别考虑了系统拓扑初始为强连通非平衡图的情形，首先针对系统中不具有领航机器人的情形，基于第 2 章所提出的光滑有界的分布式人工势场函数，给出了与个体非完整约束运动模型相适应的一类光滑有界的分布式群集运动控制协议，其可以同时实现系统拓扑在动态演化过程中的连通性保持、个体之间的避碰控制及相对距离镇定。进一步，该算法被拓展到具有一个领航机器人的群集运动控制系统，通过为每个跟随机器人设计相应的分布式群集跟踪控制协议，使得即使在系统只有一个具有引导信息的机器人的条件下，所有的跟随者仍然可以与领航机器人实现速度和朝向角的渐近一致。与此同时，本章提出了"加权镜像图"这一新颖的概念，并以此构造系统的李雅普诺夫函数，从而在理论上证明了整个系统可实现期望的稳定的群集运动行为，最后给出了数值仿真和实物实验来验证相关理论结果和控制算法的正确性和有效性。

第5章 基于骨干网络的多智能体系统群集运动与避障控制

5.1 研究背景

本章主要研究多智能体系统群集运动控制中系统的拓扑连通性保持和避障控制问题。将上述问题分解为互相耦合的两个子问题,即离散拓扑空间的连通性控制问题和连续位形空间的群集运动控制问题。首先,引入一种新颖的基于骨干网络的系统拓扑控制算法以实现系统的层次型网络模型构建,进而设计一类分布式系统拓扑自裁剪算法 —— 骨干网络自裁剪算法 (BSPA),在保持拓扑连通性的条件下尽可能减少网络中存在的不必要的冗余通信/运动约束,该算法仅用到每个智能体不超过两跳的通信邻域内的局部信息,具有良好的可扩展性。然后,基于构建出的精简骨干网络,将流函数和人工势场函数有机结合,给出一类分布式群集运动控制算法,可使系统中所有的智能体渐近实现速度同步和相对距离镇定,同时保持拓扑的连通性和避免智能体之间的彼此碰撞,从而实现稳定的期望群集运动行为。

5.2 预备知识

5.2.1 问题描述

考虑一组在平面上运动的 N 个移动智能体组成的多智能体系统,其中每个智能体的运动满足如下描述的双积分器模型:

$$
\begin{aligned}
\dot{q}_i &= p_i \\
\dot{p}_i &= u_i
\end{aligned}
\tag{5.1}
$$

式中,$q_i \in \mathbb{R}^2$ 为智能体 i 的位置,$p_i \in \mathbb{R}^2$ 为智能体 i 的速度向量,$u_i \in \mathbb{R}^2$ 为智能体 i 的控制向量。令 $q = [q_1^T, q_2^T, \cdots, q_N^T]^T$ 代表所有智能体的位置栈向量,$q_{ij} = q_i - q_j$ 代表智能体 i 和 j 间的相对位置矢量。

本章的控制目标是:在系统拓扑初始连通的条件下,为多智能体系统设计一类分布式控制器,使得所有的智能体能够实现速度渐近趋同,智能体之间以及智能体与障碍物之间的碰撞规避,同时保持拓扑在系统演化全过程中的连通性。

5.2.2 流体力学基础

本节基于文献 [209] 和 [210]，给出一些重要定义和概念的简要介绍。本章只考虑理想流体，其同时具有不可压缩性、无黏性和旋度为零等性质。

定义 5.1(速度势和势流)　定义理想无旋流体的涡度矢量为 $\omega = \nabla \times u = 0$，其中 $u = u + iv = \nabla\phi$ 定义为势流，且 ϕ 称为速度势，则有

$$u = \frac{\partial \phi}{\partial x}, \ \ v = \frac{\partial \phi}{\partial y} \tag{5.2}$$

对于理想流体，连续性方程可以表示为 $\nabla \cdot u = \nabla^2 \phi = 0$。

定义 5.2(流函数)　引入如下定义的流函数 ψ：

$$u = \frac{\partial \psi}{\partial y}, \ \ v = -\frac{\partial \psi}{\partial x} \tag{5.3}$$

ψ 对于所有类型 (无旋流和有旋流) 的二维流场均有效。如果流体是无旋的，则 $\nabla^2 \psi = 0$。

定义 5.3(复势)　二维无旋流场的复势 ω 定义为

$$\omega(z) = \phi + i\psi \tag{5.4}$$

式中，$z = x + iy$，ϕ 和 ψ 分别称为速度势和流函数。

定义 5.4(流线和复速度)　任一时刻流体的速度在空间上是连续分布的，如果 t 时刻空间一条曲线在该曲线任何一点上的切线和该点处流体质点的速度方向相同，则称这条曲线为时刻 t 的流线。在任一流线上，ψ 为常数，则复速度为

$$\omega'(z) = \frac{\partial \phi}{\partial x} - i\frac{\partial \phi}{\partial y} = u - iv \tag{5.5}$$

由定义可知，速度矢量在流线上的任意一点均与该点所在的流线相切。由于流体质点在同一点处不会拥有不同的速度矢量，所以在任意时刻过定点的流线是存在且唯一的，不同的流线在同一时刻不会相交于同一点。导航控制中用于解决障碍物规避问题时常用的流场类型为均匀流、汇流和涡流，其对应的复势分别为 $f_u = Uz$，$f_s = -C\ln(z)$ 和 $f_v = iC\ln(z)$。

5.2.3 流函数

众所周知，基于人工势场函数的避障控制方法的一个主要缺陷在于目标点对移动机器人产生的 "引力" 与障碍物对移动机器人产生的 "斥力" 相混合，会存在局部极值点，且一旦智能体落入其中，就会使其无法完成期望的控制任务。为了克服上述缺陷，文献 [209] 中引入流函数以解决障碍环境下单机器人的导航控制，从

而产生光滑的无碰路径，避免与障碍物发生碰撞。不失一般性，考虑处于强度为 U 的均匀流场中的柱形障碍物，其圆心位于原点且半径为 a。应用圆形定理 (circle theorem) 可得如下的复势: $\omega(z) = Uz + U\left(\dfrac{a^2}{z}\right)$ ，其虚部为流函数

$$\psi = Uy\left(1 - \frac{a^2}{x^2 + y^2}\right) \tag{5.6}$$

注意到障碍物边界 $x^2 + y^2 = a^2$，$\psi = 0$，此即表明流线与障碍物的边界相切。综上，可得复速度如下:

$$\omega'(z) = U - U\frac{a^2}{z} = U\left[1 - \frac{a^2}{r^4}(x^2 - y^2 - \mathrm{i}2xy)\right] \tag{5.7}$$

式中, $x^2 + y^2 = r^2$, $u = U\left[1 - \dfrac{a^2}{r^4}(x^2 - y^2)\right]$, $v = -U\dfrac{a^2}{r^4}2xy$, 有

$$\begin{aligned} \dot{x} &= U\left[1 - \frac{a^2}{r^4}(x^2 - y^2)\right] \\ \dot{y} &= -U\frac{a^2}{r^4}2xy \end{aligned} \tag{5.8}$$

　　图 5.1 给出了基于流函数进行避障控制的基本思想。智能体被视为流线上的质点，流线本身被视为被智能体所跟随着的参考轨迹。由定义 5.4 可得到流线上任一点的复速度矢量。因此，在每一时刻，瞬时流线上的点可被视为虚拟领航者，用以引导与其关联的智能体 (跟随者) 沿着光滑的轨迹安全地绕开障碍物从而实现避障的目的。图 5.2 绘制了均匀流中单个静态柱形障碍物对应的流函数示意图，其中细线代表流线，粗线圆周代表以原点为圆心、1 为半径的障碍物的边界。从图中可以看出，所有流线均不会进入障碍物内部。如果流场中有多个障碍物，则需要求解带有多个边值条件的拉普拉斯方程。可以使用文献 [209] 中的方法，将单障碍物避碰控制的基本思想推广至多障碍物的避碰控制之中。

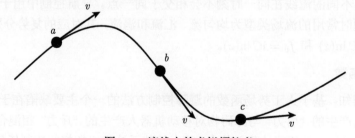

图 5.1　流线上的虚拟领航者

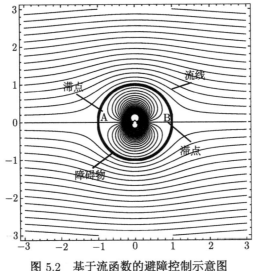

图 5.2　基于流函数的避障控制示意图

5.3　总体控制策略

本节将原始问题进行分解, 从而给出一种新颖的分布式闭环反馈控制框架, 此框架不同于文献 [31] 和 [211] 中的集中式协调控制的结果, 也不同于文献 [12] 和 [13] 中的分布式开环控制方法。特别地, 一方面, 首先在离散拓扑空间中研究通信网络的拓扑控制算法, 实现基于骨干网络的系统层次型网络模型的构建; 另一方面, 基于层次型骨干网络模型, 通过将分布式交互势函数与流函数导航有机结合, 可以有效地解决连续位形空间中拓扑连通性保持条件下系统的跨层运动协调控制问题, 从而确保系统在拓扑切换过程中始终保持拓扑连通性, 同时可以沿着光滑的轨线运动以实现对于静态障碍物的规避。系统的拓扑控制与跨层运动协调控制之间的相互关系如图 5.3 所示。

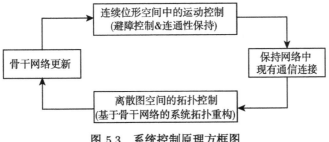

图 5.3　系统控制原理方框图

5.3.1　分布式拓扑控制

1. 骨干网络概述

通信骨干网络已被广泛应用于无线传感器网络的路由、广播和调度等问题之中。然而,其在多智能体系统运动协调/规划中的应用却比较鲜见。在平面型网络中,各智能体的地位和作用是平等关系,在系统进行协同任务操作的过程中,每个智能体均需要与其所有的邻接节点进行信息交互,因而在复杂环境下维护和交换这些动态变化的数据信息需要大量的控制代价、通信代价及消耗不容忽视的网络带宽。与平面型网络模型相比,一方面,层次型骨干网络给出了一种一般化的系统层次型体系结构的建模方法,其最大的优点是伸缩性强,适合较大规模网络的应用,必要时可以通过增加域的个数或级数来提高网络容量而不会导致过大的控制开销,充分体现了分布式控制的本质。另一方面,与传统的具有固定拓扑结构的通信骨干网络相比,多智能体系统的骨干网络需要根据环境和任务的变化以及节点本身的能力实时调整其在网络结构中的功能角色,多智能体系统的骨干子网本质上是一种具有动态性和临时性的主干结构。这种分级递阶的层次型骨干网络具有典型的主-从信息交互与任务协调的范式,可有效减少冗余信息交互的数据量、任务耦合约束的复杂度和控制分组的开销,从而显著增强网络的可扩展性和提高系统的吞吐量,有助于延长网络寿命和提高多智能体系统对于任务和环境变化的灵活性和适应性。骨干网络构建的主要思想为将原始平面型网络按照一定的评估准则对各智能体进行等级划分,从中选取出主导智能体 (DAs),这些主导智能体或者彼此之间进行直接信息交互,或者通过中继智能体 (RAs) 彼此之间进行间接信息交互。所有的主导智能体和中继智能体统称为系统的骨干智能体,组成系统的连通骨干子网,所有其他智能体称为非骨干智能体,组成系统的非骨干子网。

图 5.4(a) 和 (b) 分别给出了一个原始平面型网络及其对应的层次型骨干网络的例子。在图 5.4(b) 中,黑色圆点代表五个主导智能体;灰色圆点代表五个中继智能体,用以连接主导智能体;所有其他智能体为非骨干智能体。每个主导智能体与其对应的非骨干智能体以及它们之间的通信连接共同构成了网络的一个簇 (cluster)。骨干网络 $\mathcal{G}_B(t)$ 由骨干节点及其之间的拓扑连接组成,其对于整个系统的拓扑连通性保持具有重要意义。

2. 骨干网络的分布式构建

传统的骨干网络的构建方法是基于图论中的最小连通支配集理论,基于最小连通支配集 (MCDS) 的方法能够有效地找出拓扑中的主导节点,使得其他节点可以单跳访问到这些主导节点,并使所需的主导节点个数最小,然而在文献 [212] 中,完全分布式的 MCDS 已被证明为 NP-hard 问题。因此,这里避免构造原系统的

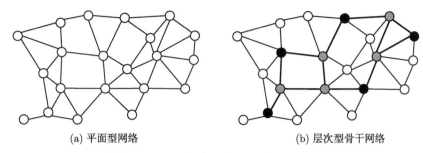

(a) 平面型网络   (b) 层次型骨干网络

图 5.4   平面型网络及其对应的骨干网络

MCDS，选择构建系统的极小连通支配集，即以引入一定数目的冗余顶点为代价来简化解决问题的复杂度，即通过寻求问题的次优解来取代最优解，可在最大限度保持结果精度的同时显著降低算法的计算复杂度。具体地，本章从运动控制的角度出发，使用启发式优先级最优聚类 (HPOC) 算法来实现网络分簇以提取出原始网络的通信骨干子网。HPOC 算法采用多准则综合性的节点优先级评估方案来解决骨干智能体和非骨干智能体的选取问题。综合考虑智能体的 ID、节点度数、通信质量、智能体与障碍物的远近程度等指标来定义智能体的任务优先级权重。具体地，令 $P(i)$ 表示智能体 i 的优先级，有

$$P(i) = P_{OB}(i) \oplus P_{ND}(i) \oplus P_{CQ}(i) \oplus P_{NM}(i) \oplus P_I(i) \tag{5.9}$$

式中，$\oplus$ 表示位串联操作；$P_{OB}(i)$ 表示智能体 i 与障碍物的邻近程度，在实际应用中，每个智能体利用其所配备的感知设备 (声呐、激光测距仪等) 来探测其感知范围内是否存在障碍物，而无需获取任何有关环境的先验信息，注意到 P_{OB} 占据了优先级 P 的高比特位，意味着更高的 P_{OB} 总是对应着更高的优先级；$P_{ND}(i)$ 表示智能体 i 的邻居个数；$P_{CQ}(i)$ 表征智能体 i 与其邻居的通信质量；$P_{NM}(i)$ 由邻居之间的相对运动来度量；$P_I(i)$ 为与智能体 ID 相关的优先级指标，来保证网络中智能体优先级的互异性和唯一性。

按照上述的优先级定义方式，任一智能体利用其两跳通信邻域内的信息来确定自身是否成为主导智能体，拥有较高优先级的智能体可以支配优先级较低的邻居智能体。因此，由式 (5.9)，如果智能体探测到障碍物存在，则其任务优先级要高于其所有未探测到障碍物的邻居智能体的优先级，因而其更容易被选为主导骨干智能体。由于篇幅所限，感兴趣的读者可以参阅文献 [213] 以获取更详细的过程。

实际应用中，期望网络的冗余连接要尽可能少，以减少不必要的通信约束和运动约束。因此，可考虑构建系统对应的网络 $\mathcal{G}$ 的最小生成树 (MST)，然而，文献 [214] 中已经证明不可能通过完全分布式算法来构建网络的最小生成树。因此，这里不采用最小生成树方法提取系统精简的骨干子网，而是构建系统的近似最小生成树 $\hat{\mathcal{G}}_{MST}$。首先，需要如下的定义。

定义 5.5 智能体 j 是智能体 i 的核心邻居, 定义为 $j \in \hat{\mathcal{N}}_i^{\mathrm{MST}}(t)$, 当且仅当 $(i, j) \in \hat{\mathcal{E}}_{\mathrm{MST}}(t)$.

定义 5.6 对于每个智能体 i, 定义 $\mathcal{N}_i^R(t) = (a_{jk}(t))$ 作为时刻 t 的邻居关系矩阵, 其中 $j \in \hat{\mathcal{N}}_i^{\mathrm{MST}}(t)$ 和 $k \in \hat{\mathcal{N}}_i^{\mathrm{MST}}(t)$.

定义 5.7(边的占优性) 令 $w_{ij} = 1/a_{ij}$, 如果下面的三个条件之一得到满足, 则边 (i, j) 占优于边 (k, l), 即 $(i, j) \succ (k, l)$:

(1) $w_{ij} > w_{kl}$;

(2) $w_{ij} = w_{kl}$, 并且 $\max\{i, j\} > \max\{k, l\}$;

(3) $w_{ij} = w_{kl}$, $\max\{i, j\} = \max\{k, l\}$ 并且 $\min\{i, j\} > \min\{k, l\}$.

综上可知, 边的偏序关系具有确定性, 不会产生歧义. 使用上述定义, 为每个智能体 i 提出如下的分布式算法来获取其核心邻居集合 $\hat{\mathcal{N}}_i^{\mathrm{MST}}$ 及其对应的近似最小生成树 $\hat{\mathcal{G}}_{\mathrm{MST}}$. 选择过程初始状态为 $\hat{\mathcal{N}}_i^{\mathrm{MST}}(t_0) = \mathcal{N}_i^B(t_0)$, 其中 $\mathcal{N}_i^B(t_0)$ 为智能体 i 在骨干网络中的邻居集合. 每个智能体 i 在控制周期 $\mathrm{d}t$ 内迭代更新 $\hat{\mathcal{N}}_i^{\mathrm{MST}}(t)$ 和 $\mathcal{N}_i^R(t)$, 候选连接的选择步骤如下.

步骤 1 查找邻居关系矩阵 $\mathcal{N}_i^R(t_0)$. 若 $j \in \hat{\mathcal{N}}_i^{\mathrm{MST}}(t_0)$, 则对每个 $k \in \mathcal{N}_i^R(t_0)$, $k \neq j$ 且 $a_{kj}(t_0) \neq 0$, 考虑由智能体 i、j 和 k 组成的三角形结构 $\mathbb{C}_3(i, j, k)$, 若 $(i, j) \succ \max\{(i, k), (j, k)\}$, 则拓扑连接 (i, j) 为 $\hat{\mathcal{N}}_i^{\mathrm{MST}}(t)$ 中待删除的候选连接, 将智能体 j 放入候选删除集合 $\mathcal{N}_i^D(t)$ 中, 并且删除其在 $\mathcal{N}_i^R(t)$ 中对应的行向量.

步骤 2 设 $\mathcal{N}_{i,k}^R(t) = [a_{jk}(t), a_{lk}(t), \cdots, a_{nk}(t)]^{\mathrm{T}}$, 其中 $(j, l, \cdots, n) \in \hat{\mathcal{N}}_i^{\mathrm{MST}}(t)$. 计算 $\mathcal{N}_{i,k}^R(t)$, 其中 $k \in \hat{\mathcal{N}}_i^{\mathrm{MST}}(t)$. 若 $\exists a_{jk}, a_{lk}, j \neq l$, 且 $a_{jk} \times a_{lk} \neq 0$, 比较四边形 $\mathbb{C}_4(i, j, k, l)$ 中的连接的优先级权重. 若 $(i, j) \succ \max\{(i, l), (k, j), (k, l)\}$, 则定义连接 (i, j) 为候选待删除连接并将其从 $\hat{\mathcal{N}}_i^{\mathrm{MST}}(t)$ 移除, 将智能体 j 放入候选删除集合 $\mathcal{N}_i^D(t)$ 中, 并且删除其在 $\mathcal{N}_i^R(t)$ 中对应的行向量.

步骤 3 运行连接删除同步算法 4 (见算法 5).

执行完算法 4 和算法 5 之后, $\hat{\mathcal{G}}_{\mathrm{MST}}$ 实质上已经通过 $\mathcal{V}(\mathcal{G}_B)$ 和 $\mathcal{E}(\hat{\mathcal{G}}_{\mathrm{MST}}) = \{(i, j) | j \in \hat{\mathcal{N}}_i^{\mathrm{MST}}, i \in \hat{\mathcal{N}}_j^{\mathrm{MST}}\}$ 而构建完成. 显然 $\hat{\mathcal{N}}_i^{\mathrm{MST}} \subseteq \mathcal{N}_i, \hat{d}_i^{\mathrm{MST}} \leqslant d_i$, 其中 d_i 和 $\hat{d}_i$ 分别表示智能体 i 在 $\mathcal{G}_B$ 和 $\hat{\mathcal{G}}_{\mathrm{MST}}$ 的度.

值得注意的是, 算法 5 中的 Request & Acknowledge 机制可保证尽管网络中存在一跳信息的应答时滞, $\hat{\mathcal{G}}_{\mathrm{MST}}$ 中的拓扑连接仍时刻保持对称性. 而且骨干网络自裁剪算法只需要利用不超过两跳通信邻域的局部信息, 因此智能体之间的信息交互不会产生较大的通信时滞, 算法的执行也不会给网络造成较大的通信负担.

定理 5.1 给定初始连通网络 $\mathcal{G}(t_0) = \{\mathcal{V}, \mathcal{E}(t_0)\}$, 由算法 4, 网络 $\hat{\mathcal{G}}_{\mathrm{MST}}$ 的连通性时刻能够得到保持.

算法 4 BSPA的连接删除机制

初始化 $\hat{\mathcal{N}}_i^{\mathrm{MST}}(t_0) = \mathcal{N}_i^B(t_0)$, $\mathcal{N}_i^D(t_0) = \varnothing$, 构建 $\mathcal{N}_i^R(t_0)$

1. **For** $i \in \mathcal{V}$

2. **while** $\exists \mathbb{C}_3(i, j, k)$, **do**

3. **if** $(i, j) \succ \max\{(i, k), (j, k)\}$

4. $\mathcal{N}_i^D(t_0 + \mathrm{d}t) = \mathcal{N}_i^D(t_0) \vee \{j\}$, 发送 ReqD$(i, j)$ 至智能体 j

5. **end if**

6. **end while**

7. 构建 $\mathcal{N}_{i,k}^R(t) = [a_{jk}(t), a_{lk}(t), \cdots, a_{nk}(t)]^{\mathrm{T}}$

8. $\forall k \in \mathcal{N}_i^R(t)$

9. **while** $a_{jk}(t) \times a_{lk}(t) \neq 0$ **do**

10. **if** $(i, j) \succ \max\{(i, l), (k, j), (k, l)\}$

11. $\mathcal{N}_i^D(t + \mathrm{d}t) = \mathcal{N}_i^D(t) \vee \{j\}$, 发送 ReqD$(i, j)$ 至智能体 j

12. **end if**

13. **end while**

14. **End For**

算法 5 BSPA的连接删除同步算法

从智能体 j 接收到 ReqD(i, j)

1. **For** $i \in \mathcal{V}$

2. **if** $j \in \mathcal{N}_i^D(t)$

3. $\hat{\mathcal{N}}_i^{\mathrm{MST}}(t + \mathrm{d}t) = \hat{\mathcal{N}}_i^{\mathrm{MST}}(t) \backslash \{j\}$, send AckD$(i, j) = 1$ to j

4. **else**

5. 发送 AckD$(i, j) = 0$ 至智能体 j

6. **end if**

7. 接收到 AckD(i, j)

8. **if** AckD$(i, j) = 1$

9. $\hat{\mathcal{N}}_i^{\mathrm{MST}}(t + \mathrm{d}t) = \hat{\mathcal{N}}_i^{\mathrm{MST}}(t) \backslash \{j\}$

10. **else**

11. $\mathcal{N}_i^D(t + \mathrm{d}t) = \mathcal{N}_i^D(t) \backslash \{j\}$

12. **end if**

13. **End For**

证明　向有向网络 $\hat{\mathcal{N}}_i^{\mathrm{MST}}$ 中添加拓扑连接的过程均不会破坏原始拓扑的连通性,只需考虑连接删除算法对于连通性保持的影响。由于 $\mathcal{G}_{\mathrm{MST}}$ 为 $\mathcal{G}_B$ 的最大稀疏子图,$\forall \mathbb{C}_3(i,j,k)$ 或 $\mathbb{C}_4(i,j,k,l)$,$w_{ij} < \max\{w_{ik}, w_{jk}\}$ 或 $w_{ij} < \max\{w_{ik}, w_{jk}, w_{lk}\}$ 对于 $(i,j) \in \mathcal{G}_{\mathrm{MST}}$ 是必要条件。然而,上述条件对于 $(i,j) \in \hat{\mathcal{G}}_{\mathrm{MST}}$ 确为充分必要条件,因此 $\mathcal{G}_{\mathrm{MST}} \subseteq \hat{\mathcal{G}}_{\mathrm{MST}}$。由于 $\mathcal{G}_{\mathrm{MST}} \in \mathbb{C}$,则 $\hat{\mathcal{G}}_{\mathrm{MST}} \in \mathbb{C}$,其中 $\mathbb{C}$ 表示连通图集合。　　　　　　　　　　　　　　　　　　　　　　　　　　　　　　　□

图 5.5 展示了一个骨干网络自裁剪算法的实例。图 5.5(a) 给出了原始的系统拓扑,其中包含一些三角形环路 ($\mathbb{C}_3$) 和四边形环路 ($\mathbb{C}_4$)。图 5.5(b) 给出了生成的裁剪过后的网络 $\hat{\mathcal{G}}_{\mathrm{MST}}$。由算法 4,获取 $\hat{\mathcal{G}}_{\mathrm{MST}}$ 的操作将会删除掉 $\mathcal{G}_B$ 中每个 $\mathbb{C}_3(\mathbb{C}_4)$ 中占优的那条拓扑连接。因此,每个 $\mathbb{C}_3(\mathbb{C}_4)$ 中所有的冗余拓扑连接 (虚线所示) 的删除均不会破坏拓扑的连通性。

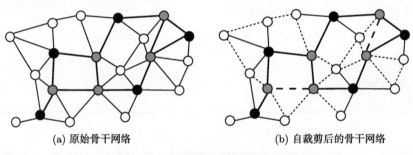

(a) 原始骨干网络　　　　　　　　　　　　　　(b) 自裁剪后的骨干网络

图 5.5　骨干网络自裁剪算法实例

注 5.1　按照上述分析,不难得到最坏情况,即骨干网络 $\mathcal{G}_B$ 为完全图情况下,骨干网络自裁剪算法的消息复杂度为 $O(|\mathcal{V}_B|^2/2)$。相反,集中式 MST 构建算法的消息复杂度为 $O(|\mathcal{V}_B|^2)$[214]。由于对于具有有限通信区域的大规模移动网络,其对应的通信拓扑不太可能为完全图,所以实际应用中的消息复杂度要远低于上述理论值,表明骨干网络自裁剪算法具有优良的可扩展性。

5.3.2　分布式运动控制

基于 5.3.1 节所构建的骨干网络,本节从分布式网络跨层协同控制的角度设计分布式群集运动协议,目标为驱使智能体渐近实现系统的速度同步、避碰和避障等控制任务。此外,当前时刻系统拓扑在骨干网络相邻两次切换之间网络中的所有拓扑连接均可以得到保持。鉴于此,采用基于势函数的梯度控制策略来解决上述问题,具体地,将交互人工势函数与流函数有机结合,通过精心设计不同的势函数以解决不同的控制任务。整个多智能体系统的拓扑连通性保持可通过如下方法加以实现:①骨干网络中的通信连接可通过为每个骨干智能体设计连通性保持运动控制律来实现;②将领航-跟随跟踪控制策略引入层次型骨干网络之中,不仅可以解决非骨干智能体与其所从属的骨干智能体之间的拓扑连通性保持,而且可以驱使骨干智能体跟踪流线上对应的虚拟领航者来实现光滑的避障控制。此后,将上述控制策略称为基于骨干网络的系统连通性保持框架 (BBCM),其工作原理如下。

(1) 对于骨干智能体,为其设计连通性保持运动控制律以驱动骨干网络中的每对邻接智能体之间的拓扑连接,当系统探测到障碍物时,所有的骨干智能体受跟踪控制律的驱动,跟踪流线上的虚拟领航者以实现对障碍物的规避。对应于非骨干智能体,为其设计领航跟随蜂拥跟踪控制律以实现对其所从属的骨干智能体的连通性保持,从而实现拓扑连通性保持条件下系统骨干子网与非骨干子网的跨层协同控制。

(2) 算法执行 T_B 时间周期后,系统通信拓扑 $\mathcal{G}(t)$ 可能会发生变化,则此时对原始骨干网络 $\mathcal{G}_B(t)$ 进行更新,此后所有的智能体将以更新后的骨干网络为模型进行协同操作。

1. 骨干智能体控制律设计

由于拓扑的初始连通性并不能保证拓扑在系统演化全过程中的连通性,所以需要为每个骨干智能体设计相应的交互人工势函数来同时保证骨干网络原有的邻接骨干智能体彼此避免碰撞以及在运动过程中的拓扑连通性得到保持,其具体形式如下:

$$V_{ij}^c(\|q_{ij}\|) \triangleq \begin{cases} \dfrac{1}{\|q_{ij}\|} + P_1(\|q_{ij}\|), & \|q_{ij}\| \in [0, r) \\ 0, & \|q_{ij}\| \in [r, R-\varepsilon) \\ \dfrac{1}{R - \|q_{ij}\|} + P_2(\|q_{ij}\|), & \|q_{ij}\| \in [R-\varepsilon, R) \end{cases} \quad (5.10)$$

式中, $P_i(\|q_{ij}\|) \triangleq a_i\|q_{ij}\|^2 + b_i\|q_{ij}\| + c_i$, $i = 1, 2$, a_i、b_i、c_i 为保证 V_{ij}^c 在区间 $(0, R)$ 上二阶可导而恰当选取的参数。

智能体 i 及其虚拟领航者 l_i 之间的吸引势函数 $V_{i,l_i} \in \mathbb{C}^2$ 定义如下:

$$V_{i,l_i} = \begin{cases} \dfrac{1}{3}\left(\dfrac{1}{R - \|q_i - q_{l_i}\|} - \dfrac{1}{R - q_{\text{th}}}\right)^3, & q_{\text{th}} \leqslant \|q_{i,l_i}\| \leqslant R \\ 0, & 0 \leqslant \|q_{i,l_i}\| < q_{\text{th}} \end{cases} \quad (5.11)$$

式中, $R - \varepsilon \leqslant q_{\text{th}} < R$ 是用于跟踪流线的距离门槛值。V_{i,l_i} 的设计目的是保证智能体 i 及其虚拟领航者 l_i 之间连通性的引力势函数。

为了实现避障控制,每个骨干智能体选择与其当前位置区域 $\{q|0 \leqslant \|q - q_{l_i}\| \leqslant q_{\text{th}}\}$ 内距离其最近的流线上的正交投影点作为虚拟领航者,其中 q_{l_i} 表示与智能体

i 对应的虚拟领航者的位置向量，与该投影点在对应流线上的切向量相重合，其具体形式如下：

$$p_{l_i} = \nabla \psi \tag{5.12}$$

式中，p_{l_i} 为虚拟领航者 l_i 对应的速度向量。基于上述讨论，任一时刻流线上的虚拟领航者可视为引导其对应的骨干智能体进行障碍物规避的路径参考点。此外，骨干智能体的运动还受骨干网络中其邻居智能体的拓扑连通性约束。每个骨干智能体所受到的运动约束如图 5.6 所示，其中 DA 和 RA 代表骨干邻居，VL 代表其虚拟领航者。

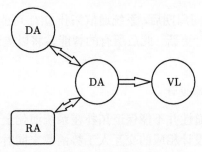

图 5.6   骨干智能体受到的运动约束

为骨干智能体 i 设计如下的控制协议：

$$u_i = - \sum_{j \in \hat{\mathcal{N}}_i^{\mathrm{MST}}(t)} \nabla_{\hat{q}_i} V_{ij}^c(\|\hat{q}_i - \hat{q}_j\|) - \sum_{j \in \hat{\mathcal{N}}_i^{\mathrm{MST}}(t)} \nabla_{\hat{q}_i} V_{i,l_i}(\|\hat{q}_i\|)$$
$$- \sum_{j \in \hat{\mathcal{N}}_i^{\mathrm{MST}}(t)} a_{ij}(t)(\hat{p}_i - \hat{p}_j) - k_1 \hat{p}_i + \dot{p}_{l_i} \tag{5.13}$$

式中，$k_1 > 0$ 为标量控制增益；$\mathcal{N}_i^{\mathrm{MST}}(t)$ 是精简骨干网络中骨干智能体 i 的邻居集合；$\hat{q}_i = q_i - q_{l_i}$ 和 $\hat{p}_i = p_i - p_{l_i}$ 为骨干智能体 i 与其对应流线上虚拟领航者 l_i 之间的相对位置和相对速度向量。

2. 非骨干智能体控制律设计

对于任一非骨干智能体，将与其自身在同一簇内所附属的骨干智能体视为领航者，且智能体之间要满足拓扑连通性约束。同时智能体之间还需要彼此避免碰撞。因此，任一非骨干智能体所受到的运动约束如图 5.7 所示。

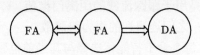

图 5.7   非骨干智能体的运动约束

图 5.7 中，FA 表示非骨干跟随者智能体，DA 表示其所附属的骨干领航者智能体。定义用于保持非骨干智能体 i 和其骨干智能体 L_i 之间拓扑连通性的吸引势函数 $V_{i,L_i}^t \in \mathbb{C}^2$ 如下：

$$V_{i,L_i}^t = \begin{cases} \dfrac{1}{3}\left(\dfrac{1}{R-\|q_i-q_{L_i}\|} - \dfrac{1}{R-q_c}\right)^3, & q_c \leqslant \|q_{i,L_i}\| \leqslant R \\[3mm] 0, & 0 \leqslant \|q_{i,L_i}\| < q_c \end{cases} \tag{5.14}$$

式中，$q_c \in [R-\varepsilon, R)$ 是预先设定的用以实现连通性保持的门槛距离。

进一步定义用以实现非骨干智能体 i 与其邻居智能体 j 间碰撞规避的排斥势函数 $V_{ij}^a \in \mathbb{C}^2$ 如下：

$$V_{ij}^a = \begin{cases} \dfrac{1}{3}\left(\dfrac{1}{\|q_{ij}\|} - \dfrac{1}{r}\right)^3, & \|q_{ij}\| \leqslant r \\[3mm] 0, & \|q_{ij}\| > r \end{cases} \tag{5.15}$$

综上，为每个非骨干智能体 i 设计复合势函数如下：

$$V_i^{\text{total}} = V_{i,L_i}^t + V_{i,L_i}^a + \sum_{j \in \mathcal{N}_i(\mathcal{G})\backslash L_i} V_{ij}^a \tag{5.16}$$

式中，V_{i,L_i}^a 为式 (5.15) 所定义的排斥势函数。

如果对于某非骨干跟随者智能体，其邻域内存在多于一个的骨干邻居智能体，则根据式 (5.9)，拥有最高优先级的骨干智能体将被选为唯一的领航者智能体，即

$$L_i = \arg\max_{L \in G_B(t)} \{P(L)\,|\,(i,L) \in \mathcal{E}(\mathcal{G})\} \tag{5.17}$$

注 5.2　注意到对应领航者的选择可以有多种标准。除了如上所述的基于任务优先级的判别准则，还可以根据距离的远近来为每个非骨干智能体选择其所附属的骨干智能体。例如，每个非骨干智能体可以选择与其当前距离最近的骨干智能体来作为其领航者。

为每个非骨干智能体 i 设计控制律如下：

$$\begin{aligned} u_i = &- \sum_{j \in \mathcal{N}_i(\mathcal{G})\backslash L_i} \nabla_{\tilde{q}_i} V_{ij}^a(\|\tilde{q}_i - \tilde{q}_j\|) - \sum_{j \in N_i(\mathcal{G})\backslash L_i} a_{ij}(t)(\tilde{p}_i - \tilde{p}_j) \\ &- \nabla_{\tilde{q}_i} V_{i,L_i}(\|\tilde{q}_i\|) - \nabla_{\tilde{q}_i} V_{i,L_i}^a(\|\tilde{q}_i\|) - k_2\tilde{p}_i + \dot{p}_{L_i} \end{aligned} \tag{5.18}$$

式中，$k_2 > 0$ 为控制增益；$\tilde{q}_i = q_i - q_{L_i}$ 和 $\tilde{p}_i = p_i - p_{L_i}$ 为非骨干智能体 i 与其附属的骨干智能体 L_i 的相对距离和相对速度向量；$\mathcal{N}_i(\mathcal{G})$ 为在网络 $\mathcal{G}$ 中非骨干智能体 i 的邻居集合。

3. 稳定性分析

不失一般性, 设多智能体系统由 N_1 个骨干智能体和 N_2 个非骨干智能体组成. 整个系统的李雅普诺夫函数为 $H = H_1 + H_2$, 其中 H_1 为对应系统骨干子网的李雅普诺夫函数:

$$H_1 = \frac{1}{2} \sum_{i=1}^{N_1} V_{ij}^c (\|\hat{q}_i - \hat{q}_j\|) + \sum_{i=1}^{N_1} V_{i,l_i}(\|\hat{q}_i\|) + \frac{1}{2} \sum_{i=1}^{N_1} \hat{p}_i^{\mathrm{T}} \hat{p}_i \tag{5.19}$$

H_2 为对应系统非骨干子网的李雅普诺夫函数, 其具体定义如下:

$$H_2 = \frac{1}{2} \sum_{i=1}^{N_2} \sum_{j \in \mathcal{N}_i(\mathcal{G}) \backslash L_i} V_{ij}^a (\|\tilde{q}_i - \tilde{q}_j\|) + \sum_{i=1}^{N_2} V_{i,L_i}^t(\|\tilde{q}_i\|)$$
$$+ \sum_{i=1}^{N_2} V_{i,L_i}^a(\|\tilde{q}_i\|) + \frac{1}{2} \sum_{i=1}^{N_2} \tilde{p}_i^{\mathrm{T}} \tilde{p}_i \tag{5.20}$$

令 $t_k(k = 1, 2, \cdots)$ 为系统拓扑 $\mathcal{G}$ 发生切换的时刻, 定义 $\mathcal{G}(t) : [0, +\infty) \to \mathcal{G}_C$, 其中 $\mathcal{G}_C$ 代表包含 N 个节点的所有连通图集合. 利用 5.3 节所述的拓扑控制算法可以保证邻近图序列由连通图组成, 其中连接保持区域引入了一个宽度为 ε 的缓冲区域, 用以在网络相邻两次切换间引入驻留时间 $\tau > 0$. 进一步假设每个智能体的通信半径大于障碍物的尺寸, 显然该假设在实际条件中很容易得到满足, 则给出如下定理.

定理 5.2 考虑由 N 个智能体组成的系统, 智能体的动态特性满足式 (5.1), 其中包含 N_1 个骨干智能体和 N_2 个非骨干智能体. 假设 $\mathcal{G}(t_0) \in \mathcal{G}_C$, $H(t_0)$ 为有限值, 并且对于所有切换时刻 $t_k > 0$, 有 $t_k - t_{k-1} > \tau > 0$, 则通过使用控制协议 (5.13) 和 (5.18), 对所有 $t > 0$, 有 $\mathcal{G}(t) \in \mathcal{G}_C$ 和 $\|q_{ij}(t)\| > 0$, 并且对所有的 $i, j \in \mathcal{V}$, 有 $p_i = p_j$.

证明 令 $t_{k1}, t_{k2}, \cdots$ 为系统拓扑切换的无穷序列, $\mathcal{G}(t)$ 在每个区间 $[t_{k_q}, t_{k_{q+1}})$ $(q = 1, 2, \cdots)$ 内为固定拓扑, 定义这些时间区间的并为 $\mathcal{Q}$.

进一步定义误差系统的骨干子系统的运动模型如下:

$$\begin{cases} \dot{\hat{q}}_i = \hat{p}_i \\ \dot{\hat{p}}_i = u_i - \dot{p}_{l_i} \end{cases}, \quad i = 1, 2, \cdots, N_1 \tag{5.21}$$

因此 $H_1(t)$ 在 $[t_{k_q}, t_{k_{q+1}})$ 内的导数为

$$\dot{H}_1 = \sum_{i=1}^{N_1} \hat{p}_i^{\mathrm{T}} \nabla_{\hat{q}_i} V_{i,l_i}(\|\hat{q}_i\|) + \sum_{i=1}^{N_1} \hat{p}_i^{\mathrm{T}} V_{i,l_i}(\|\hat{q}_i\|)$$

$$+ \sum_{i=1}^{N_1} \left(\hat{p}_i^{\mathrm{T}} \left(u_i - \dot{p}_{l_i} \right) \right) \tag{5.22}$$

将式 (5.13) 代入式 (5.22), 可得

$$\dot{H}_1 = \sum_{i=1}^{N_1} \left[\hat{p}_i^{\mathrm{T}} \left(-k_1 \hat{p}_i - \sum_{j \in \hat{\mathcal{N}}_i^{\mathrm{MST}}(t)} a_{ij}(t) \left(\hat{p}_i - \hat{p}_j \right) \right) \right]$$

$$= -k_1 \sum_{i=1}^{N_1} \hat{p}_i^{\mathrm{T}} \hat{p}_i - \sum_{i=1}^{N_1} \left(\hat{p}_i^{\mathrm{T}} \sum_{j \in \hat{\mathcal{N}}_i^{\mathrm{MST}}(t)} a_{ij}(t) \left(\hat{p}_i - \hat{p}_j \right) \right)$$

$$= -\hat{p}^{\mathrm{T}} \left[\left(k_1 I_{N_1} + L_{N_1}(t) \right) \otimes I_2 \right] \hat{p} \tag{5.23}$$

式中, L_{N_1} 为骨干子系统的拉普拉斯矩阵, $\otimes$ 表示克罗内克积, $\hat{p} = [\hat{p}_1^{\mathrm{T}}, \hat{p}_2^{\mathrm{T}}, \cdots, \hat{p}_{N_1}^{\mathrm{T}}]^{\mathrm{T}}$。

进一步, 非骨干子系统的运动模型可以等价表示为

$$\begin{cases} \dot{\tilde{q}}_i = \tilde{p}_i \\ \dot{\tilde{p}}_i = u_i - \dot{p}_{L_i} \end{cases}, \quad i = 1, 2, \cdots, N_2 \tag{5.24}$$

因此, $H_2(t)$ 在 $[t_{k_q}, t_{k_{q+1}})$ 内的时间导数为

$$\dot{H}_2 = \sum_{i=1}^{N_2} \tilde{p}_i^{\mathrm{T}} \left(\sum_{j \in \mathcal{N}_i(\mathcal{G}) \backslash L_i} \nabla_{\tilde{q}_i} V_{ij}^a (\| \tilde{q}_i - \tilde{q}_j \|) \right)$$

$$+ \sum_{i=1}^{N_2} \tilde{p}_i^{\mathrm{T}} \nabla_{\tilde{q}_i} V_{i,L_i}^t (\| \tilde{q}_i \|) + \sum_{i=1}^{N_2} \tilde{p}_i^{\mathrm{T}} \nabla_{\tilde{q}_i} V_{i,L_i}^a (\| \tilde{q}_i \|)$$

$$+ \sum_{i=1}^{N_2} \tilde{p}_i^{\mathrm{T}} \left(u_i - \dot{p}_{L_i} \right) \tag{5.25}$$

将式 (5.18) 代入式 (5.25), 可得

$$\dot{H}_2 = \sum_{i=1}^{N_2} \tilde{p}_i^{\mathrm{T}} \left(-k_2 \tilde{p}_i - \sum_{j \in \mathcal{N}_i(\mathcal{G}) \backslash L_i} a_{ij}(t) \left(\tilde{p}_i - \tilde{p}_j \right) \right)$$

$$= -k_2 \sum_{i=1}^{N_2} \tilde{p}_i^{\mathrm{T}} \tilde{p}_i - \sum_{i=1}^{N_2} \tilde{p}_i^{\mathrm{T}} \sum_{j \in \mathcal{N}_i(\mathcal{G}) \backslash L_i} a_{ij}(t) \left(\tilde{p}_i - \tilde{p}_j \right)$$

$$= -\tilde{p}^{\mathrm{T}} \left[\left(k_2 I_{N_2} + L_{N_2}(t) \right) \otimes I_2 \right] \tilde{p} \tag{5.26}$$

式中, L_{N_2} 为非骨干子系统的拉普拉斯矩阵, $\tilde{p} = [\tilde{p}_1^{\mathrm{T}}, \tilde{p}_2^{\mathrm{T}}, \cdots, \tilde{p}_{N_2}^{\mathrm{T}}]^{\mathrm{T}}$。因为 L_{N_1} 和 L_{N_2} 均为对称半正定矩阵, 所以有 $\dot{H}_1 \leqslant 0$ 和 $\dot{H}_2 \leqslant 0$。因此有

$$\dot{H} = \dot{H}_1 + \dot{H}_2 \leqslant 0, \quad \forall t \in [t_{k_q}, t_{k_{q+1}}) \tag{5.27}$$

定义 $\hat{q}_{ij} = \hat{q}_i - \hat{q}_j$ 和 $\tilde{q}_{ij} = \tilde{q}_i - \tilde{q}_j$，则考虑集合：

$$\Omega_{\mathcal{G}} = \{\hat{q}, \hat{p} \in \mathbb{R}^{2N_1}, \tilde{q}, \tilde{p} \in \mathbb{R}^{2N_2}, \check{q} \in \mathbb{R}^{N_1(N_1-1)},$$
$$\check{\tilde{q}} \in \mathbb{R}^{N_2(N_2-1)} | H \leqslant c, c > 0\} \tag{5.28}$$

式中，$\check{q} = [\hat{q}_{12}^{\mathrm{T}}, \cdots, \hat{q}_{N_1-1,N_1}^{\mathrm{T}}]^{\mathrm{T}}$，$\check{\tilde{q}} = [\tilde{q}_{12}^{\mathrm{T}}, \cdots, \tilde{q}_{N_2-1,N_2}^{\mathrm{T}}]^{\mathrm{T}}$。因此，由式 (5.27)，对应任一信号 $\mathcal{G}$，水平集 $\Omega_{\mathcal{G}}$ 为正向不变集，这表明对任意 $(i,j) \in \mathcal{E}(\mathcal{G})$，$V_{ij}^c$ 和 V_{i,L_i}^t 均有界。否则，若对某 $(i,j) \in \mathcal{E}_B$，$\|q_{ij}\| \to R$ 或者对于某 $(i,L_i) \in \mathcal{E}(\mathcal{G})$，$\|q_{i,L_i}\| \to R$，由式 (5.10) 和式 (5.11)，有 $V_{ij}^c \to \infty$ 和 $V_{i,L_i}^t \to \infty$。因此，由 H 在时域上的连续性，有 $\|q_{ij}\| \leqslant R, \forall (i,j) \in \mathcal{E}_B$、$(i,L_i) \in \mathcal{E}(\mathcal{G})$ 和 $t \in [t_{k_q}, t_{k_{q+1}})$。此即表明 $\mathcal{G}$ 中所有的拓扑连接在所有的切换时刻均可以得到保持。然后由 $\mathcal{G}(t_{k_q}) \in \mathcal{G}_C$，$q = 1,2,\cdots$，对于所有的 $t \in [t_{k_q}, t_{k_{q+1}})$，即 $t \in \mathcal{Q}$，有 $\mathcal{G}(t) \in \mathcal{G}_C$。通过类似的分析，可得 $\|q_{ij}\| \to 0$，因此证明了系统中邻接智能体间不会发生碰撞。

由于在任一切换时刻，拓扑连接的删除只会造成系统总体能量的减少，所以只需考虑连接添加给系统稳定性所造成的影响。根据连接添加规则，对于在拓扑发生切换之前并非智能体 i 邻居智能体的任一智能体 j，智能体 i 和 j 间的拓扑连接智能体在区间 $\|q_{ij}\| \in [r, R-\varepsilon)$ 被添加进来，则由交互势函数 (5.10)、(5.11)、(5.14) 以及 (5.15) 的特殊设计，V_{ij}^c、V_{ij}^a、V_{i,l_i} 和 V_{i,L_i}^t 在连接添加的瞬时取值为零，此即保证系统总体李雅普诺夫函数在系统拓扑的相邻两次切换间不会增加。结合式 (5.27)，有 $H(t_{k_q}) \geqslant H(t_{k_{q+1}})$，若 $H(t_{k_1})$ 有界，$H(t_{k_q}), \forall q = 1,2,\cdots$ 也有界。而且，$\Omega_{\mathcal{G}}$ 在定义域内的连续性保证其为闭集。由于 $\mathcal{G}(t)$ 对于所有时刻 $t \geqslant 0$ 均保持连通，所以对于所有智能体 i 和 j，有 $\|q_{ij}\| \leqslant (N-1)R$。因此，$\hat{q}$、$\tilde{q}$、$\check{q}$、$\check{\tilde{q}}$ 均有界。因此，$H \leqslant c$，有 $\hat{p}_i^{\mathrm{T}} \hat{p}_i \leqslant 2c$ 和 $\tilde{p}_i^{\mathrm{T}} \tilde{p}_i \leqslant 2c$ 均有界。因此，集合 $\Omega_{\mathcal{G}}$ 为有界闭集，从而为紧集。考虑如下动态系统：

$$\begin{aligned} \dot{\hat{q}} &= (B \otimes I_2)p \\ \dot{p} &= u \end{aligned} \tag{5.29}$$

式中，B 为完全图对应的关联矩阵，$\hat{q} = [\cdots, q_{ij}^{\mathrm{T}}, \cdots]^{\mathrm{T}} \in \mathbb{R}^{N(N-1)}$ 表示智能体的相对位置栈向量，$u = [\cdots, u_i^{\mathrm{T}}, \cdots] \in \mathbb{R}^{2N}$ 为所有智能体控制输入的栈向量。

首先注意到集合 $\Omega_{\mathcal{G}}$ 的紧性和不变性意味着 $\hat{q}$ 在每个有界时间区间 $[t_{k_q}, t_{k_{q+1}})$ 内有界，因而在其并集 $\mathcal{Q}$ 上有界。而且，由式 (5.10)、式 (5.11)、式 (5.14) 和式 (5.15)，V_{ij}^c、V_{ij}^a、V_{i,l_i} 和 V_{i,L_i}^t 的二阶导数在 $(0,R)$ 内均连续。式 (5.29) 的右侧为局部 Lipschitz，这即意味着 $(\dot{\hat{q}}, \dot{p})$ 有界，表明式 (5.23) 和式 (5.26) 在 $\mathcal{Q}$ 内一致连续。定义辅助函数：

$$y_{\mathcal{Q}}(t) = \begin{cases} \hat{p}^{\mathrm{T}}[(L_{N_1} + I_{N_1}) \otimes I_2]\hat{p}, & t \in \mathcal{Q} \\ 0, & \text{其他} \end{cases} \tag{5.30}$$

由于对所有毗邻的信号 $\mathcal{G}(t_{k_q}), \mathcal{G}(t_{k_{q+1}}) \in \mathcal{G}_C$，有 $H(t_{k_{q+1}}) \leqslant H(t_{k_q})$，所以可得

$$\int_{t_0}^{t} |y_{\mathcal{Q}}(s)|\mathrm{d}s = \int_{t_0}^{t} y_{\mathcal{Q}}(s)\mathrm{d}s \leqslant H_{\mathcal{G}(t_0)} - H_{\mathcal{G}(t)} \leqslant H_{\mathcal{G}(t_0)} \tag{5.31}$$

式 (5.31) 表明 $y_{\mathcal{Q}}(t) \in L_1$。下面接着证明当 $t \to \infty$ 时，有 $y_{\mathcal{Q}}(t) \to 0$。假设此结论不成立，则存在 $\varepsilon > 0$ 和一个无穷时间序列 $s_1, s_2, \cdots$ 使得 $y_{\mathcal{Q}}(s_1), y_{\mathcal{Q}}(s_2), \cdots$ 以 $\varepsilon > 0$ 为下界。由式 (5.30) 可知 $s_1, s_2, \cdots$ 必属于 $\mathcal{Q}$。由于 $y_{\mathcal{Q}}$ 一致连续，可以找到 $\delta > 0$ 使得 s_i 被包含在长度为 δ 的区间之内，在此区间内 $y_{\mathcal{Q}}(t) \geqslant \frac{\varepsilon}{2}$(注意到 $\mathcal{Q}$ 中每个区间的长度的下界为 $\tau > 0$)，这将与事实 $y_{\mathcal{Q}}(t) \in L_1$ 相矛盾。因此当 $t \to \infty$，有 $y_{\mathcal{Q}}(t) \to 0$，这表明 $\hat{p}_1 = \hat{p}_2 = \cdots = \hat{p}_{N_1} = 0$，此即等价于 $p_i = p_{l_i}, \forall i \in \mathcal{V}_B$。因此，所有的骨干智能体可以实现与其对应的流线上的虚拟领航者的速度同步，因而可成功完成对于障碍物的光滑规避。

按照类似的分析，对于非骨干子系统，$\dot{H}_2 = 0$ 意味着 $\tilde{p}_1 = \tilde{p}_2 = \cdots = \tilde{p}_{N_2} = 0$，则式 (5.18) 简化为

$$\begin{bmatrix} -\sum_{j \in \mathcal{N}_1(\mathcal{G})} \nabla_{\tilde{q}_1} V_{1j}^a(\|\tilde{q}_1 - \tilde{q}_j\|) - \nabla_{\tilde{q}_1} V_{1,L_1}(\|\tilde{q}_1\|) \\ -\sum_{j \in \mathcal{N}_2(\mathcal{G})} \nabla_{\tilde{q}_2} V_{2j}^a(\|\tilde{q}_2 - \tilde{q}_j\|) - \nabla_{\tilde{q}_2} V_{2,L_2}(\|\tilde{q}_2\|) \\ \vdots \\ -\sum_{j \in \mathcal{N}_{N_2}(\mathcal{G})} \nabla_{\tilde{q}_{N_2}} V_{N_2j}^a(\|\tilde{q}_{N_2} - \tilde{q}_j\|) - \nabla_{\tilde{q}_{N_2}} V_{N_2,L_{N_2}}(\|\tilde{q}_{N_2}\|) \end{bmatrix} = 0 \tag{5.32}$$

式 (5.32) 意味着所有的非骨干智能体将会收敛至固定的几何构形。由此可得，所有的非骨干跟随者智能体将与其所附属的骨干领航者智能体保持彼此靠近，速度同步且不会彼此发生碰撞。在稳态时，由于流线将变为彼此平行的水平直线，所以流线上的所有虚拟领航者的速度矢量最终将会趋同，此即意味着所有的骨干智能体最终也会实现速度趋同。由于所有的非骨干智能体均会与其所附属的骨干智能体保持速度同步，所以所有的智能体将会实现速度同步，系统最终将会收敛至稳定的群集几何构形。 □

5.4 仿真和实验

5.4.1 数值仿真

本节给出数值仿真以验证本章所提出的 BBCM 群集算法的有效性。特别地，在相同初始状态的条件下来对比 BBCM 算法与文献 [4] 中的结果以突出 BBCM

算法在群集运动避障控制中的优势。仿真中使用 20 个在二维平面上满足运动学方程 (5.1) 的智能体组成多智能体系统，每个智能体均用黑色圆点表示。控制目标为使所有的智能体都能够在控制律 (5.13) 和 (5.18) 的作用下以紧凑的连通群组的形式聚集在期望的目标位置，同时避免与环境中的障碍物发生碰撞。智能体的初始位置和速度随机设置，但要保证拓扑初始连通。仿真中使用的参数的具体信息如表 5.1 所示。

表 5.1　仿真参数设置

参数	取值
位形空间	$90\text{m} \times 90\text{m}$
智能体数目	$N = 20$
仿真时间	30s
目标位置	$(80\text{m}, 80\text{m})$
通信半径	$R = 5\text{m}$
加边延迟阈值	$\varepsilon = 0.6\text{m}$
期望距离	$d_{ij} = 3\text{m}$
避碰距离阈值	$r = 2\text{m}$
跟踪距离阈值	$q_c = 2\text{m}$
初始速度	$[0, 5]\text{m/s}$
初始位置	$[0, 20]\text{m} \times [0, 20]\text{m}$
最大速度	0.5m/s
更新周期	$T_B = 2\text{s}$
流场强度	$U = 3, C = 1.5$
控制增益	$k_1 = 2, k_2 = 4$
障碍物半径	$R_o^1 = 1.5\text{m}, R_o^2 = 0.8\text{m}$
障碍物质心	$q_o^1 = (36\text{m}, 33\text{m}), q_o^2 = (38\text{m}, 35\text{m})$

本章提出的带有连通性保持机制的群集运动控制算法与文献 [4] 中不带有连通性保持的群集运动控制算法的仿真结果比较如图 5.8~图 5.10 所示。其中连通性保持势函数的相关参数选择如下：

$$a_1 = \frac{-1}{r^3}, \quad b_1 = \frac{1}{r^2} + \frac{2}{r^4}, \quad c_1 = -\frac{1}{r^2} - \frac{2}{r^3}$$

$$a_2 = \frac{-1}{\varepsilon^3}, \quad b_2 = \frac{2R - 3\varepsilon}{\varepsilon^3}, \quad c_2 = \frac{-R^2 + 3R\varepsilon - 3\varepsilon^2}{\varepsilon^3}$$

仿真中刻意将多智能体系统的质心、障碍物的质心以及期望目标点三者位于同一直线上以验证算法在系统避障控制过程中的有效性 (无局部极小)。仿真中恰当地选择相应的坐标轴以清晰地展示相关结果。

图 5.8(a) 和 (b) 给出了系统的原始平面型网络模型和对应的层次型骨干网络模型，其中主导智能体、中继智能体和非骨干智能体分别由黑色圆点、灰色圆点以及白色圆点表示，实线表示网络中的拓扑连接。可以看出，所有在 $\mathbb{C}_3$ 和 $\mathbb{C}_4$ 中的

冗余拓扑连接均被有效地删除，因而验证了所提出的骨干网络自裁剪算法的有效性。

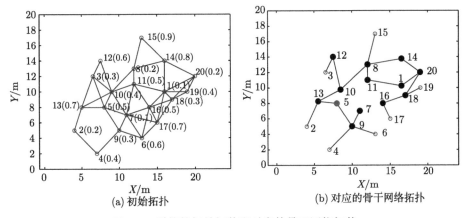

(a) 初始拓扑　　　　　　(b) 对应的骨干网络拓扑

图 5.8　系统的初始拓扑和对应的骨干网络拓扑

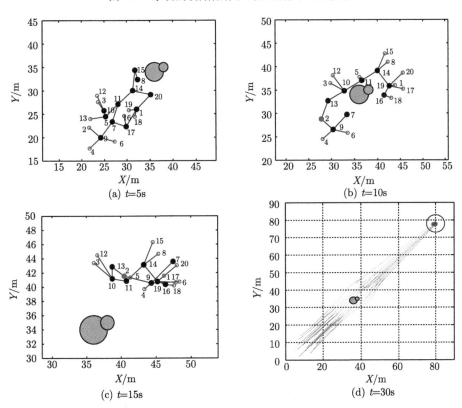

(a) t=5s　　　　　　(b) t=10s

(c) t=15s　　　　　　(d) t=30s

图 5.9　基于 BBCM 群集运动控制算法的仿真结果

图 5.9(a)~(c) 分别给出了系统演化过程中在 $t = 5s$、$t = 10s$、$t = 15s$ 各典型时刻的仿真结果。图 5.9(d) 绘制了 $t = 30s$ 时系统最终的几何构形和运动轨迹，远端的圆周表示实际的目标位置区域。从图中可以明显看出，所有的智能体将形成一个紧致的群组，聚集在期望目标位置附近，且在运动过程中可以光滑地绕过障碍物，拓扑的连通性也始终能够得到保持。如图 5.10 所示，在相同的初始条件下使用文献 [4] 提出的算法，某些智能体可能会与障碍物发生碰撞，因此导致网络发生分割现象而使系统无法实现稳定的群集运动行为，这是由于单纯使用吸引势函数和排斥势函数会使智能体在障碍物前方受力达到平衡而使其陷入局部极小点。

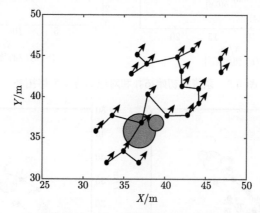

图 5.10　未使用基于骨干网络群集运动算法的仿真结果

进一步，给出一组对比仿真以比较平面型网络与层次型骨干网络在任务完成的时间代价方面的结果。其中网络规模 N 的范围从 10 到 40，其对应的结果如表 5.2 所示，从表中可以看出，针对任意网络规模 N，层次型骨干网络较之平面型对等网络，在任务完成的时间效率方面具有显著优势。因此，BBCM 算法在执行复杂的空间分布式任务时更加具有灵活性和高效性。这是由于 BBCM 算法从本质上捕捉到了系统的核心结构，并且将系统中存在的不必要的冗余通信约束和运动约束降低到了近似最小限度，便于实现群组重构。

表 5.2　不同类型网络的算法时间代价比较

时间/s　　　网络类型 智能体数目	层次型网络	平面型网络
10	15	65
20	25	181
30	52	355
40	86	565

　　最后，在相同的初始条件下给出对比仿真以便突出层次型骨干网络较之平面型对等网络在系统总体通信代价方面的优势。这里使用平均节点度 (AND) 和平均能耗比 (AECR) 作为比较的典型指标。智能体的数目从 15 到 45，如图 5.11(a) 和 (b) 所示，骨干网络更加节能而且具有更好的可扩展性，这和理论结果十分吻合。这是由于在平面型对等网络中，需要保持原始网络中所有与其相连的邻居智能体的拓扑连接，而在层次型骨干网络中，非骨干智能体仅需保持与其附属的骨干网络中的骨干领航者的拓扑连接，因而可大大降低大规模稠密网络的总体通信代价。

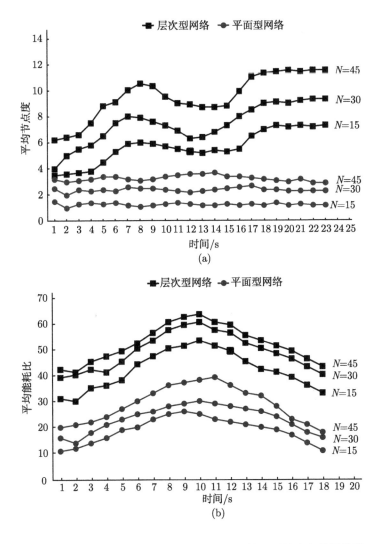

图 5.11　层次型网络和平面型网络在通信代价方面的仿真结果比较

尽管使用流函数的一个优势是系统中不会出现局部极值点，此即意味着在传统的人工势函数路径规划方法固有的局部极值点现象不会发生，但仍有另外一个问题值得关注，即滞点 (SP)。因为在任一滞点处，流体的速度为零并且若任一智能体正好落入滞点，其将保持静止。这里给出一个简单的例子，如图 5.2 所示，其中点 A 和点 B 为滞点，智能体在流场中的滞点处速度为零。

为了解决上述问题，可以采用随机游走算法使智能体脱离滞点。然而，在本章中，采用流体力学中的相关概念来寻求更加合适的解决方案。在流体力学中，涡流的复势 $v = iC\ln(z)$ 被用来在两个同心圆柱体间产生旋转运动，将上述涡流的复势加入原来流场的复势中会改变原系统滞点的位置。由于可以通过调整涡流强度 C 来调整滞点的位置，一旦智能体停在某一滞点处，下一运动周期时可以通过设置新的涡流强度使该智能体进行位置更新而脱离当前滞点所在的位置。

5.4.2　实物实验

本节给出群集运动控制的实验结果。为了验证 BBCM 算法在实际运动中的有效性，考虑由四个 Pioneer 3-AT 移动机器人和一个 Pioneer 3-DX 移动机器人组成的多机器人系统。所有的机器人都假设满足非滑动纯滚动运动约束且可以通过无线网络设备来进行信息交互。如图 5.12 所示，实验中考虑矩形空间，其中四个柱形体构成环境中的静态障碍物，其可以通过配备在每个移动机器人前方和后方的声呐环而加以检测。

图 5.12 描绘了系统整个群集运动典型时刻的仿真结果，仿真时间为 50s，其中 DA 和 RA 代表骨干机器人。群组的初始位形如图 5.12(a) 所示。图 5.12(b)~(e) 中，浅色实线表示经过自裁剪算法得到的层次型骨干网络中的拓扑连接，深色实线表示被删除的冗余拓扑连接。图 5.12(b) 表示在探测到障碍物之前系统受到连通性吸引势函数的作用而彼此相互靠近。图 5.12(c) 和 (d) 表示基于流函数的系统的光滑避障过程。图 5.12(e) 表示稳态时系统最终的稳定构形。可以看出，尽管系统中存在非完整约束、通信时滞、噪声等效应，智能体依然可以光滑地绕过环境中的障碍物而不会陷入局部极值点，期望的群集行为最终能够成功实现。从图 5.9 和图 5.12 可以看出，非骨干机器人比骨干机器人具有更高的运动自由度，这是由于非骨干智能体只需保持与其所附属的骨干领航者机器人的通信邻接，而骨干智能体需要保持与在骨干网络中其所有骨干邻居智能体间的拓扑连接，并且还需跟踪其所对应的流线上的虚拟领航者。骨干机器人主要负责保持拓扑连通性并引导跟随器运动的非骨干机器人避开障碍物。非骨干智能体需要始终跟踪其当前所附属的骨干领航者机器人直至系统中出现任务级更高的新的骨干智能体。由于骨干机器人和非骨干机器人的角色可以互换，这将十分有助于对系统的通信拓扑进行重构以及赋

予系统中每个机器人更高的运动自由度。

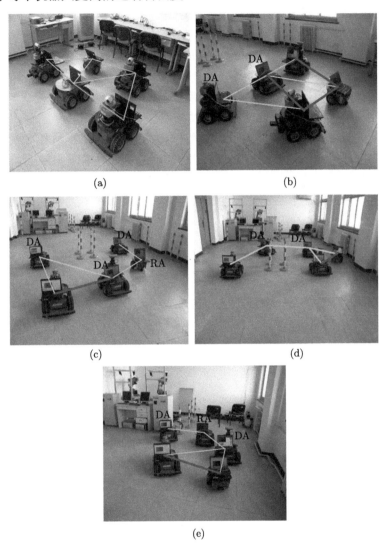

图 5.12 室内环境下五个轮式移动机器人的群集运动实验

5.5 结　　论

本章给出了一组分布式运动控制协议,以解决拓扑连通性保持条件下一组满足双积分器运动学特性的多智能体系统的群集运动与避障控制。总体控制算法分为两部分。首先提出一种新颖的系统拓扑控制算法,用以构建层次型骨干网络拓扑结构。骨干网络构建过程中仅利用每个智能体至多两跳通信邻域内的信息，因而给出了对于原始网络一种高效的表达方式并且适合系统进行跨层协调控制。进一步，通过将交互势函数与流函数有机结合，为系统设计分布式群集运动控制协议。特别地，基于流函数的导航方法可以产生没有局部极小点的光滑避障路径。交互人工势函数可以用来保持层次型骨干网络中当前所有的拓扑连接，同时，避免智能体之间彼此发生碰撞。综合上述控制算法，可使所有智能体渐近实现期望的群集运动。所提出的控制机制的突出特性表现在其可以将系统中不必要的冗余通信约束和运动约束降低到近似最低限度，较之平面型对等网络模型，使用层次型骨干网络模型不仅可以大大降低系统的通信代价和计算代价，而且可以显著增强整个系统对于环境和任务变化的灵活性。最后，大量的对比仿真和实验结果验证了理论结果的正确性和所提出的相关控制算法的有效性。

第6章 参数不确定的高阶非线性多智能体系统一致性控制

6.1 研究背景

本章研究参数不确定高阶非线性多智能体的一致性控制问题。由于基于矩阵分析的设计方法主要用于高阶线性积分器多智能体，其难以推广到高阶非线性系统。本章利用自适应控制技术结合 Backstepping 方法，设计一组分布式控制器。在迭代设计控制器的过程中，只利用局部信息设计多智能体系统的虚拟控制器，通过李雅普诺夫稳定性理论和 Barbalat 引理证明整个多智能体系统的渐近稳定性。

6.2 问题描述

考虑一组参数不确定的高阶非线性多智能体系统，分别给予其标号 $1 \sim m$，假定它们可进行双向通信，用拓扑图表示为 $\mathcal{G} = (\mathcal{V}, \mathcal{E}, \mathcal{A})$，其中 $\mathcal{V}$ 表示系统的索引集，边集 $\mathcal{E} \subseteq \mathcal{V} \times \mathcal{V}$ 表示每两个智能体之间的通信情况。如果一对边满足 $(i, j) \in \mathcal{E}$，那么称系统 i 和系统 j 互为邻居，即系统 j 和系统 i 均可获得对方的信息。$\mathcal{A}$ 是邻接矩阵，它的每个元素 a_{ij} 是非零的邻接权重。而且，假定 $a_{ii} = 0$，即系统自身到自身的信息传递权重为零。如果系统 i 的状态可以传达到系统 j，那么系统 i 称为系统 j 的邻居，反之亦然。点 v_j 的邻居集合用 $\mathcal{N}_j$ 描述，其中 $j \notin \mathcal{N}_j$。

考虑如下高阶非线性多智能体系统，整个系统由 m 个独立的智能体组成，且智能体之间的信息传递用通信拓扑 $\mathcal{G} = (\mathcal{V}, \mathcal{E}, \mathcal{A})$ 表示。

$$3b\dot{x}_{ij} = x_{(i+1)j} \tag{6.1}$$

$$\dot{x}_{nj} = u_j + \phi_j^{\mathrm{T}}(x_{1j}, x_{2j}, \cdots, x_{nj})\theta_j \tag{6.2}$$

式中，$i = 1, 2, \cdots, n-1$ 表示多智能体系统的阶次，$j = 1, 2, \cdots, m$ 表示智能体的编号；$x_j = [x_{1j}, x_{2j}, \cdots, x_{nj}]^{\mathrm{T}} \in \mathbb{R}^n$ 表示第 j 个智能体的各阶状态信息；$u_j \in \mathbb{R}$ 表示第 j 个智能体的控制量；$\theta_j \in \mathbb{R}^p$ 表示智能体系统的不确定参数向量，其中 p 是正整数；假定光滑函数 $\phi_j(x_{1j}, x_{2j}, \cdots, x_{nj}) \in \mathbb{R}^p$ 已知。

假设 6.1 假设多智能体系统的通信拓扑 $\mathcal{G}$ 是固定无向连通图。

本章的控制目标：当通信拓扑满足假设 6.1 时，设计只依赖局部信息的分布式控制器，使得每个智能体状态满足：

$$\text{对于 } j,l=1,\cdots,m, \text{ 当 } t\to\infty, \text{ 有 } |x_{1j}-x_{1l}|\to 0 \tag{6.3a}$$

$$\text{对于 } i=2,\cdots,n, \text{ 当 } t\to\infty, \text{ 有 } x_{ij}\to 0 \tag{6.3b}$$

6.3　分布式控制器设计

本节给出一些必要的定义、拓扑限制条件，介绍基于局部信息的虚拟控制器设计，并在此基础上给出一系列在迭代过程中设计的李雅普诺夫函数。整个设计过程是基于 Backstepping 的迭代过程。

6.3.1　基于邻居信息的虚拟控制

高阶多智能体系统相比于低阶系统包含更复杂的系统动力学模型和通信拓扑的耦合关系，这些因素都会影响虚拟控制器和李雅普诺夫函数的设计。多智能体系统模型 (6.1) 和 (6.2) 具有严格的反馈形式。下三角严格反馈结构的系统，其每个微分方程的高阶状态在设计过程可看成一系列虚拟控制。根据上述模型结构特点，采用将高阶多智能体系统 (6.1) 和 (6.2) 的一致性控制问题转化成一系列低阶子系统的控制问题的思想。然而，典型的多智能体控制律设计基于局部信息交互，因此不同于集中式或单体系统，传统 Backstepping 设计方法不能直接应用于分布式高阶多智能体控制器的设计。本章采用将传统 Backstepping 方法耦合多智能体拓扑约束的设计思想解决这一问题，并影响后续设计的误差系统和虚拟控制器。

定义 6.1　利用 Backstepping 方法定义一组新的变量 $z_{*j}=[z_{1j},z_{2j},\cdots,z_{nj}]^{\mathrm{T}}$，如下所示：

$$z_{1j}=x_{1j} \tag{6.4}$$

$$z_{ij}=x_{ij}-\alpha_{ij}, \quad 2\leqslant i\leqslant n \tag{6.5}$$

式中，$j=1,\cdots,m$ 表示智能体的编号，α_{ij} 表示迭代过程中待设计的虚拟控制器。

6.3.2　控制器设计过程

由于在模型 (6.2) 中存在本质非线性，具体地，含有不确定参数，这将给分布式控制器的设计带来困难。不同于集中式或者单体动力学系统的控制设计方法，分布式的 Backstepping 方法只利用局部信息，迭代过程中需精巧设计的一系列虚拟控制器也只能基于局部信息。本章的主要贡献在于分布式虚拟控制器的设计，在传统 Backstepping 方法的基础上引入多智能体的通信拓扑耦合。在迭代过程中逐步设计出最高阶子系统的虚拟控制器 α_{nj}, 实际的控制器 u_j 可从虚拟控制器 α_{nj} 中推导得到。具体的设计步骤如下。

设计步骤一: α_{2j} 用于表示第 j 个智能体的第一阶虚拟控制器。将式 (6.1) 代入式 (6.4), 可得

$$\dot{z}_{1j} = z_{2j} + \alpha_{2j} \tag{6.6}$$

考虑多智能体系统 (6.1) 第一阶子系统的误差变量 $z_{1j} = x_{1j}$, 选择如下李雅普诺夫函数 V_1:

$$V_1 = \frac{1}{2} z_{1*}^{\mathrm{T}} z_{1*} \tag{6.7}$$

式中, $z_{1*} = [z_{11}, z_{12}, \cdots, z_{1m}]^{\mathrm{T}}$。

对李雅普诺夫函数 V_1 求导, 并根据式 (6.5) 和式 (6.6), 可得

$$\dot{V}_1 = \sum_{j=1}^{m} z_{1j}(z_{2j} + \alpha_{2j}) \tag{6.8}$$

第一个分布式虚拟控制器 α_{2j} 设计如下:

$$\alpha_{2j} = -\sum_{l \in \mathcal{N}_j} a_{jl}(z_{1j} - z_{1l}) \tag{6.9}$$

需要说明的是, a_{jl} 表示邻居智能体之间的邻接权重, 本章假设 $a_{jl} = 1$。$\mathcal{N}_j$ 表示第 j 个智能体的邻居集, 由 α_{2j} 的具体形式可知其不含有全局信息。在多智能体网络中, 信息的流动与交互只能通过拓扑中直接相邻的节点, 即互为邻居的智能体之间才能传递信息。如果多智能体通信拓扑是连通的, 那么局部邻域中的智能体状态信息最终将传递到网络中的每一个智能体。

借助式 (6.9), 式 (6.6) 可改写为

$$\dot{z}_{1j} = -\sum_{l \in \mathcal{N}_j} (z_{1j} - z_{1l}) + z_{2j} \tag{6.10}$$

$\dot{V}_1$ 可改写为

$$\dot{V}_1 = -z_{1*}^{\mathrm{T}} L z_{1*} + \sum_{j=1}^{m} z_{1j} z_{2j} \tag{6.11}$$

设计步骤二: 考虑式 (6.5) 和动力学模型 (6.1) 的第二阶子系统, 可得

$$\begin{aligned}\dot{z}_{2j} &= x_{3j} - \dot{\alpha}_{2j} \\ &= z_{3j} + \alpha_{3j} - \frac{\partial \alpha_{2j}}{\partial x_{1j}} x_{2j} - \sum_{l \in \mathcal{N}_j} \frac{\partial \alpha_{2j}}{\partial x_{1l}} x_{2l}\end{aligned} \tag{6.12}$$

注 6.1　α_{3j} 可视为更高阶子系统的虚拟控制器，设计 α_{3j} 的目的在于保证多智能体系统的一阶和二阶子系统的状态一致性，即保证 $\lim\limits_{t\to\infty}(z_{1j}-z_{1l})=0$ 和 $\lim\limits_{t\to\infty}(z_{2j}-z_{2l})=0$ 成立，其中 $1\leqslant j,l\leqslant m$。

设计李雅普诺夫函数 V_2：

$$V_2=V_1+\frac{1}{2}z_{2*}^{\mathrm{T}}z_{2*} \tag{6.13}$$

式中，$z_{2*}=[z_{21},z_{22},\cdots,z_{2m}]^{\mathrm{T}}$。

利用式 (6.11) 和式 (6.12)，对 V_2 求导可得

$$
\begin{aligned}
\dot{V}_2 &= \dot{V}_1+\sum_{j=1}^{m}z_{2j}^{\mathrm{T}}\dot{z}_{2j}\\
&= -z_{1*}^{\mathrm{T}}Lz_{1*}+\sum_{j=1}^{m}z_{1j}z_{2j}\\
&\quad +\sum_{j=1}^{m}z_{2j}\left(z_{3j}+\alpha_{3j}-\frac{\partial\alpha_{2j}}{\partial x_{1j}}x_{2j}-\sum_{l\in\mathcal{N}_j}\frac{\partial\alpha_{2j}}{\partial x_{1l}}x_{2l}\right)
\end{aligned}
\tag{6.14}
$$

为了保证 V_2 的负定性，设计如下分布式虚拟控制器 α_{3j}：

$$\alpha_{3j}=-z_{1j}-c_{2j}z_{2j}+\frac{\partial\alpha_{2j}}{\partial x_{1j}}x_{2j}+\sum_{l\in\mathcal{N}_j}\frac{\partial\alpha_{2j}}{\partial x_{1l}}x_{2l} \tag{6.15}$$

式中，c_{2j} 是设计参数，满足 $c_{2j}>0$。

需要注意的是，式 (6.15) 中 α_{3j} 只包含智能体 j 的自身状态及其邻居状态信息，其并不含有全局状态信息。

注 6.2　式 (6.14) 中的 $-\dfrac{\partial\alpha_{2j}}{\partial x_{1j}}x_{2j}$ 和 $-\sum\limits_{l\in\mathcal{N}_j}\dfrac{\partial\alpha_{2j}}{\partial x_{1l}}x_{2l}$ 两项通过设计合适的虚拟控制器 α_{3j} 得以抵消。α_{3j} 中 $-z_{1j}$ 的设计目的是抵消式 (6.14) 中的 $\sum\limits_{j=1}^{m}z_{1j}z_{2j}$。式 (6.15) 中 $-c_{2j}z_{2j}$ 的设计目的是使式 (6.14) 负定。在后续迭代设计步骤中将采用同样的思想，设计合适的虚拟控制器 α_{4j}，使式 (6.16) 中的 $\sum\limits_{j=1}^{m}z_{2j}z_{3j}$ 得以抵消。

根据上述设计方法，将式 (6.15) 代入式 (6.14)，$\dot{V}_2$ 可以重写成如下形式：

$$\dot{V}_2=-z_{1*}^{\mathrm{T}}Lz_{1*}-z_{2*}^{\mathrm{T}}\mathrm{diag}(c_{2*})z_{2*}+\sum_{j=1}^{m}z_{2j}z_{3j} \tag{6.16}$$

式中，$c_{2*}=[c_{21},c_{22},\cdots,c_{2m}]^{\mathrm{T}}$。

设计步骤 $i(1 \leqslant i \leqslant n-1)$：类似设计步骤一和二的迭代过程，可推导出第 i 步的误差为

$$
\begin{aligned}
\dot{z}_{ij} &= x_{(i+1)j} - \dot{\alpha}_{ij} \\
&= z_{(i+1)j} + \alpha_{(i+1)j} - \sum_{k=1}^{i-1} \frac{\partial \alpha_{ij}}{\partial x_{kj}} x_{(k+1)j} \\
&\quad - \sum_{k=1}^{i-1} \sum_{l \in \mathcal{N}_j} \frac{\partial \alpha_{ij}}{\partial x_{kl}} x_{(k+1)l}
\end{aligned}
\tag{6.17}
$$

式 (6.17) 中的虚拟控制器 $\alpha_{(i+1)j}$ 用于保证第 i 阶 $(1 < i < n-1)$ 多智能体子系统满足 $\lim_{t\to\infty} (z_{kj} - z_{kl}) = 0$，其中 $1 \leqslant j,l \leqslant m$，$1 \leqslant k \leqslant n-1$。

设计李雅普诺夫函数如下：

$$
V_i = V_{i-1} + \frac{1}{2} z_{i*}^{\mathrm{T}} z_{i*}
\tag{6.18}
$$

式中，V_{i-1} 是第 $i-1$ 步迭代设计过程中的李雅普诺夫函数。

利用设计步骤 i 中的 V_{i-1} 和式 (6.17)，对 V_i 求导可得

$$
\begin{aligned}
\dot{V}_i &= \dot{V}_{i-1} + \sum_{j=1}^{m} z_{ij} \dot{z}_{ij} \\
&= -z_{1*}^{\mathrm{T}} L z_{1*} - \sum_{j=2}^{i-1} z_{j*}^{\mathrm{T}} \mathrm{diag}(c_{j*}) z_{(i-1)*} \\
&\quad + \sum_{j=1}^{m} z_{(i-1)j} z_{ij} + \sum_{j=1}^{m} z_{ij} \left[-\sum_{k=1}^{i-1} \frac{\partial \alpha_{ij}}{\partial x_{kj}} x_{(k+1)j} \right. \\
&\quad \left. + z_{(i+1)j} + \alpha_{(i+1)j} - \sum_{k=1}^{i-1} \sum_{l \in \mathcal{N}_j} \frac{\partial \alpha_{ij}}{\partial x_{kl}} x_{(k+1)l} \right]
\end{aligned}
\tag{6.19}
$$

设计如下的虚拟控制器 $\alpha_{(i+1)j}$：

$$
\begin{aligned}
\alpha_{(i+1)j} &= -z_{(i-1)j} - c_{ij} z_{ij} + \sum_{k=1}^{i-1} \frac{\partial \alpha_{ij}}{\partial x_{kj}} x_{(k+1)j} \\
&\quad + \sum_{k=1}^{i-1} \sum_{l \in \mathcal{N}_j} \frac{\partial \alpha_{ij}}{\partial x_{kl}} x_{(k+1)l}
\end{aligned}
\tag{6.20}
$$

式中，c_{ij} 是满足 $c_{ij} > 0$ 的待设计参数。

把式 (6.20) 代入 $\dot{V}_i$，可得

$$
\dot{V}_i = -z_{1*}^{\mathrm{T}} L z_{1*} - \sum_{j=2}^{i} z_{j*}^{\mathrm{T}} \mathrm{diag}(c_{j*}) z_{j*} + \sum_{j=1}^{m} z_{ij} z_{(i+1)j}
\tag{6.21}
$$

式中, $c_{j*} = [c_{j1}, c_{j2}, \cdots, c_{jm}]^{\mathrm{T}}$。

设计步骤 N: 由于参数 θ_j 是未知的, 需设计合适的分布式自适应律对其进行实时估计。对 $z_{nj} = x_{nj} - \alpha_{nj}$ 求导, 可得

$$
\begin{aligned}
\dot{z}_{nj} &= u_j + \phi_j^{\mathrm{T}} \theta_j - \dot{\alpha}_{nj} \\
&= u_j - \sum_{k=1}^{n-1} \frac{\partial \alpha_{nj}}{\partial x_{kj}} x_{(k+1)j} - \sum_{k=1}^{n-1} \sum_{l \in \mathcal{N}_j} \frac{\partial \alpha_{nj}}{\partial x_{kl}} x_{(k+1)l} \\
&\quad + \phi_j^{\mathrm{T}} \hat{\theta}_j + \phi_j^{\mathrm{T}} \tilde{\theta}_j
\end{aligned}
\tag{6.22}
$$

式中, $\hat{\theta}_j$ 是 θ_j 的估计值, $\tilde{\theta}_j = \theta_j - \hat{\theta}_j$ 是估计误差。

需要注意的是, 式 (6.22) 中含有控制器的最终形式, 因此通过上述步骤设计出的控制器 u_j 不仅能够使高阶非线性多智能体 (6.1) 和 (6.2) 的各阶状态实现一致, 并且能有效处理参数不确定问题。根据式 (6.22) 设计控制器 u_j, 满足 $1 \leqslant j, l \leqslant m$, $1 \leqslant k \leqslant n$, $\lim\limits_{t \to \infty} (z_{kj} - z_{kl}) = 0$。

选定李雅普诺夫函数 V_n:

$$
V_n = V_{n-1} + \frac{1}{2} z_{n*}^{\mathrm{T}} z_{n*} + \frac{1}{2} \sum_{j=1}^{m} \tilde{\theta}_j^{\mathrm{T}} \Gamma_j^{-1} \tilde{\theta}_j
\tag{6.23}
$$

根据式 (6.21) 和式 (6.22), 可得

$$
\begin{aligned}
\dot{V}_n &= \dot{V}_{n-1} + \sum_{j=1}^{m} z_{nj} \dot{z}_{nj} + \sum_{j=1}^{m} \tilde{\theta}_j^{\mathrm{T}} \Gamma_j^{-1} \dot{\tilde{\theta}}_j \\
&= -z_{1*}^{\mathrm{T}} L z_{1*} - \sum_{j=2}^{n-1} z_{j*}^{\mathrm{T}} \operatorname{diag}(c_{j*}) z_{j*} + \sum_{j=1}^{m} z_{(n-1)j} z_{nj} \\
&\quad + \sum_{j=1}^{m} z_{nj} \left[u_j + \phi_j^{\mathrm{T}} \hat{\theta}_j + \phi_j^{\mathrm{T}} \tilde{\theta}_j - \sum_{k=1}^{n-1} \frac{\partial \alpha_{nj}}{\partial x_{kj}} x_{(k+1)j} \right. \\
&\quad \left. - \sum_{k=1}^{n-1} \sum_{l \in \mathcal{N}_j} \frac{\partial \alpha_{nj}}{\partial x_{kl}} x_{(k+1)l} \right] + \sum_{j=1}^{m} \tilde{\theta}_j^{\mathrm{T}} \Gamma_j^{-1} \dot{\tilde{\theta}}_j
\end{aligned}
\tag{6.24}
$$

设计自适应律

$$
\dot{\hat{\theta}}_j = \Gamma_j z_{nj} \phi_j
\tag{6.25}
$$

和分布式控制器

$$u_j = -z_{(n-1)j} - c_{nj}z_{nj} + \sum_{k=1}^{n-1} \frac{\partial \alpha_{nj}}{\partial x_{kj}} x_{(k+1)j}$$

$$+ \sum_{k=1}^{n-1} \sum_{l \in \mathcal{N}_j} \frac{\partial \alpha_{nj}}{\partial x_{kl}} x_{(k+1)l} - \phi_j^{\mathrm{T}} \hat{\theta}_j \qquad (6.26)$$

式中，Γ_j 是正定矩阵，c_{nj} 是满足 $c_{nj} > 0$ 的设计参数。需要注意的是，u_j 的设计依赖 α_{ij}，其中 $1 \leqslant i \leqslant n$。

根据式 (6.25) 和式 (6.26)，式 (6.24) 能进一步推导得

$$\dot{V}_n = -z_{1*}^{\mathrm{T}} L z_{1*} - \sum_{j=2}^{n} z_{j*}^{\mathrm{T}} \mathrm{diag}(c_{j*}) z_{j*} + \sum_{j=1}^{m} \tilde{\theta}_j^{\mathrm{T}} (z_{nj}\phi_j - \Gamma_j^{-1}\dot{\hat{\theta}}_j)$$

$$= -z_{1*}^{\mathrm{T}} L z_{1*} - \sum_{j=2}^{n} z_{j*}^{\mathrm{T}} \mathrm{diag}(c_{j*}) z_{j*} \leqslant 0 \qquad (6.27)$$

基于上述 Backstepping 迭代设计过程，给出如下定理。

定理 6.1 考虑多智能体动力学模型 (6.1) 和 (6.2)，当多智能体系统之间的通信为固定无向连通拓扑时，采用分布式自适应律 (6.25) 和分布式控制器 (6.26)，可保证智能体系统 $j(1 \leqslant j \leqslant m)$ 实现控制目标 (6.3)，即带参数不确定的高阶非线性多智能体系统能达到渐近一致，且自适应参数估计值 $\hat{\theta}_j$ 有界。

证明 依据上述的控制器设计步骤，定义如式 (6.23) 所示的李雅普诺夫函数，可得式 (6.27)。因此，根据 $z_{i*} \in \mathcal{L}_\infty$ 及 θ_j 的有界性，可知 $\tilde{\theta}_j \in \mathcal{L}_\infty$ 和 $\hat{\theta}_j$ 有界。由式 (6.4)、式 (6.5) 和式 (6.9)，可得 x_{1j}、α_{2j} 和 x_{2j} 有界，由式 (6.15) 可知 α_{3j} 有界，根据上述设计过程，可得 u_j 有界。根据式 (6.10)、式 (6.12)、式 (6.17)、式 (6.22)、式 (6.25) 以及 ϕ_j 和 Γ_j 的定义及上述分析过程，可得 $\dot{z}_{i*}$、$\dot{\tilde{\theta}}_j$ 有界。对式 (6.27) 求导，可得 $\ddot{V}$ 有界，这意味着 $\dot{V}$ 一致有界。利用 Barbalat 引理，可得当 $t \to \infty$ 时，有 $\dot{V} \to 0$，例如，对于 $2 \leqslant l \leqslant m$，有 $\lim\limits_{t \to \infty} z_{1*}^{\mathrm{T}} L z_{1*} = 0$ 及 $\lim\limits_{t \to \infty} z_{l*} = 0_m$。由 $\lim\limits_{t \to \infty} z_{2*} = 0_m$，式 (6.6) 可写为 $\dot{z}_{1j} = -\sum\limits_{l \in \mathcal{N}_j} a_{jl}(z_{1j} - z_{1l})$，这意味着 $\dot{x}_{1j} = -\sum\limits_{l \in \mathcal{N}_j} a_{jl}(x_{1j} - x_{1l})$，利用文献 [18] 中的引理 2.10 可得多智能体系统可以达到渐近一致。例如，对于所有的 $x_{1j}(0)$ 和所有的 $i, j = 1, \cdots, m$，当 $t \to \infty$ 时，有 $|x_{1i} - x_{1j}| \to 0$。进一步，依据 $L1_m = 0_m$，可得 $\lim\limits_{t \to \infty} L x_{1*} = 0_m$ 和 $\lim\limits_{t \to \infty} x_{1*} = a1_m$，其中 1_m 和 0_m 分别表示全 0 和全 1 的 $m \times 1$ 列向量。那么，利用 $\bar{x}_1 = \dfrac{1}{n} \sum\limits_{j=1}^{m} x_{1j}$ 定义多智能体系统第一阶状态的平均值，可得 $\dot{\bar{x}}_1 = \dfrac{1}{n} \sum\limits_{j=1}^{m} \dot{x}_{1j} = -\dfrac{1}{n} 1_m^{\mathrm{T}} L x_{1*} = 0$，表明 $\dot{\bar{x}}_1 = \dfrac{1}{n} \sum\limits_{j=1}^{m} x_{1j}(0)$，即

$a = \dfrac{1}{n} \displaystyle\sum_{j=1}^{m} x_{1j}(0)$，达到了一阶状态的平均一致。$\displaystyle\lim_{t \to \infty}(x_{1i} - x_{1j}) = 0$，当 $t \to \infty$ 时，有 $\alpha_{2j} \to 0$；因此，从式 (6.5) 和式 (6.9)，可知 $x_{2j} \to 0$。根据上述推导，可进一步得到对任意的 $i = 3, \cdots, n$，当 $t \to \infty$ 时，有 $x_{ij} \to 0$。　　　　□

注 6.3　如果在每个子系统中含有未知有界扰动 d_j，类似于定理 6.1，设计如下李雅普诺夫函数：

$$\dot{V}_n = -z_{1*}^{\mathrm{T}} L z_{1*} - \sum_{i=1}^{n-1} z_{i*}^{\mathrm{T}} \mathrm{diag}(c_{i*}) z_{i*} + \sum_{j=1}^{m} z_{nj} d_j \tag{6.28}$$

在控制器 (6.26) 中需增设一个鲁棒补偿项 $u_{cj} = \bar{d}_j \mathrm{sgn}(z_{nj})$ 来处理上述扰动问题，其中 $\bar{d}_j > 0$ 是扰动 d_j 的上界，sgn 表示符号函数，此时，可获得同定理 6.1 相同的结论。由于采用符号函数，鲁棒项是不连续的，这将引起控制抖振现象。为了解决这个问题，可采用边界层的思想，用如下边界层型的饱和函数 $\mathrm{sat}(z_{nj})$ 代替符号函数：

$$\mathrm{sat}(z_{nj}) = \begin{cases} \mathrm{sgn}(z_{nj}), & |z_{nj}/\varepsilon_j| \geqslant 1 \\ z_{nj}/\varepsilon_j, & |z_{nj}/\varepsilon_j| < 1 \end{cases} \tag{6.29}$$

式中，$\varepsilon_j > 0$ 是边界层厚度。值得注意的是，当使用饱和函数时，系统误差将不能严格收敛到滑动面，而是收敛到边界层区域中，但此设计在应用中具有实际意义。

6.4　数　值　仿　真

本节通过计算机仿真验证上述理论的有效性。考虑如下的含有 11 个智能体的四阶多智能体系统：

$$\dot{x}_{1j} = x_{2j}$$
$$\dot{x}_{2j} = x_{3j}$$
$$\dot{x}_{3j} = x_{4j}$$
$$\dot{x}_{41} = u_1 + \sin(x_{11})\theta_1$$
$$\dot{x}_{42} = u_2 + [x_{12} + \sin(x_{22})]\theta_2$$
$$\dot{x}_{43} = u_3 + x_{13}\theta_3$$
$$\dot{x}_{44} = u_4 + x_{14}\theta_4$$
$$\dot{x}_{45} = u_5 + \sin(x_{15})\theta_5$$
$$\dot{x}_{46} = u_6 + \sin(x_{16})\theta_6$$

$$\dot{x}_{47} = u_7 + x_{17}\theta_7$$
$$\dot{x}_{48} = u_8 + x_{18}\theta_8$$
$$\dot{x}_{49} = u_9 + x_{19}\theta_9$$
$$\dot{x}_{4,10} = u_{10} + x_{1,10}\theta_{10}$$
$$\dot{x}_{4,11} = u_{11} + \sin(x_{1,11})\theta_{11}$$

式中，$\theta_j(1 \leqslant j \leqslant 11)$ 是未知参数。

图 6.1 给出了 11 个智能体组成的无向通信拓扑 $\mathcal{G}$，每个智能体不具备获得全局信息的能力，其只能与邻居智能体交换信息。通信拓扑 $\mathcal{G}$ 满足假设 6.1。假设邻居智能体之间的邻接权系数为 1，非邻居智能体之间邻接权系数为 0。假设不确定参数为 $\theta_1 = 1, \theta_2 = 1, \theta_3 = 3, \theta_4 = 4, \theta_5 = 2, \theta_6 = 1, \theta_7 = 1, \theta_8 = 1, \theta_9 = 1, \theta_{10} = 1, \theta_{11} = 1$。给定多智能体系统的初始状态如下：$x_{11} = 1.1, x_{21} = 2, x_{31} = 1, x_{41} = -0.5, x_{12} = -0.5, x_{22} = 1, x_{32} = 3, x_{42} = -1, x_{13} = -1.4, x_{23} = -1, x_{33} = 2, x_{43} = 1, x_{14} = -2.1, x_{24} = -1, x_{34} = 2, x_{44} = 1, x_{15} = 1.9, x_{25} = 1.8, x_{35} = 0, x_{45} = -0.5, x_{16} = 1.7, x_{26} = 1, x_{36} = 0, x_{46} = 1, x_{17} = -0.3, x_{27} = 1, x_{37} = 0, x_{47} = 1, x_{18} = 0.3, x_{28} = 0.3, x_{38} = 0, x_{48} = 0.01, x_{19} = 0.3, x_{29} = -0.1, x_{39} = 0, x_{49} = 0.01, x_{1,10} = -0.2, x_{2,10} = 0, x_{3,10} = 0.01, x_{4,10} = 0, x_{1,11} = -0.2, x_{2,11} = 0, x_{3,11} = 0, x_{4,11} = 0.5, \hat{\theta}_1 = 1, \hat{\theta}_2 = 1, \hat{\theta}_3 = 1, \hat{\theta}_4 = -5, \hat{\theta}_5 = -6, \hat{\theta}_6 = 1, \hat{\theta}_7 = 1, \hat{\theta}_8 = 1, \hat{\theta}_9 = 1, \hat{\theta}_{10} = 1, \hat{\theta}_{11} = 1$。

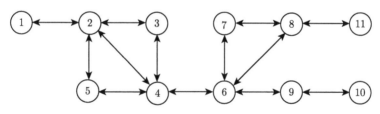

图 6.1　多智能体通信拓扑 $\mathcal{G}$

采用定理 6.1 中设计的分布式一致性控制器，选定控制器设计参数 Γ_j 和 c_{ij}，$1 \leqslant j \leqslant 11, 1 \leqslant i \leqslant 4$ 如下：$\Gamma_1 = 0.9, \Gamma_2 = 0.8, \Gamma_3 = 1.2, \Gamma_4 = 1.1, \Gamma_5 = 1, c_{21} = 1, c_{31} = 1, c_{41} = 1, c_{22} = 1.2, c_{32} = 1.1, c_{42} = 1, c_{23} = 1.1, c_{33} = 1, c_{43} = 1, c_{24} = 1, c_{34} = 0.8, c_{44} = 1, c_{25} = 1.2, c_{35} = 1.1, c_{45} = 1$。

在仿真实验中，如图 6.1 所示，标号为 4 和 6 的两个智能体是网络中的关键节点，它们分别有四个相邻的智能体。因此，这两个智能体的状态和控制器输出比其他智能体变化更具有动态性。图 6.2~图 6.5 表示智能体状态的演化过程。可以看出，11 个智能体的位置状态最后达到一致。从图 6.6 可以看出，当智能体网络达到状态一致时，每个智能体的控制器 u_j 最后输出为零。基于自适应律 (6.25) 的未知参数 $\theta_j(1 \leqslant j \leqslant 11)$ 的估计值曲线如图 6.7 所示，在第 30s，其估计值分别收敛到

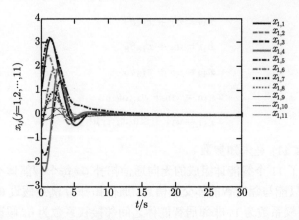

图 6.2　多智能体系统第一阶状态 $x_{1j}(1 \leqslant j \leqslant 11)$ 的响应曲线

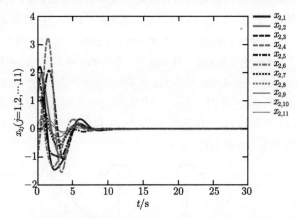

图 6.3　多智能体系统第二阶状态 $x_{2j}(1 \leqslant j \leqslant 11)$ 的响应曲线

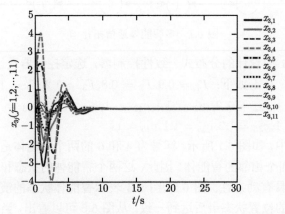

图 6.4　多智能体系统第三阶状态 $x_{3j}(1 \leqslant j \leqslant 11)$ 的响应曲线

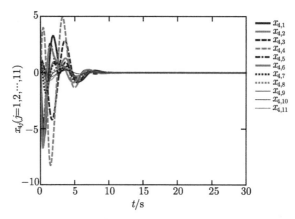

图 6.5 多智能体系统第四阶状态 $x_{4j}(1 \leqslant j \leqslant 11)$ 的响应曲线

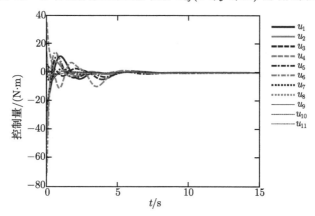

图 6.6 控制器 $u_j(1 \leqslant j \leqslant 11)$ 的响应曲线

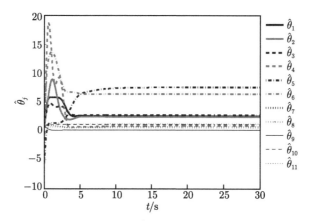

图 6.7 自适应参数 $\hat{\theta}_j(1 \leqslant j \leqslant 11)$ 的更新曲线

$[2.5542, 2.4561, 2.7336, 0.9250, 7.5837, 6.3846, 0.6568, 0.6104, 0.2174, 1.1779, 1.2443]^{\mathrm{T}}$。多智能体系统一阶状态收敛到其初值的平均值,其他各阶状态收敛到零。

相比于含有环形结构的拓扑,线性拓扑由于信息的传播需要从拓扑的一端到另一端,如图 6.8 所示的线性网络拓扑中的信息流动相对较为缓慢。在这种情况下,其状态轨迹如图 6.9 所示,证明了控制器设计的有效性。上述两个仿真实验均实现了控制目标 (6.3),进而验证了定理 6.1 的有效性。

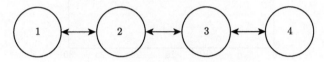

图 6.8　多智能体的线性网络拓扑图

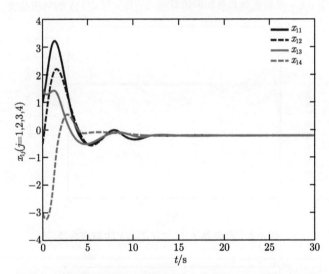

图 6.9　线性拓扑条件下智能体第一阶状态 x_{1j} 的响应曲线

6.5　结　　论

本章研究了参数不确定高阶非线性多智能体的一致性控制问题。其研究难点在于,考虑系统模型的高阶特性和非线性特性,引入 Backstepping 方法设计了一致性控制器,鉴于传统的 Backstepping 方法难以直接推广到分布式系统,需同时引入图论和矩阵论方法对其进行处理。首先研究了设计全局稳定分布式控制律所需的前提条件,基于 Backstepping 方法,引入智能体邻居信息的虚拟控制进行坐标变换,以此来构造系统的分布式误差系统,在此过程中通过基于智能体网络的 Backstepping 迭代方法,处理多智能体系统中非线性交叉项相互耦合的问题,通过逐级递推镇定各级动态来最终镇定整个闭环系统。在上述每级动态的误差系统设计中，会出现由该步状态和下一步状态组成的耦合交叉项，借鉴 Backstepping 思想方法，将交叉项留到下一步进行处理。交叉项的处理中引入虚拟控制器，综合应用图论和矩阵论方法，通过虚拟控制器将智能体之间的分布式信息交互融入控制器的设计。由于系统的非线性特性，在交叉项中出现的非线性耦合项在下一步设计中得到了精确对消，从而实现了对多智能体系统非线性不确定参数项的有效控制，进而证明了系统的渐近稳定性。

第7章 Brunovsky 型高阶非线性多智能体系统
一致性控制

7.1 研 究 背 景

在第 6 章中,基于自适应机制和 Backstepping 迭代思想设计了分布式自适应控制器,处理了一类参数不确定的高阶非线性多智能体系统一致性控制问题。虽然自适应控制处理线性参数化后的不确定参数具有良好的效果,但是需满足系统中不存在其他不确定性的条件,因此当控制对象模型中含有外部干扰和未建模动态特性时,第 6 章的算法将无法再保证闭环系统具备鲁棒性和抗扰性。

为了解决许多实际系统中同时存在未知参数和有界不确定的问题,提高分布式控制器对更复杂非线性动态的鲁棒性和抗扰性,本章进一步研究一类含有外部干扰和未建模动态的高阶非线性多智能体系统的分布式模糊自适应控制和鲁棒控制问题。每个智能体的动力学模型采用由三部分组成的 Brunovsky 型高阶非线性系统表征,具体包括高阶积分器、未知非线性函数和有界未知外部扰动。假设多智能体拓扑是固定无向连通图,利用模糊逻辑系统的万能逼近性质对智能体的未知非线性部分进行估计,并对估计参数设计对应的分布式自适应律,把对未建模动态的控制问题转化成对未知参数的自适应调节问题。由于存在逼近误差,且逼近误差和外部扰动具有不确定性特点,本章将根据逼近误差上界和扰动上界的假设条件,设计合理的控制增益,采用鲁棒控制方法对逼近误差和外界扰动一并进行处理,消除模糊逻辑系统的逼近误差和外部扰动对系统的不利影响,最终有效解决 Brunovsky 型高阶非线性智能体系统的一致性控制问题。

7.2 问 题 描 述

许多实际系统的动力学模型具有高阶特征。例如,Jerk 系统由三阶微分方程表示[107];一类柔性机械臂可以采用四阶非线性动力学系统来建模;甚至一队无人机的编队控制问题,从本质可视为高阶多智能系统的协同控制问题;特别是在飞行器进行战术机动时,需保持加速度等高阶 (三阶) 状态一致,同样表现出较为明显的高阶特性。然而,由于测量不精确性以及复杂环境的影响,具有不确定特性和外部扰动的网络化非线性多智能体系统的控制问题变得越来越复杂。对于这类复杂的非线性动力学系统, 可采用线性化方法得到 Brunovsky 标准形。在模型转变过程中, 未建模动态和干扰体现在动力学模型中的不确定光滑非线性函数和外部扰动两个非线性项。

以典型的柔性机械臂模型为例, 其动力学模型可写成如下形式[215]:

$$\dot{x}_1 = x_2, \ \dot{x}_2 = -\frac{MgL}{I}\sin(x_1) - \frac{k}{I}(x_1 - x_3)$$
$$\dot{x}_3 = x_4, \ \dot{x}_4 = \frac{k}{J}(x_1 - x_3) + \frac{1}{J}u \tag{7.1}$$

式中, I、J 分别为链接惯性和转动惯量力矩, M 为质量, k 为机械臂的弹性常数, L 为从转动坐标系原点到机械臂质心的距离, g 为重力加速度。通过变换 $z_1 = x_1$, 可将非线性动力学模型 (7.1) 转换为四阶 Brunovsky 形式:

$$\dot{z}_1 = z_2, \ \dot{z}_2 = z_3, \ \dot{z}_3 = z_4, \ \dot{z}_4 = a(z) + b(z)u \tag{7.2}$$

本章考虑一组由 m $(m \geqslant 2)$ 个智能体系统组成的多智能体网络 $\mathcal{G}$ 的第 j 个智能体由如下的 Brunovsky 非线性模型表示:

$$\dot{x}_{ij} = x_{(i+1)j} \tag{7.3a}$$
$$\dot{x}_{nj} = u_j + f_j(x_j) + \zeta_j(t) \tag{7.3b}$$

式中, $i = 1, \cdots, n-1$; $x_{ij} \in \mathbb{R}$ 是第 j 个智能体的第 i 阶状态; $x_j = [x_{1j}, \cdots, x_{nj}]^{\mathrm{T}} \in \mathbb{R}^n$ 表示第 j 个智能体的状态向量; 未知非线性函数项 $f_j(x_j) : \mathbb{R}^n \to \mathbb{R}$ 满足局部 Lipschitz 条件并且 $f_j(0) = 0$; $u_j \in \mathbb{R}$ 是第 j 个智能体的控制协议; $\zeta_j(t) \in \mathbb{R}$ 表示有界未知外部扰动, 如噪声、未建模动态和线性化过程产生的逼近误差等。值得注意的是, 这样的线性化常常是比较经验化的, 需利用先验知识来逼近非线性函数 $f(x)$。

假设 7.1[216] 对于 $j = 1, \cdots, m$, 假设外部扰动 $\zeta_j(t)$ 未知并且有界, 即 $|\zeta_j(t)| \leqslant \bar{\zeta}_j$, 且 $\bar{\zeta}_j$ 为已知正常数。

注 7.1 假设上界 $\bar{\zeta}_j$ 用于后文控制器参数的设计。在实际系统中, 能否获知 $\bar{\zeta}_j$ 的具体值并不是必要的条件, 任何大于精确上界的值都可用来设计控制器。

假设 7.2 多智能体系统的网络拓扑 $\mathcal{G}$ 是固定连通拓扑。

本章的控制目标是在假设 (7.1) 和假设 (7.2) 的前提下, 利用多智能体系统的局部状态信息设计分布式控制器, 使多智能体系统中的每个个体最终能够渐近地实现状态一致, 即

对于 $j, l = 1, \cdots, m$, 当 $t \to \infty$时, 有 $|x_{1j} - x_{1l}| \to 0$ (7.4a)

对于 $i = 2, \cdots, n$, 当 $t \to \infty$时, 有 $x_{ij} \to 0$ (7.4b)

7.3 分布式控制器设计

在本章内容中，整个控制器的设计过程基于分布式 Backstepping 设计框架，将一类高阶非线性多智能体控制问题分解为多个一阶多智能体系统的控制问题。接下来先列举一些基本定义，介绍基于邻居信息的分布式虚拟控制器设计过程，给出控制器设计中的通信拓扑要求和一系列基于上述方法的李雅普诺夫函数设计过程。

7.3.1 基于邻居信息的分布式虚拟控制器设计

多智能体系统 (7.3) 是严格反馈形式，由于其为下三角的结构形式，每个微分方程的更高阶状态可以看成虚拟控制。基于这样的思路，可以将高阶多智能体一致性控制问题转化成一系列低阶智能体系统的一致性问题。然而，将自适应 Backstepping 控制推广到高阶动力学系统并非易事，需利用仅有的局部信息将 Backstepping 控制律和自适应律同时实现分布化。因此，需要在分布式的框架下重新定义一组新的变量用于设计虚拟控制器，进而设计完整的分布式 Backstepping 迭代过程。在设计过程中，需要精巧地设计一系列合适的分布式虚拟控制器和李雅普诺夫函数，并逐步地推导出最终的控制器。

定义 7.1 利用 Backstepping 基本方法，定义如下新的变量集：

$$z_{*j} = [z_{1j}, z_{2j}, \cdots, z_{nj}]^{\mathrm{T}}$$

$$z_{1j} = x_{1j} \tag{7.5}$$

$$z_{ij} = x_{ij} - \alpha_{ij}, \quad 2 \leqslant i \leqslant n \tag{7.6}$$

式中，$j = 1, \cdots, m$，α_{ij} 是 Backstepping 迭代过程中待设计的虚拟控制器，z_{*j} 和 α_{ij} 都只含有局部状态信息。

7.3.2 基于邻居信息的模糊逻辑系统

多智能体系统 (7.3) 中的非线性项 $f_j(x_j)$ 是未知的，但一般实际系统都有办法获取一定的先验知识。在本章中，基于模糊逻辑系统 (FLS) 的万能逼近性质[217-219]，用 $\hat{f}_j(x_j)$ 估计多智能体系统中的未知函数 $f_j(x_j)$，其中 $\hat{f}_j(x_j) = \theta_j^{\mathrm{T}} \phi_j(x)$，$\phi_j(x_j) = [\phi_{1j}(x_j), \cdots, \phi_{nj}(x_j)]^{\mathrm{T}}$ 为模糊系统的回归向量。不同于集中式系统或者单体系统，多智能体系统的 FLS 需要耦合智能体网络拓扑信息。

Wang[220] 深入分析和证明了具有单点模糊化、乘积推理、中心平均解模糊化的 FLS 对非线性函数的万能逼近性质。本章将上述逼近器结论推广到多智能体系统领域。假设第 j 个智能体的 FLS 知识库由一些模糊 IF-THEN 规则和模糊推理

机组成。利用文献 [220] 中的万能逼近器,网络中第 j 个 FLS 的输出可用如下形式表达:

$$y_j(x_j) = \frac{\sum\limits_{l=1}^{N} \overline{y}_{lj} \prod\limits_{i=1}^{n} \mu_{F_{ij}^l}(x_{ij})}{\sum\limits_{l=1}^{N} \left[\prod\limits_{i=1}^{n} \mu_{F_{ij}^l}(x_{ij}) \right]} \tag{7.7}$$

式中, $x_j = [x_{1j}, \cdots, x_{nj}]^{\mathrm{T}}$ 和 y_j 分别是模糊逻辑系统的输入和输出, $\overline{y}_{lj} = \max\limits_{y_j \in \mathbb{R}} \mu_{G_j^l}(y_j)$ 是模糊集, F_{ij}^l 和 G_j^l 是对应的模糊函数, $\mu_{F_{ij}^l}(x_{ij})$、$\mu_{G_j^l}(y_j)$ 是模糊隶属度函数, N 是 IF-THEN 规则数。

对第 j 个智能体定义如下的模糊基函数:

$$\phi_{lj} = \frac{\prod\limits_{i=1}^{n} \mu_{F_{ij}^l}(x_{ij})}{\sum\limits_{l=1}^{N} \left[\prod\limits_{i=1}^{n} \mu_{F_{ij}^l}(x_{ij}) \right]} \tag{7.8}$$

定义模糊系统的权参数向量 $\theta_j^{\mathrm{T}} = [\overline{y}_{1j}, \cdots, \overline{y}_{Nj}] = [\theta_{1j}, \cdots, \theta_{Nj}]$ 和模糊基函数向量 $\phi_j(x_j) = [\phi_{1j}(x_j), \cdots, \phi_{Nj}(x_j)]$,那么 FLS (7.7) 可改写为

$$y_j(x_j) = \theta_j^{\mathrm{T}} \phi_j(x_j) \tag{7.9}$$

引理 7.1[220] 对于定义在紧集 Ω 上的任意给定连续函数 $f_j(x_j)$,以及任意常数 $\varepsilon_j > 0$,存在一个模糊逻辑系统 (7.9) 满足:

$$\sup_{x_j \in \Omega} |f_j(x_j) - \theta_j^{\mathrm{T}} \phi_j(x_j)| \leqslant \varepsilon_j \tag{7.10}$$

7.3.3 控制器迭代设计过程

不同于集中式的设计背景,分布式的迭代 Backstepping 设计方法仅利用局部的状态信息来设计控制器,这样的局部信息只包括智能体自身的信息和与其直接通信的邻居智能体信息。同样,上述一系列虚拟控制器 α_{ij} 的设计也只能利用局部信息来设计。进一步,由于多智能体系统模型 (7.3) 中带有复杂的本质非线性项,所以在设计控制器时,需要综合利用模糊逻辑系统、自适应控制和鲁棒控制等技术。迭代第 n 次后得到虚拟控制器 α_{nj},继而从虚拟控制器 α_{nj} 中推导出实际控制器 u_j。具体设计步骤如下。

设计步骤一: α_{2j} 用于表示第 j 个智能体的第一个虚拟控制器。把式 (7.3a) 代入式 (7.5),可得

$$\dot{z}_{1j} = z_{2j} + \alpha_{2j} \tag{7.11}$$

考虑多智能体系统 (7.3) 的第一阶子系统 (7.3a) 的误差变量 $z_{1j} = x_{1j}$，选择李雅普诺夫函数 V_1：

$$V_1 = \frac{1}{2} z_{1*}^{\mathrm{T}} z_{1*} \tag{7.12}$$

式中，$z_{1*} = [z_{11}, z_{12}, \cdots, z_{1m}]^{\mathrm{T}}$。

对 V_1 求导，并利用式 (7.6) 和式 (7.11)，可得

$$\dot{V}_1 = \sum_{j=1}^{m} z_{1j}(z_{2j} + \alpha_{2j}) \tag{7.13}$$

设计如下分布式虚拟控制器 α_{2j}：

$$\alpha_{2j} = -\sum_{l \in \mathcal{N}_j} a_{jl}(z_{1j} - z_{1l}) \tag{7.14}$$

式中，$\mathcal{N}_j$ 表示第 j 个智能体的邻居集，很明显，由于耦合了智能体网络结构信息，α_{2j} 不含有全局信息；a_{jl} 表示第 j 个智能体与邻居智能体之间的邻接权重，本章假设具有信息交互的智能体之间的邻接矩阵元素 a_{jl} 为 1。虽然只有相互连接的两个智能体之间才能发生直接的信息交互，但若通信拓扑图是连通的，则智能体网络某个区域的局部信息可以通过通信网络的信息流动与交换最终传递到每个智能体。

利用式 (7.14)，式 (7.11) 可改写为

$$\dot{z}_{1j} = -\sum_{l \in \mathcal{N}_j} (z_{1j} - z_{1l}) + z_{2j} \tag{7.15}$$

并且，$\dot{V}_1$ 可改写为

$$\dot{V}_1 = -z_{1*}^{\mathrm{T}} L z_{1*} + \sum_{j=1}^{m} z_{1j} z_{2j} \tag{7.16}$$

设计步骤二： 利用式 (7.3a) 和式 (7.6)，可得

$$\begin{aligned}
\dot{z}_{2j} &= x_{3j} - \dot{\alpha}_{2j} \\
&= z_{3j} + \alpha_{3j} - \frac{\partial \alpha_{2j}}{\partial x_{1j}} x_{2j} - \sum_{l \in \mathcal{N}_j} \frac{\partial \alpha_{2j}}{\partial x_{1l}} x_{2l}
\end{aligned} \tag{7.17}$$

式中，作为更高阶子系统的虚拟控制器 α_{3j} 用来保证多智能体系统的第一阶和第二阶子系统的一致性，即设计虚拟控制器 α_{3j} 用于保证 $\lim\limits_{t \to \infty} (z_{1j} - z_{1l}) = 0$ 和 $\lim\limits_{t \to \infty} z_{2j} = 0 (1 \leqslant j \leqslant m)$。

选择李雅普诺夫函数 V_2:

$$V_2 = V_1 + \frac{1}{2} z_{2*}^{\mathrm{T}} z_{2*} \tag{7.18}$$

式中，$z_{2*} = [z_{21}, z_{22}, \cdots, z_{2m}]^{\mathrm{T}}$。对 V_2 求导，利用式 (7.16) 和式 (7.17)，可得

$$\begin{aligned}
\dot{V}_2 &= \dot{V}_1 + \sum_{j=1}^{m} z_{2j} \dot{z}_{2j} \\
&= -z_{1*}^{\mathrm{T}} L z_{1*} + \sum_{j=1}^{m} z_{1j} z_{2j} + \sum_{j=1}^{m} z_{2j} \left(z_{3j} + \alpha_{3j} - \frac{\partial \alpha_{2j}}{\partial x_{1j}} x_{2j} - \sum_{l \in \mathcal{N}_j} \frac{\partial \alpha_{2j}}{\partial x_{1l}} x_{2l} \right)
\end{aligned} \tag{7.19}$$

需要设计如下分布式虚拟控制器 α_{3j} 来确保 $\dot{V}_2$ 是负定的，即

$$\alpha_{3j} = -z_{1j} - c_{2j} z_{2j} + \frac{\partial \alpha_{2j}}{\partial x_{1j}} x_{2j} + \sum_{l \in \mathcal{N}_j} \frac{\partial \alpha_{2j}}{\partial x_{1l}} x_{2l} \tag{7.20}$$

式中，c_{2j} 是满足 $c_{2j} > 0$ 的设计参数。

值得注意的是，α_{3j} 没有用到全局信息，只利用了智能体自身的状态信息及其邻居信息。通过设计合适的 α_{3j}，直接对消式 (7.19) 中的 $-\frac{\partial \alpha_{2j}}{\partial x_{1j}} x_{2j}$ 和 $-\sum_{l \in \mathcal{N}_j} \frac{\partial \alpha_{2j}}{\partial x_{1l}} x_{2l}$ 两项。进一步，α_{3j} 中的 $-z_{1j}$ 项用于确保式 (7.19) 中的 $\sum_{j=1}^{m} z_{1j} z_{2j}$ 能被对消。

式 (7.20) 中的 $-c_{2j} z_{2j}$ 项用于确保式 (7.19) 的负定性。式 (7.21) 中的 $\sum_{j=1}^{m} z_{2j} z_{3j}$ 在下一步的设计步骤中通过选取合适的虚拟控制器 α_{4j} 来处理。

因此，通过把式 (7.20) 代入式 (7.19)，$\dot{V}_2$ 能改写成如下形式：

$$\dot{V}_2 = -z_{1*}^{\mathrm{T}} L z_{1*} - z_{2*}^{\mathrm{T}} \mathrm{diag}(c_{2*}) z_{2*} + \sum_{j=1}^{m} z_{2j} z_{3j} \tag{7.21}$$

式中，$c_{2*} = [c_{21}, c_{22}, \cdots, c_{2m}]^{\mathrm{T}}$。

设计步骤 $i(1 \leqslant i \leqslant n-1)$：采用类似于设计步骤一和二的方法，可推导得

$$\begin{aligned}
\dot{z}_{ij} &= x_{(i+1)j} - \dot{\alpha}_{ij} \\
&= z_{(i+1)j} + \alpha_{(i+1)j} - \sum_{k=1}^{i-1} \frac{\partial \alpha_{ij}}{\partial x_{kj}} x_{(k+1)j} \\
&\quad - \sum_{k=1}^{i-1} \sum_{l \in \mathcal{N}_j} \frac{\partial \alpha_{ij}}{\partial x_{kl}} x_{(k+1)l}
\end{aligned} \tag{7.22}$$

在式 (7.22) 中, 设计虚拟控制器 $\alpha_{(i+1)j}$ 用于保证多智能体的第 i 阶 $(1 < i < n-1)$ 子系统状态的一致性, 即当 $1 \leqslant j \leqslant m$ 和 $1 \leqslant k \leqslant n-1$ 时, 使得 $\lim\limits_{t \to \infty} z_{kj} = 0$。

利用如下的李雅普诺夫函数:

$$V_i = V_{i-1} + \frac{1}{2} z_{i*}^{\mathrm{T}} z_{i*} \tag{7.23}$$

值得注意的是, 式 (7.23) 中的 V_{i-1} 可在控制迭代步骤第 $i-1$ 步完成设计。对李雅普诺夫函数 V_i 求导, 利用第 i 步设计步骤中得到的 V_{i-1} 以及式 (7.22), 可推导得

$$\begin{aligned}
\dot{V}_i &= \dot{V}_{i-1} + \sum_{j=1}^{m} z_{ij} \dot{z}_{ij} \\
&= -z_{1*}^{\mathrm{T}} L z_{1*} - \sum_{j=2}^{i-1} z_{j*}^{\mathrm{T}} \mathrm{diag}(c_{j*}) z_{j*} \\
&\quad + \sum_{j=1}^{m} z_{(i-1)j} z_{ij} + \sum_{j=1}^{m} z_{ij} \left[-\sum_{k=1}^{i-1} \frac{\partial \alpha_{ij}}{\partial x_{kj}} x_{(k+1)j} \right. \\
&\quad \left. + z_{(i+1)j} + \alpha_{(i+1)j} - \sum_{k=1}^{i-1} \sum_{l \in \mathcal{N}_j} \frac{\partial \alpha_{ij}}{\partial x_{kl}} x_{(k+1)l} \right]
\end{aligned} \tag{7.24}$$

设计虚拟控制器 $\alpha_{(i+1)j}$:

$$\begin{aligned}
\alpha_{(i+1)j} &= -z_{(i-1)j} - c_{ij} z_{ij} + \sum_{k=1}^{i-1} \frac{\partial \alpha_{ij}}{\partial x_{kj}} x_{(k+1)j} \\
&\quad + \sum_{k=1}^{i-1} \sum_{l \in \mathcal{N}_j} \frac{\partial \alpha_{ij}}{\partial x_{kl}} x_{(k+1)l}
\end{aligned} \tag{7.25}$$

式中, c_{ij} 是满足 $c_{ij} > 0$ 的设计参数。

把式 (7.25) 代入 $\dot{V}_i$, 可得

$$\dot{V}_i = -z_{1*}^{\mathrm{T}} L z_{1*} - \sum_{j=2}^{i} z_{j*}^{\mathrm{T}} \mathrm{diag}(c_{j*}) z_{j*} + \sum_{j=1}^{m} z_{ij} z_{(i+1)j} \tag{7.26}$$

式中, $c_{i*} = [c_{i1}, c_{i2}, \cdots, c_{im}]^{\mathrm{T}}$。

设计步骤 N: 在最后一个设计步骤中, 利用模糊逻辑系统的万能逼近性质估计智能体系统 (7.3b) 的未知非线性函数项 $f_j(x_j)$。定义最小逼近误差 $\varepsilon_j = f_j(x_j) - f_j(x_j | \theta_j^*)$, 其中 $f_j(x_j | \theta_j^*) = \theta_j^{*\mathrm{T}} \phi_j(x_j)$, θ_j^* 是最优模糊参数向量。基于模糊逻辑系统 (7.7) 和 (7.9), 可用 $\hat{f}_j(x_j) = \hat{\theta}_j^{\mathrm{T}} \phi_j(x_j)$ 估计 $f_j(x_j | \theta_j^*)$, 其中 $\hat{\theta}_j$ 是 θ_j^* 的估计值, $\phi_j(x_j) = [\phi_{1j}(x_j), \cdots, \phi_{nj}(x_j)]^{\mathrm{T}}$ 是一组回归向量。

假设 7.3 [221, 222] 存在一个已知的正常数 $\bar{\varepsilon}_j$，使得 $|\varepsilon_j| \leqslant \bar{\varepsilon}_j$。

注 7.2 由引理 7.1，模糊逻辑系统对任意连续函数具有万能逼近性质。由此，在假设 7.3 中，假定最小模糊逼近误差 ε_j $(j = 1, \cdots, m)$ 有界，且上界为 $\bar{\varepsilon}_j$(参见文献 [221]、[222] 及其所引文献)。然而，在许多实际问题中，上界 $\bar{\varepsilon}_j$ 的值常常难以确定。特别是在某些文献中[223, 224]，采用自适应方法在线估计上界值。本书将在第 8 章详细讨论参数 $\bar{\varepsilon}_j$ 未知情况下的控制器设计问题。

利用设计步骤 1 到 $n-1$ 步的结果，可得

$$
\begin{aligned}
\dot{z}_{nj} &= u_j + f_j(x_j) + \zeta_j - \dot{\alpha}_{nj} \\
&= -\sum_{k=1}^{n-1} \frac{\partial \alpha_{nj}}{\partial x_{kj}} x_{(k+1),j} - \sum_{k=1}^{n-1}\sum_{l \in \mathcal{N}_j} \frac{\partial \alpha_{nj}}{\partial x_{kl}} x_{(k+1),l} \\
&\quad + f_j(x_j|\theta_j^*) + \varepsilon_j + \zeta_j + u_j
\end{aligned} \tag{7.27}
$$

进一步，选择第 n 个李雅普诺夫函数 V_n：

$$
V_n = V_{n-1} + \frac{1}{2} z_{n*}^{\mathrm{T}} z_{n*} + \frac{1}{2}\sum_{j=1}^{m} \tilde{\theta}_j^{\mathrm{T}} \Gamma_j^{-1} \tilde{\theta}_j \tag{7.28}
$$

式中，$\tilde{\theta}_j = \theta_j^* - \hat{\theta}_j$ 是模糊系统调节参数的误差向量。

利用式 (7.26) 和式 (7.27)，对 V_n 求导，可得

$$
\begin{aligned}
\dot{V}_n &= \dot{V}_{n-1} + \sum_{j=1}^{m} z_{nj}\dot{z}_{nj} + \sum_{j=1}^{m} \tilde{\theta}_j^{\mathrm{T}} \Gamma_j^{-1}\dot{\tilde{\theta}}_j \\
&= -z_{1*}^{\mathrm{T}} L z_{1*} - \sum_{i=2}^{n-1} z_{i*}^{\mathrm{T}}\mathrm{diag}(c_{i*})z_{i*} + \sum_{j=1}^{m} z_{(n-1)j}z_{nj} \\
&\quad + \sum_{j=1}^{m} z_{nj}\left[u_j + f_j(x_j|\theta_j^*) + \varepsilon_j - \sum_{k=1}^{n-1}\frac{\partial\alpha_{nj}}{\partial x_{kj}}x_{(k+1)j} \right. \\
&\quad \left. - \sum_{k=1}^{n-1}\sum_{l\in\mathcal{N}_j}\frac{\partial\alpha_{nj}}{\partial x_{kl}}x_{(k+1)l} + \zeta_j \right] + \sum_{j=1}^{m}\tilde{\theta}_j^{\mathrm{T}}\Gamma_j^{-1}\dot{\tilde{\theta}}_j
\end{aligned} \tag{7.29}
$$

设计如下的自适应律：

$$
\dot{\hat{\theta}}_j = \Gamma_j z_{nj}\phi_j \tag{7.30}
$$

式中，Γ_j 是正定矩阵，值得注意的是，z_{nj} 只含有局部状态信息。

设计如下的分布式控制器:

$$u_j = -z_{(n-1)j} - c_{nj}z_{nj} + \sum_{k=1}^{n-1} \frac{\partial \alpha_{nj}}{\partial x_{kj}} x_{(k+1)j}$$

$$+ \sum_{k=1}^{n-1} \sum_{l \in \mathcal{N}_j} \frac{\partial \alpha_{nj}}{\partial x_{kl}} x_{(k+1)l} - \hat{\theta}_j^{\mathrm{T}} \phi_j(x_j)$$

$$-\bar{\epsilon}_j \mathrm{sgn}(z_{nj}) \tag{7.31}$$

式中, 鲁棒项 $-\bar{\epsilon}_j\mathrm{sgn}(z_{nj})$ 用于消除模糊逻辑系统逼近误差以及外部扰动影响, 且 $\bar{\epsilon}_j \geqslant \bar{\varepsilon}_j + \bar{\zeta}_j$。

把式 (7.30) 和式 (7.31) 代入式 (7.29), 可得

$$\dot{V}_n = -z_{1*}^{\mathrm{T}} L z_{1*} - \sum_{i=2}^{n} z_{i*}^{\mathrm{T}} \mathrm{diag}(c_{i*}) z_{i*}$$

$$+ \sum_{j=1}^{m} z_{nj}[f_j(x_j|\theta_j^*) - \hat{f}_j(x_j) - \bar{\epsilon}_j \mathrm{sgn}(z_{nj})$$

$$+ \varepsilon_j + \zeta_j] + \sum_{j=1}^{m} \tilde{\theta}_j^{\mathrm{T}} \Gamma_j^{-1} \dot{\tilde{\theta}}_j$$

$$= -z_{1*}^{\mathrm{T}} L z_{1*} - \sum_{i=2}^{n} z_{i*}^{\mathrm{T}} \mathrm{diag}(c_{i*}) z_{i*}$$

$$+ \sum_{j=1}^{m} z_{nj}[\theta_j^{*\mathrm{T}} \phi_j(x_j) - \hat{\theta}_j^{\mathrm{T}} \phi_j(x_j) - \bar{\epsilon}_j \mathrm{sgn}(z_{nj})$$

$$+ \varepsilon_j + \zeta_j] + \sum_{j=1}^{m} \tilde{\theta}_j^{\mathrm{T}} \Gamma_j^{-1} \dot{\tilde{\theta}}_j$$

$$\leqslant -z_{1*}^{\mathrm{T}} L z_{1*} - \sum_{i=2}^{n} z_{i*}^{\mathrm{T}} \mathrm{diag}(c_{i*}) z_{i*} + \sum_{j=1}^{m} z_{nj}(\varepsilon_j + \zeta_j)$$

$$+ \sum_{j=1}^{m} z_{nj}\tilde{\theta}_j^{\mathrm{T}} \phi_j(x_j) + \sum_{j=1}^{m} \tilde{\theta}_j^{\mathrm{T}} \Gamma_j^{-1} \dot{\tilde{\theta}}_j - \sum_{j=1}^{m} \bar{\epsilon}_j |z_{nj}|$$

$$\leqslant -z_{1*}^{\mathrm{T}} L z_{1*} - \sum_{i=2}^{n} z_{i*}^{\mathrm{T}} \mathrm{diag}(c_{i*}) z_{i*} + \sum_{j=1}^{m} (\bar{\varepsilon}_j + \bar{\zeta}_j)|z_{nj}|$$

$$- \sum_{j=1}^{m} \bar{\epsilon}_j |z_{nj}| \leqslant 0 \tag{7.32}$$

定理 7.1 高阶非线性多智能体系统 (7.3) 在满足假设 (7.1)~假设 (7.3) 的前提下，利用分布式控制器 (7.31) 和分布式自适应律 (7.30)，对于多智能体系统 (7.3)，能保证控制目标 (7.4) 的实现，即 Brunovsky 型高阶非线性多智能体系统状态最终实现一致性。

证明 通过上述控制器设计步骤定义的李雅普诺夫函数 (7.28)，可得式 (7.32)。依据 θ_j 的有界性，可知 $z_{i*} \in \mathcal{L}^\infty$、$\tilde{\theta}_j \in \mathcal{L}^\infty$ 和 $\hat{\theta}_j$ 有界。从式 (7.5)、式 (7.6) 和式 (7.14)，可得 x_{1j}、α_{2j} 和 x_{2j} 有界，进一步，由式 (7.20) 可得 α_{3j} 有界。经过上述论证，利用式 (7.16)、式 (7.19)、式 (7.24)、式 (7.29)、式 (7.32) 以及 ϕ_j 和 Γ_j 的定义，可得 $\dot{z}_{i*}$ 和 $\dot{\tilde{\theta}}_j$ 有界。通过对式 (7.32) 求微分，可得 $\ddot{V}_n$ 有界，即意味着 $\dot{V}_n$ 一致连续。利用 Barbalat 引理可得，当 $t \to \infty$ 时，有 $\dot{V}_n \to 0$。即 $\lim\limits_{t\to\infty} z_{1*}^{\mathrm{T}} L z_{1*} = 0$ 和 $\lim\limits_{t\to\infty} z_{l*} = 0_m (2 \leqslant l \leqslant n)$。利用 $\lim\limits_{t\to\infty} z_{2*} = 0_m$，则式 (7.11) 变换为 $\dot{z}_{1j} = -\sum\limits_{l \in \mathcal{N}_j} a_{jl}(z_{1j} - z_{1l})$，此式意味着 $\dot{x}_{1j} = -\sum\limits_{l \in \mathcal{N}_j} a_{jl}(x_{1j} - x_{1l})$。因此，由文献 [101] 的引理 5.10 可证得一致性可达，例如，对于所有的 $x_{1j}(0)$ 和 $i, j = 1, \cdots, m$，当 $t \to \infty$ 时，有 $|x_{1i} - x_{1j}| \to 0$。根据 $L1_m = 0_m$，对于一些 $a \in \mathbb{R}$，可得 $\lim\limits_{t\to\infty} Lx_{1*} = 0_m$ 和 $\lim\limits_{t\to\infty} x_{1*} = a1_m$。定义 $\bar{x}_1 = \dfrac{1}{n}\sum\limits_{j=1}^{m} x_{1j}$ 为第一阶状态的平均值，可得 $\dot{\bar{x}}_1 = \dfrac{1}{n}\sum\limits_{j=1}^{m} \dot{x}_{1j} = -\dfrac{1}{n}1_m^{\mathrm{T}} L x_{1*} = 0$，那么 $\dot{\bar{x}}_1 = \dfrac{1}{n}\sum\limits_{j=1}^{m} x_{1j}(0)$，即 $a = \dfrac{1}{n}\sum\limits_{j=1}^{m} x_{1j}(0)$，则证得一阶状态可达平均一致。当 $\lim\limits_{t\to\infty}(x_{1i} - x_{1j}) = 0$ 时，可得，当 $t \to \infty$ 时，$\alpha_{2j} \to 0$，因此从式 (7.12) 和式 (7.16) 可证得 $x_{2j} \to 0$。根据如上的证明步骤，可进一步得到当 $t \to \infty$ $(i = 3, \cdots, n)$ 时，有 $x_{ij} \to 0$。 $\square$

注 7.3 本章设计的控制器中含有符号函数项，这将造成控制抖振现象。这种情况可通过在切换面设计合适的边界层，使不连续控制平滑化的方法予以纠正，即在邻近开关表面形成一层边界层。为了消除抖振，将控制器 (7.31) 中的符号函数用如下的饱和函数代替：

$$\mathrm{sat}(z_{nj}) = \begin{cases} 1, & z_{nj}/\varphi_j \geqslant 1 \\ z_{nj}/\varphi_j, & -1 < z_{nj}/\varphi_j < 1 \\ -1, & z_{nj}/\varphi_j \leqslant -1 \end{cases}$$

式中，$\varphi_j > 0$ 是夹层带厚度。虽然夹层带会导致微小的终端跟踪误差，但是其在实际应用中具有重要意义[225]。

注 7.4 模糊逻辑系统和神经网络都具有万能逼近特性，这两种技术都可以有效估计紧集上的连续函数。然而，高阶非线性系统往往附加着有价值的先验知识，特别是在非线性系统的线性化和系统降阶近似过程中产生的先验知识。因此，模糊逻辑系统方法相比于神经网络方法，能够更充分地利用先验知识。模糊逻辑系统的训练由常识性的规则库完成，相比之下，神经网络控制需要更多训练，需要更大的计算量。

7.4　数　值　仿　真

本节针对定理 7.1 给出仿真实例来验证提出的分布式模糊自适应控制器的有效性。考虑如图 7.1 所示的含有五个节点的无向网络拓扑 $\mathcal{G}$。动力学模型满足假设 7.1，通信拓扑 $\mathcal{G}$ 满足假设 7.2。为了简化仿真设计，假设非线性网络中互相有通信的节点之间的邻接权重为 1，互相无通信的节点之间的邻接权重为 0。

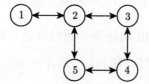

图 7.1　多智能体通信拓扑 $\mathcal{G}$

考虑如下四阶不确定非线性多智能体系统：

$$\dot{x}_{1j} = x_{2j}$$

$$\dot{x}_{2j} = x_{3j}$$

$$\dot{x}_{3j} = x_{4j}$$

$$\dot{x}_{4j} = u_j + f_j(x_{1j}, x_{2j}, x_{3j}, x_{4j}) + \zeta_j(t)$$

式中

$$\dot{x}_{41} = u_1 + 0.2(x_{11} + x_{41}) + 0.3\sin\left(\frac{t}{5}\right) + 6\cos(6t)$$

$$\dot{x}_{42} = u_2 + (x_{12} + x_{22} - 1)^2 + 0.3\sin\left(\frac{t}{5}\right) + 3\sin(2t)$$

$$\dot{x}_{43} = u_3 + 0.3\cos(x_{13} + x_{23}) + 0.3\sin\left(\frac{t}{5}\right) + 1$$

$$\dot{x}_{44} = u_4 + 0.2\sin(x_{14} + x_{24}) + \cos(3t) - \sin(t) + 0.2$$

$$\dot{x}_{45} = u_5 + 0.2\sin(x_{15}) + \cos(2t)$$

多智能体系统外部扰动模型和初始状态信息如下:

$$x_{1j}(0) = [1, 0.3, 1, -0.5]^{\mathrm{T}}$$

$$x_{2j}(0) = [-0.5, 1, 1, -1]^{\mathrm{T}}$$

$$x_{3j}(0) = [1.5, -1, -0.2, 3]^{\mathrm{T}}$$

$$x_{4j}(0) = [-0.2, -1, 0.1, 1]^{\mathrm{T}}$$

$$x_{5j}(0) = [-1.75, -0.2, 0.1, 0.2]^{\mathrm{T}}$$

定义如下的模糊隶属度函数:

$$\mu_{F_4^l}(x_{1j}, x_{2j}, x_{3j}, x_{4j})$$

$$= \exp[-(x_{1j} - 3 + l)^2/2] \times \exp[-(x_{2j} - 3 + l)^2/2]$$

$$\times \exp[-(x_{3j} - 3 + l)^2/2] \times \exp[-(x_{4j} - 3 + l)^2/2], \quad l = 1, \cdots, 5$$

采用如下的模糊基函数:

$$\phi_{4p}(x_{1j}, x_{2j}, x_{3j}, x_{4j}) = \frac{\exp\left[\dfrac{-(x_{1j} - 3 + p)^2}{2}\right] \times \cdots \times \exp\left[\dfrac{-(x_{4j} - 3 + p)^2}{2}\right]}{\displaystyle\sum_{n=1}^{5} \exp\left[\dfrac{-(x_{1j} - 3 + n)^2}{2}\right] \times \cdots \times \exp\left[\dfrac{-(x_{4j} - 3 + n)^2}{2}\right]}$$

式中, $p = 1, \cdots, 5$。

仿真模型对应的模糊逻辑系统表达式可以用如下形式表示:

$$\hat{f}_j(x_j | \theta_j) = \hat{\theta}_j^{\mathrm{T}} \phi_j(x_j)$$

式中, $\hat{\theta}_j^{\mathrm{T}} = [\hat{\theta}_{1j}, \hat{\theta}_{2j}, \hat{\theta}_{3j}, \hat{\theta}_{4j}, \hat{\theta}_{5j}]$, $\phi_j(x_j) = [\phi_{1j}(x_j), \phi_{2j}(x_j), \phi_{3j}(x_j), \phi_{4j}(x_j), \phi_{5j}(x_j)]$。

假定初始参数向量如下:

$$\hat{\theta}_1(0) = [0.01, 0.02, 0.01, 0.01, 0.01]^{\mathrm{T}}$$

$$\hat{\theta}_2(0) = [0.1, -0.01, 0.02, 0.05, 0.02]^{\mathrm{T}}$$

$$\hat{\theta}_3(0) = [0.3, 0.2, -0.3, 0.4, 0.3]^{\mathrm{T}}$$

$$\hat{\theta}_4(0) = [-0.06, 0.03, 0.07, 0.1, -0.02]^{\mathrm{T}}$$

$$\hat{\theta}_5(0) = [0.3, 0.2, -0.3, 0.4, 0.3]^{\mathrm{T}}$$

$\hat{\epsilon}_1(0) = 7.1$, $\hat{\epsilon}_2(0) = 6.1$, $\hat{\epsilon}_3(0) = 6.1$, $\hat{\epsilon}_4(0) = 6.1$, $\hat{\epsilon}_5(0) = 15.1$, $\varGamma_1 = \varGamma_2 = \varGamma_3 = \varGamma_4 = \varGamma_5 = 5.2I$, $\kappa_{11} = \kappa_{12} = \kappa_{13} = \kappa_{14} = \kappa_{15} = 1$, $c_{ij} = 1(i = 2, 3, 4; \ j = 1, \cdots, 5)$。切换面附近的夹层带厚度 $\phi_j(j = 1, \cdots, 5)$ 为 0.05。

图 7.2 表示利用分布式控制器 (7.31)，每个智能体的控制器响应曲线。图 7.3~图 7.6 分别表示各个智能体第一阶至第四阶状态的响应曲线。从图 7.3 可以看出，在如图 7.2 所示的控制器作用下，多智能体系统第一阶状态实现一致。

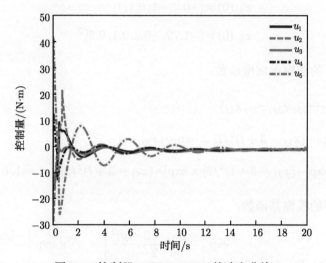

图 7.2　控制器 $u_j(1 \leqslant j \leqslant 5)$ 的响应曲线

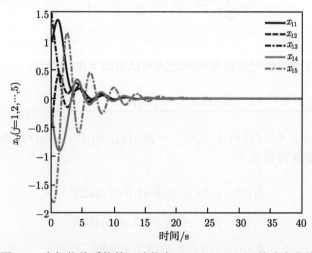

图 7.3　多智能体系统第一阶状态 $x_{1j}(1 \leqslant j \leqslant 5)$ 的响应曲线

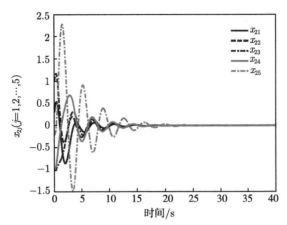

图 7.4 多智能体系统第二阶状态 $x_{2j}(1 \leqslant j \leqslant 5)$ 的响应曲线

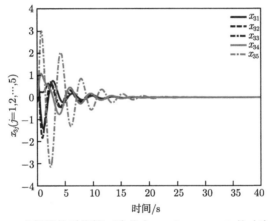

图 7.5 多智能体系统第三阶状态 $x_{3j}(1 \leqslant j \leqslant 5)$ 的响应曲线

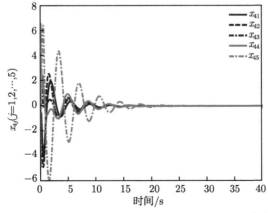

图 7.6 多智能体系统第四阶状态 $x_{4j}(1 \leqslant j \leqslant 5)$ 的响应曲线

上述仿真效果图验证了本章所提出的分布式控制算法对复杂高阶非线性智能体系统一致性协同控制的有效性,即能够实现各独立智能体状态的最终一致,因此上述仿真结果验证了定理 7.1 的有效性。

7.5　结　　论

本章考虑了未建模动态逼近误差上界和未知外部扰动上界已知情况下的 Brunovsky 型高阶非线性多智能体网络的一致性控制问题。假设每个 n 阶智能体动力学模型含有满足局部 Lipschitz 条件的未建模动态,基于分布式 Backstepping 设计框架,本章提出了基于自适应模糊控制、鲁棒控制的分布式控制器,解决了未建模动态逼近误差上界已知情况下的一致性控制问题。利用模糊逻辑系统的万能逼近性质,每个智能体的未知非线性部分可采用模糊逻辑系统进行估计,并用自适应控制实时调节逼近器的线性化参数。由于存在逼近误差,通过设计合理的鲁棒补偿项,可有效消除逼近误差和外界不确定因素的影响,提高系统的鲁棒性能。通过调整控制增益,理论上可以使跟踪误差达到任意精度。本章所研究的控制策略仅用到了智能体与其邻居智能体之间的局部状态信息,有效地解决了 Brunovsky 型高阶非线性智能体系统的一致性控制问题。最后,在仿真实例中利用四阶多智能体系统验证了所研究算法的有效性。

第8章　高阶非线性多智能体分布式自适应鲁棒控制

8.1　研究背景

第 6 章和第 7 章分别讨论了具有参数不确定的高阶非线性多智能体系统在固定无向系统拓扑限制下的参数自适应调节问题，以及基于模糊逻辑系统的万能逼近性质和逼近误差、外部扰动已知上界的分布式自适应和鲁棒一致性控制问题。上述章节中需利用逼近误差上界的先验信息，或采用保守参数设计，即采用较大的鲁棒控制增益才能设计合适的控制器。然而，在许多实际系统中，智能体常处于复杂的工作任务环境，例如，军用无人机、无人车辆系统在对抗环境下的协同，其扰动上界是动态的，很难获得其精确误差上界信息，而依赖保守控制增益的鲁棒控制将对系统的可靠性和精确性造成影响。上述实际系统的动态特性中包含未知参数，且部分参数的上下界很难预先确定，因此在选择系统的界函数时，若采取保守估计易造成控制器饱和，从而降低系统性能。显然，单纯的鲁棒控制难以满足动态扰动环境下的一致性分布式控制要求。

因此，如何处理界函数的不确定性，设计适用于高阶非线性多智能体系统的分布式一致性协同控制律是值得研究的问题。

本章在上述章节研究的基础上，进一步考虑未建模动态逼近误差和扰动精确上界未知情况下的 Brunovsky 型高阶非线性多智能体系统一致性控制问题，设计分布式自适应鲁棒控制器，实现多智能体的一致性协同控制，并分析所研究控制算法在加性故障下的鲁棒性。

8.2　问题描述

现有文献中，Brunovsky 型多智能体系统通常采用假设 8.1 和假设 8.2。

假设 8.1 [216]　对于 $j = 1, \cdots, m$，假设外部扰动 $\zeta_j(t)$ 未知并且有界，即 $|\zeta_j(t)| \leqslant \bar{\zeta}_j$ 且 $\bar{\zeta}_j$ 为已知常数。

假设 8.2 [221, 222]　存在已知正常数 $\bar{\varepsilon}_j$，使得 $|\varepsilon_j| \leqslant \bar{\varepsilon}_j$。

为了实现复杂扰动环境下多智能体系统的一致性协同控制，本章考虑未建模动态逼近误差上界未知和外部扰动上界未知情况下的 Brunovsky 型高阶非线性多智能体系统自适应鲁棒一致性控制问题，简称"动态扰动环境下的高阶非线性多智能体自适应鲁棒控制问题"。

根据上述分析,在固定无向系统拓扑环境下,考虑外部扰动和模糊逼近器误差上界未知情况下的多智能体系统一致性控制问题,提出如下条件假设。

假设 8.3　多智能体系统拓扑 $\mathcal{G}$ 是固定连通拓扑。

假设 8.4　未知外部扰动 $\zeta_j(t)(j=1,\cdots,m)$ 有界,且满足 $|\zeta_j(t)| \leqslant \overline{\zeta}_j$,其中 $\overline{\zeta}_j$ 是未知常数。

假设 8.5 [223, 224]　存在未知正常数 $\bar{\varepsilon}_j$,满足 $|\varepsilon_j| \leqslant \bar{\varepsilon}_j$。

本章考虑一组由 m $(m \geqslant 2)$ 个智能体系统组成的多智能体拓扑 $\mathcal{G}$,拓扑中的智能体 j 由如下的 Brunovsky 非线性模型表示:

$$\dot{x}_{ij} = x_{(i+1)j} \tag{8.1a}$$

$$\dot{x}_{nj} = u_j + f_j(x_j) + \zeta_j(t) \tag{8.1b}$$

式中,$i=1,\cdots,n-1$;$x_{ij} \in \mathbb{R}$ 是第 j 个智能体的第 i 阶状态;$x_j = [x_{1j},\cdots,x_{nj}]^{\mathrm{T}} \in \mathbb{R}^n$ 表示第 j 个智能体的状态向量;未知非线性动力学 $f_j(x_j) : \mathbb{R}^n \to \mathbb{R}$ 满足局部 Lipschitz 条件,并且 $f_j(0) = 0$;$u_j \in \mathbb{R}$ 是第 j 个智能体的控制协议;$\zeta_j(t) \in \mathbb{R}$ 表示未知有界外部扰动,如噪声等。

本章的控制目标:多智能体系统在满足假设 8.3 ~ 假设 8.5,即 $\bar{\varepsilon}_j, \overline{\zeta}_j$ 未知前提条件下,利用多智能体拓扑的局部状态信息,设计分布式协同控制器,保证多智能体系统 (8.1) 达到状态一致,即

$$\text{对于 } j,l=1,\cdots,m, \text{ 当 } t \to \infty \text{时, 有} |x_{1j} - x_{1l}| \to 0 \tag{8.2a}$$

$$\text{对于 } i=2,\cdots,n, \text{ 当 } t \to \infty \text{时, 有} x_{ij} \to 0 \tag{8.2b}$$

8.3　自适应鲁棒一致性控制

在第 6 章和第 7 章所提出的分布式 Backstepping 设计框架的基础上,定义如下的分布式误差系统 $z_{*j} = [z_{1j}, z_{2j}, \cdots, z_{nj}]^{\mathrm{T}}$:

$$z_{1j} = x_{1j} \tag{8.3}$$

$$z_{ij} = x_{ij} - \alpha_{ij}, \quad 2 \leqslant i \leqslant n \tag{8.4}$$

式中,$j=1,\cdots,m$,α_{ij} 是 Backstepping 迭代过程中待设计的虚拟控制器,且 z_{*j} 和 α_{ij} 都只含有局部状态信息。

首先,利用上述定义的误差系统耦合智能体系统拓扑信息,采用分布式 Backstepping 迭代设计,分别得到误差系统导数、虚拟控制器以及李雅普诺夫函数微分表达式。

其中，在第 1 步、第 2 步和第 i 步的迭代设计过程中得到如下误差系统导数。

第 1 步迭代设计中求得第一个误差系统导数：

$$\dot{z}_{1j} = -\sum_{l \in \mathcal{N}_j}(z_{1j} - z_{1l}) + z_{2j} \qquad (8.5)$$

第 2 步迭代设计中求得第二个误差系统导数：

$$\begin{aligned} \dot{z}_{2j} &= x_{3j} - \dot{\alpha}_{2j} \\ &= z_{3j} + \alpha_{3j} - \frac{\partial \alpha_{2j}}{\partial x_{1j}}x_{2j} - \sum_{l \in \mathcal{N}_j}\frac{\partial \alpha_{2j}}{\partial x_{1l}}x_{2l} \end{aligned} \qquad (8.6)$$

第 i 步迭代设计中求得第 i 个误差系统导数：

$$\begin{aligned} \dot{z}_{ij} &= x_{(i+1)j} - \dot{\alpha}_{ij} \\ &= z_{(i+1)j} + \alpha_{(i+1)j} - \sum_{k=1}^{i-1}\frac{\partial \alpha_{ij}}{\partial x_{kj}}x_{(k+1)j} \\ &\quad - \sum_{k=1}^{i-1}\sum_{l \in \mathcal{N}_j}\frac{\partial \alpha_{ij}}{\partial x_{kl}}x_{(k+1)l} \end{aligned} \qquad (8.7)$$

第 1 步迭代设计中求得第一个虚拟控制器如下：

$$\alpha_{2j} = -\sum_{l \in \mathcal{N}_j}a_{jl}(z_{1j} - z_{1l}) \qquad (8.8)$$

第 2 步迭代设计中求得第二个虚拟控制器如下：

$$\alpha_{3j} = -z_{1j} - c_{2j}z_{2j} + \frac{\partial \alpha_{2j}}{\partial x_{1j}}x_{2j} + \sum_{l \in \mathcal{N}_j}\frac{\partial \alpha_{2j}}{\partial x_{1l}}x_{2l} \qquad (8.9)$$

第 i 步迭代设计中求得第 i 个虚拟控制器如下：

$$\begin{aligned} \alpha_{(i+1)j} &= -z_{(i-1)j} - c_{ij}z_{ij} + \sum_{k=1}^{i-1}\frac{\partial \alpha_{ij}}{\partial x_{kj}}x_{(k+1)j} \\ &\quad + \sum_{k=1}^{i-1}\sum_{l \in \mathcal{N}_j}\frac{\partial \alpha_{ij}}{\partial x_{kl}}x_{(k+1)l} \end{aligned} \qquad (8.10)$$

在第 i 步设计如下李雅普诺夫函数：

$$V_i = V_{i-1} + \frac{1}{2}z_{i*}^{\mathrm{T}}z_{i*} \qquad (8.11)$$

对其求导可得

$$\dot{V}_i = -z_{1*}^{\mathrm{T}}Lz_{1*} - \sum_{j=2}^{i} z_{j*}^{\mathrm{T}}\mathrm{diag}(c_{j*})z_{j*} + \sum_{j=1}^{m} z_{ij}z_{(i+1)j} \tag{8.12}$$

式中，$c_{j*} = [c_{j1}, c_{j2}, \cdots, c_{jm}]^{\mathrm{T}}$。

$$\dot{V}_i = \dot{V}_{i-1} + \sum_{j=1}^{m} z_{ij}\dot{z}_{ij}$$

$$= -z_{1*}^{\mathrm{T}}Lz_{1*} - \sum_{j=2}^{i-1} z_{j*}^{\mathrm{T}}\mathrm{diag}(c_{j*})z_{j*}$$

$$+ \sum_{j=1}^{m} z_{(i-1)j}z_{ij} + \sum_{j=1}^{m} z_{ij}\left[-\sum_{k=1}^{i-1} \frac{\partial \alpha_{ij}}{\partial x_{kj}}x_{(k+1)j}\right.$$

$$\left. + z_{(i+1)j} + \alpha_{(i+1)j} - \sum_{k=1}^{i-1}\sum_{l\in\mathcal{N}_j} \frac{\partial \alpha_{ij}}{\partial x_{kl}}x_{(k+1)l}\right] \tag{8.13}$$

在最后一步迭代设计中，利用模糊逻辑系统万能逼近器估计多智能体系统 (8.1) 的未知非线性函数 $f_j(x_j)$。定义最小逼近误差 $\varepsilon_j = f_j(x_j) - f_j(x_j|\theta_j^*)$，其中 $f_j(x_j|\theta_j^*) = \theta_j^{*\mathrm{T}}\phi_j(x_j)$，$\theta_j^*$ 是最优模糊参数向量。基于模糊逻辑系统 (7.7) 和 (7.9)，可用 $\hat{f}_j(x_j) = \hat{\theta}_j^{\mathrm{T}}\phi_j(x_j)$ 估计 $f_j(x_j|\theta_j^*)$，其中 $\hat{\theta}_j$ 是 θ_j^* 的估计值，$\phi_j(x_j) = [\phi_{1j}(x_j), \cdots, \phi_{nj}(x_j)]^{\mathrm{T}}$ 是一组回归向量。

在最后一步的迭代过程中，设计误差 $z_{nj}' = z_{nj} - \varphi_j\mathrm{sat}(z_{nj})$，其中 $\varphi_j > 0$。

设计分布式控制器和自适应律如下：

$$\dot{\hat{\theta}}_j = \Gamma_j z_{nj}'\phi_j(x_j) \tag{8.14}$$

$$\dot{\hat{\epsilon}}_j = \kappa_{1j}|z_{nj}'| \tag{8.15}$$

$$u_j = -z_{(n-1)j} - c_{nj}z_{nj}' + \sum_{k=1}^{n-1} \frac{\partial \alpha_{nj}'}{\partial x_{kj}}x_{(k+1)j}$$

$$+ \sum_{k=1}^{n-1}\sum_{l\in\mathcal{N}_j} \frac{\partial \alpha_{nj}'}{\partial x_{kl}}x_{(k+1)l} - \hat{\theta}_j^{\mathrm{T}}\phi_j(x_j)$$

$$- \hat{\epsilon}_j\mathrm{sat}(z_{nj}) \tag{8.16}$$

$$\alpha_{nj}' = -z_{(n-2)j} - c_{(n-1)j}z_{(n-1)j} - \varphi_j\mathrm{sgn}(z_{(n-1)j})$$

$$+ \sum_{k=1}^{i-1} \frac{\partial \alpha_{ij}}{\partial x_{kj}}x_{(k+1)j} + \sum_{k=1}^{i-1}\sum_{l\in\mathcal{N}_j} \frac{\partial \alpha_{ij}}{\partial x_{kl}}x_{(k+1)l} \tag{8.17}$$

式中，κ_{1j} 表示正的设计参数。

8.4 主要结论和系统稳定性分析

定理 8.1 高阶非线性多智能体系统 (8.1) 在满足假设 8.3 ~ 假设 8.5 的前提下，利用分布式控制器 (8.16) 和分布式自适应律 (8.14) 和 (8.15)，能保证控制目标 (8.2) 的实现，即 Brunovsky 型高阶非线性多智能体系统 (8.1) 状态能最终实现渐近一致性，且 $t \to \infty$ 时，$|x_{nj}| < \varphi_j$。

证明 定理 8.1 的证明步骤 $1 \sim (n-2)$ 与定理 7.1 相同，下面从第 $n-1$ 步设计开始分析。在第 $n-1$ 步，重新定义 α_{nj} 为 α'_{nj}。定义李雅普诺夫函数 $V_{n-1} = V_{n-2} + \frac{1}{2} z_{(n-1)*}^{\mathrm{T}} z_{(n-1)*}$。对 V_{n-1} 求导，可得

$$
\begin{aligned}
\dot{V}_{n-1} = &-z_{1*}^{\mathrm{T}} L z_{1*} - \sum_{j=2}^{n-2} z_{j*}^{\mathrm{T}} \mathrm{diag}(c_{j*}) z_{j*} \\
&+ \sum_{j=1}^{m} z_{(n-2)j} z_{(n-1)j} + \sum_{j=1}^{m} z_{(n-1)j} \left[-\sum_{k=1}^{n-2} \frac{\partial \alpha_{(n-1)j}}{\partial x_{kj}} x_{(k+1)j} \right. \\
&\left. + z_{nj} + \alpha'_{nj} - \sum_{k=1}^{n-2} \sum_{l \in \mathcal{N}_j} \frac{\partial \alpha_{(n-1)j}}{\partial x_{kl}} x_{(k+1)l} \right]
\end{aligned}
\tag{8.18}
$$

将式 (8.17) 代入 $\dot{V}_{n-1}$，可得

$$
\begin{aligned}
\dot{V}_{n-1} = &-z_{1*}^{\mathrm{T}} L z_{1*} - \sum_{j=2}^{n-1} z_{j*}^{\mathrm{T}} \mathrm{diag}(c_{j*}) z_{j*} \\
&+ \sum_{j=1}^{m} z_{(n-1)j} z_{nj} - \sum_{j=1}^{m} \varphi_j |z_{(n-1)j}|
\end{aligned}
\tag{8.19}
$$

在第 n 步，定义如下李雅普诺夫函数 V'_n：

$$
V'_n = V_{n-1} + \frac{1}{2} z_{n*}^{\prime \mathrm{T}} z_{n*}' + \frac{1}{2} \sum_{j=1}^{m} \tilde{\theta}_j^{\mathrm{T}} \Gamma_j^{-1} \tilde{\theta}_j + \frac{1}{2} \sum_{j=1}^{m} \kappa_{1j}^{-1} \tilde{\epsilon}_j^2
\tag{8.20}
$$

式中，$z_{n*}' = [z_{n1}', z_{n2}', \cdots, z_{nm}']^{\mathrm{T}}$，$\tilde{\epsilon}_j = \bar{\epsilon}_j - \hat{\epsilon}_j$。

根据饱和函数的性质可得，当 $|z_{nj}| < \varphi_j$ 时，$|z_{nj}'| = 0$；当 $|z_{nj}| \geqslant \varphi_j$ 时，$|z_{nj}'| = z_{nj}' \mathrm{sat}(z_{nj})$，以及 $\dot{z}_{nj}' = \dot{z}_{nj}$。利用分布式自适应律 (8.14)、(8.15) 和分布式控制器 (8.16)，有如下结论：

$$
\begin{aligned}
\dot{V}'_n = & -z_{1*}^{\mathrm{T}} L z_{1*} - \sum_{i=2}^{n-1} z_{i*}^{\mathrm{T}} \mathrm{diag}(c_{i*}) z_{i*} - \sum_{j=1}^{m} \varphi_j |z_{(n-1)j}| \\
& - z_{n*}'^{\mathrm{T}} \mathrm{diag}(c_{n*}) z_{n*}' + \sum_{j=1}^{m} \varphi_j z_{(n-1)j} \mathrm{sat}(z_{nj}) \\
& + \sum_{j=1}^{m} z_{nj}' [\theta_j^{*\mathrm{T}} \phi_j(x_j) - \hat{\theta}_j^{\mathrm{T}} \phi_j(x_j) - \hat{\epsilon}_j \mathrm{sat}(z_{nj}) \\
& + \varepsilon_j + \zeta_j] + \sum_{j=1}^{m} \tilde{\theta}_j^{\mathrm{T}} \Gamma_j^{-1} \dot{\hat{\theta}}_j + \sum_{j=1}^{m} \kappa_{1j}^{-1} \tilde{\epsilon}_j \dot{\hat{\epsilon}}_j \\
\leqslant & -z_{1*}^{\mathrm{T}} L z_{1*} - \sum_{i=2}^{n-1} z_{i*}^{\mathrm{T}} \mathrm{diag}(c_{i*}) z_{i*} - \sum_{j=1}^{m} \varphi_j |z_{(n-1)j}| \\
& - z_{n*}'^{\mathrm{T}} \mathrm{diag}(c_{n*}) z_{n*}' + \sum_{j=1}^{m} \varphi_j |z_{(n-1)j}| \\
& + \sum_{j=1}^{m} z_{nj}' \tilde{\theta}_j^{\mathrm{T}} \phi_j(x_j) + \sum_{j=1}^{m} \tilde{\epsilon}_j |z_{nj}'| \\
& + \sum_{j=1}^{m} \tilde{\theta}_j^{\mathrm{T}} \Gamma_j^{-1} \dot{\hat{\theta}}_j + \sum_{j=1}^{m} \kappa_{1j}^{-1} \tilde{\epsilon}_j \dot{\hat{\epsilon}}_j \tag{8.21}
\end{aligned}
$$

将式 (8.14) 和式 (8.15) 代入式 (8.21)，得

$$
\begin{aligned}
\dot{V}'_n \leqslant & -z_{1*}^{\mathrm{T}} L z_{1*} - \sum_{i=2}^{n-1} z_{i*}^{\mathrm{T}} \mathrm{diag}(c_{i*}) z_{i*} \\
& - z_{n*}'^{\mathrm{T}} \mathrm{diag}(c_{n*}) z_{n*}' \leqslant 0 \tag{8.22}
\end{aligned}
$$

利用 θ_j^* 和 ε_j 的有界性，可从式 (8.22) 分析得到 $z_{i*} \in \mathcal{L}^{\infty}(i=1,\cdots,n-1$，$z_{n*}' \in \mathcal{L}^{\infty})$、$\tilde{\theta}_j \in \mathcal{L}^{\infty}$、$\tilde{\epsilon}_j \in \mathcal{L}^{\infty}$、$\hat{\theta}_j$ 和 $\hat{\epsilon}_j$ 有界。由 x_{1j}、α_{2j} 和 x_{2j} 的有界性，进一步可推导出 α_{3j} 有界，重复类似步骤，可知 u_j 有界。经过上述论证，利用定理 7.1 稳定性分析中的式 (7.16)、式 (7.19)、式 (7.24) 和本章中的式 (8.19)、式 (8.22) 以及 ϕ_j、Γ_j 和 κ_{1j} 的定义，可得出 $\dot{z}_{i*}(i=1,\cdots,n-1)$、$\dot{z}_{n*}'$、$\dot{\hat{\theta}}_j$ 和 $\dot{\hat{\epsilon}}_j$ 有界。通过对式 (8.22) 求导，可得 $\ddot{V}'_n$ 有界，即意味着 $\dot{V}'_n$ 一致连续。利用 Barbalat 引理，$t \to \infty$，$\dot{V}'_n \to 0$，即 $\lim\limits_{t \to \infty} z_{1*}^{\mathrm{T}} L z_{1*} = 0$、$\lim\limits_{t \to \infty} z_{l*} = 0_m (2 \leqslant l \leqslant n-1)$ 和 $\lim\limits_{t \to \infty} z_{n*}' = 0_m$。根据定理 7.1 的分析过程，易得当 $t \to \infty$ 时，有 $|x_{1j} - x_{1l}| \to 0 (j,l=1,\cdots,m)$，且当 $t \to \infty$ 时，有 $x_{ij} \to 0 (i=2,\cdots,n-1)$。利用下述结论，当 $t \to \infty$ 时，有 $z_{nj}' \to 0$ 和 $\alpha_{nj}' \to 0$，可进一步得到当 $t \to \infty$ 时，有 $|x_{nj}| < \varphi_j$。 $\quad\square$

注 8.1 考虑多智能体系统 (8.1) 的结构特点，本章所提出方案的核心思想是：

在 Backstepping 框架下,将一个复杂的高阶非线性多智能体一致性问题分解为若干个低阶子系统的一致性递归设计问题。其中每一步的设计仅使用局部信息设计虚拟控制器,这给分布式控制器的设计带来许多难度,但在分布式框架下,通过设计一系列李雅普诺夫函数及对应的分布式虚拟控制器和误差,可推导设计出最终的控制器和参数自适应律,上述方法和结论克服了传统 Backstepping 方法必须使用全局状态信息的缺点。

8.5 自适应鲁棒一致性控制器性能分析

定义 8.1 在实际系统中,执行器可能面临故障等问题。考虑如下加性故障:

$$u_k^f = u_k + f_{k,u}(t) \tag{8.23}$$

式中,u_k 是正常控制器分量;$f_{k,u}(t)$ 表示控制器故障分量,其为未知时变可微的有界信号。

假设 8.6 多智能体系统 (8.1) 受加性故障 (8.23) 影响,且未知控制器故障分量和未知外部扰动 $\zeta_j(t)$ 上界满足 $|f_{k,u}(t) + \zeta_j(t)| \leqslant \bar{\zeta}_j$,其中 $\bar{\zeta}_j$ 为已知正常数。

基于定义 8.1 和假设 8.6,考虑 Brunovsky 型高阶非线性多智能体系统的鲁棒控制问题,给出如下推论。

推论 8.1 高阶非线性多智能体系统 (8.1) 满足假设 8.3 ~ 假设 8.5,且受随机性故障 (8.1) 的影响,采用分布式控制器 (8.16) 和分布式自适应鲁棒控制器 (8.14) 及 (8.15),可保证控制目标 (8.2) 的实现,即 Brunovsky 型高阶非线性多智能体系统状态能最终实现渐近一致。

证明 参见定理 8.1 的证明。 □

注 8.2 相比于参数自适应调节方法,传统鲁棒控制相对保守。本章所研究算法的优点是:多智能体系统的不确定性界函数可采用自适应鲁棒控制项补偿,即式 (8.16) 中 $\hat{\epsilon}_j \text{sat}(z_{nj})$ 的设计目的是采用自适应参数进行实时调节,处理系统中总的不确定项。因此,自适应鲁棒控制要比传统鲁棒控制具有更好的跟踪性能和更小的保守性。

8.6 数值仿真

接下来,验证推论 8.1 的有效性,即验证 Brunovsky 型高阶非线性多智能体系统受加性故障影响时,推论 8.1 能否使得多智能体系统 (8.1) 实现状态一致。本章数值仿真考虑如图 8.1 所示的固定无向图,选择类似第 7 章数值仿真的初始值、设计参数和动态扰动模型,特别地,假设第 20s 和 23s 时,智能体 1 和智能体 4 受到

时变加性故障 $3+3\sin(t)$ 和 $-5-\cos(2t)$ 的影响。图 8.2 表示控制器的动态响应曲线，智能体第一阶到第四阶状态响应曲线如图 8.3~图 8.6 所示。

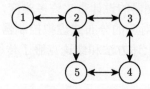

图 8.1　含有五个节点的多智能体拓扑 $\mathcal{G}$

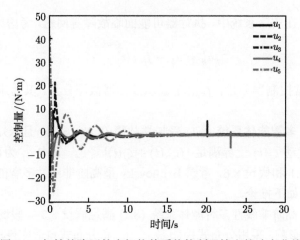

图 8.2　加性故障下的多智能体系统控制器输出的响应曲线

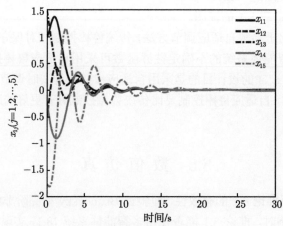

图 8.3　加性故障下的多智能体系统第一阶状态 $x_{1j}(1 \leqslant j \leqslant 5)$ 的响应曲线

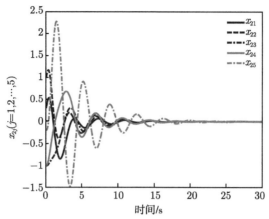

图 8.4　加性故障下的多智能体系统第二阶状态 $x_{2j}(1 \leqslant j \leqslant 5)$ 的响应曲线

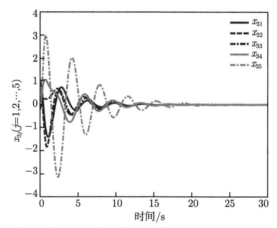

图 8.5　加性故障下的多智能体系统第三阶状态 $x_{3j}(1 \leqslant j \leqslant 5)$ 的响应曲线

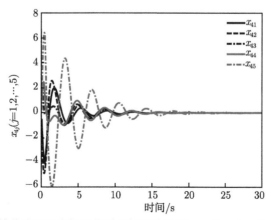

图 8.6　加性故障下的多智能体系统第四阶状态 $x_{4j}(1 \leqslant j \leqslant 5)$ 的响应曲线

　　根据控制器和智能体各阶状态响应曲线可以看出，系统受加性故障影响时，采用本章所研究算法能迅速调节控制器输出抑制故障对系统稳定性的影响，保证了系统的强鲁棒性和容错性能，同时也成功抑制了外部扰动和未建模动态对系统性能的影响，有效实现了控制目标。

8.7　结　　论

　　本章在第 6 章和第 7 章的研究基础上，进一步考虑了一类带有未知动态扰动和未建模动态的高阶非线性多智能体系统一致性协同控制问题。首先在分布式控制的框架下耦合智能体的分布式信息进行 Backstepping 设计，建立多智能体各级动态的分布式误差系统，逐步将高阶多智能体的一致性控制问题转化成多个低阶多智能体一致性控制问题。针对多智能体系统动力学模型中的结构摄动和外界扰动界函数未知问题，应用自适应鲁棒控制技术，通过实现对界函数中未知参数 (上界) 的自适应调节来获得满意的控制性能。此外，采用模糊逻辑系统的万能逼近性质估计高阶非线性系统的未建模动态，采用自适应机制调解模糊逼近器中的线性化参数。本章所设计的分布式自适应鲁棒控制器弱化了系统不确定性的严格条件限制，对智能体系统中存在的强不确定性具有较强的鲁棒性。最后，综合利用图论、李雅普诺夫稳定性理论和 Barbalat 引理给出了闭环系统稳定性的严格证明。

第9章 多任务约束下多智能体协同编队控制

9.1 研究背景

本章综合考虑实际控制需求，研究多任务约束下非线性多智能体系统的协同编队控制问题，重点研究障碍物环境下多智能体的一致性编队协同控制。结合基于零空间的行为控制方法[226-228]、模糊逻辑系统的万能逼近性质、非奇异快速终端滑模控制和自适应机制等思想方法，为各智能体系统设计基于行为控制的自适应模糊协同控制律，解决实际中多任务约束下多智能体系统的任务协调和求解问题，实现队形的高精度协同编队控制，与此同时，要求所研究控制方案保证系统具备鲁棒性和自适应性，不依赖精确的模型信息。

首先，本章将采用基于零空间的行为控制方法，根据不同任务目标的相对重要性，设定不同的任务优先级，例如，当移动机器人朝期望目标运动时，若环境中突然出现一个或多个障碍物，则机器人需优先执行避障任务，因为相对于编队任务，避免与障碍物发生碰撞显然更加重要。此外，在实际应用中，控制目标往往对系统的控制精度和响应速度有一定的要求。有限时间控制理论能够同时提供快速收敛和高精度的优良性能[229]，因此多任务约束下的非线性多智能体系统有限时间协同编队控制研究具有非常重要的理论和现实意义，同时也非常具有挑战性。

9.2 问 题 描 述

考虑由 $n(n \geqslant 2)$ 个非线性智能体组成的多智能体系统，第 i 个智能体的动力学方程为

$$\dot{x}_i = v_i \tag{9.1a}$$

$$\dot{v}_i = f_i(x_i, v_i, t) + u_i \tag{9.1b}$$

式中，$x_i \in \mathbb{R}^n$ 是智能体 i 的位置向量；$v_i \in \mathbb{R}^n$ 是智能体 i 的速度向量；$u_i \in \mathbb{R}^n$ 是控制输入；$f_i(x_i, v_i, t)$ 是定义在 $\mathbb{R}^n$ 上满足局部 Lipschitz 条件的未知函数，假设 $f_i(0) = 0$。

本章控制目标：在有障碍物存在的环境下设计有效的协同控制方案，使二阶非线性多智能体系统 (9.1) 在成功避障的同时完成编队协同任务，且保证系统的跟踪

误差在有限时间内收敛。针对单一编队任务，可采用基于零空间的行为控制方法，预先设计如下形式的编队任务期望速度向量 v_f：

$$v_f = [v_{fi}^{\mathrm{T}}]^{\mathrm{T}} = J_f^{\dagger} \Gamma_f \tilde{p}_f \tag{9.2}$$

式中，i 表示智能体编号；$J_f^{\dagger} = J_f = \mathrm{diagblock}\{A\} \in \mathbb{R}^{mn \times mn}$，符号 $\dagger$ 表示矩阵的伪逆，矩阵 A 的具体形式将在后面详细给出；$\tilde{p}_f$ 是智能体的位置跟踪误差向量。

9.3　多任务约束协调与求解

在有障碍物存在的环境下，多智能体要实现协同编队控制，其首要任务是避免智能体与障碍物之间发生碰撞，特别地，多智能体在编队过程中由于队形变化可能发生碰撞，此时，若相邻智能体之间的距离小于等于最小安全距离，则将其视为障碍物处理。本节将采用基于零空间的行为控制方法，通过设计避障任务的期望速度来严格约束障碍物与智能体的最小安全距离。需要指出的是，当智能体与障碍物之间的相对距离大于最小安全距离时，其避障任务的期望速度为零。当智能体与障碍物之间相对距离大于最小安全距离时，避障任务和编队任务将发生冲突，此时优先执行避障任务。本章所研究控制方案能有效解决多个任务发生冲突的情况，通过有效合并不同任务的期望速度，可实现按照不同任务级别优先完成较高级别任务的目标，并按照这一原则完成后续任务目标。

定义如下可控任务函数 $\rho \in \mathbb{R}^m$：

$$\rho = f(p) \tag{9.3}$$

式中，$p \in \mathbb{R}^m$ 是多智能体系统的广义坐标。

对 ρ 求导得

$$\dot{\rho} = \frac{\partial f(p)}{\partial p} v = J(p)v \tag{9.4}$$

式中，$J \in \mathbb{R}^{m \times n}$ 是任务函数的雅可比矩阵，$v \in \mathbb{R}^n$ 是智能体的速度。

假设 $\rho_d(t)$ 是期望任务函数，对其求导可得最小二乘解：

$$v_d = J^{\dagger} \dot{\rho}_d = J^{\mathrm{T}}(JJ^{\mathrm{T}})^{-1} \dot{\rho}_d \tag{9.5}$$

通常采用如下的 CLIK(closed-loop inverse kinematics) 算法表示期望速度：

$$v_d = J^{\dagger}(\dot{\rho}_d + \Lambda \tilde{\rho}) \tag{9.6}$$

式中，Λ 是正定增益矩阵，$\tilde{\rho} = \rho_d - \rho$ 是任务误差。

由式 (9.6) 可计算出每个任务目标的期望速度:

$$v_j = J_j^\dagger(\dot{\rho}_{j,d} + \Lambda_j \tilde{\rho}_j) \tag{9.7}$$

式中, j 表示第 j 个任务。

以两个任务约束问题为例, 分析两个冲突任务的协调与求解。假设 v_1 为避障任务的期望速度, 为高优先级任务, v_2 为编队任务的期望速度, 为低优先级任务。图 9.1 表示当两个任务 v_1、v_2 发生冲突时, 两个任务速度的零空间投影关系。具体地, 将低优先级任务的期望速度 v_2 投影到高优先级任务期望速度 v_1 的零空间, 以消除低优先级任务与高优先级任务相冲突的期望速度控制分量。最后, 将两个任务的有效期望速度控制分量合并得到最终的期望速度 v_d。

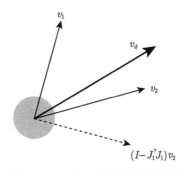

图 9.1 v_2 在 v_1 的零空间投影图

针对如图 9.1 所示的带有两个任务约束的多智能体协同控制系统, 其合并后的期望速度为

$$v_d = v_1 + (I - J_1^\dagger J_1)v_2 \tag{9.8}$$

9.4 多任务切换与编队控制器设计

考虑避障和编队两个任务约束下多智能体系统的协同编队控制, 如图 9.2 所示, 在多智能体网络中需设立一个中心节点作为任务调节器, 用于动态调节不同任务的优先级, 这种拓扑架构限制多智能体网络必须为分散式或星型集中式结构。

第一步, 考虑单个编队任务, 该任务驱动每个智能体到达预定轨迹进而形成编队, 编队任务函数定义为

$$\rho_\varsigma = [(x_1 - x_b)^{\mathrm{T}}, \cdots, (x_n - x_b)^{\mathrm{T}}]^{\mathrm{T}} \tag{9.9}$$

式中, $x_b = \dfrac{1}{n}\displaystyle\sum_{i=1}^{n} x_i$ 是队形中心点坐标。$\rho_{\varsigma,r} = [\rho_{\varsigma,r1}, \cdots, \rho_{\varsigma,rn}]^{\mathrm{T}}$ 表示所有智能体

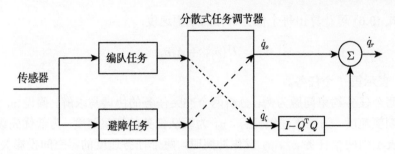

图 9.2　任务调节器切换任务优先级的机制

的期望轨迹, 定义编队任务误差:

$$\tilde{\rho}_\varsigma = \rho_{\varsigma,r} - \rho_\varsigma \tag{9.10}$$

相应编队任务的雅可比矩阵为 $J_\varsigma = [A\ O; O\ A]^{\mathrm{T}} \in \mathbb{R}^{2n \times 2n}$, 其中 O 表示 $n \times n$ 维的零矩阵, 矩阵 A 的具体形式为

$$A = \begin{bmatrix} 1 - \dfrac{1}{n} & -\dfrac{1}{n} & \cdots & -\dfrac{1}{n} \\ -\dfrac{1}{n} & 1 - \dfrac{1}{n} & \cdots & -\dfrac{1}{n} \\ \vdots & \vdots & & \vdots \\ -\dfrac{1}{n} & -\dfrac{1}{n} & \cdots & 1 - \dfrac{1}{n} \end{bmatrix} \in \mathbb{R}^{n \times n} \tag{9.11}$$

函数 $\rho_{\varsigma,r}$ 表示期望的编队队形, 即预先设定的队形, $\rho_{\varsigma,r}$ 中的元素表示每个智能体在中心点参考坐标系下的相对位置坐标。特别地, 当 $\dot{\rho}_{\varsigma,r} = 0$ 时, 编队任务的期望速度 v_ς 为

$$v_\varsigma = J_\varsigma^\dagger \Delta_\varsigma \tilde{\rho}_\varsigma \tag{9.12}$$

式中, J_ς 为对称幂等矩阵, 满足性质 $J_\varsigma^\dagger = J_\varsigma$。

　　第二步, 同时考虑编队和避障两个任务, 避障子任务优先级高于编队子任务。根据图 9.1 和图 9.2 所示的任务协调机制, 合成后的期望速度可用式 (9.13) 表示:

$$\dot{q}_r = \dot{q}_o + (I - J_o^\dagger J_o)\dot{q}_\varsigma \tag{9.13}$$

式中, $\dot{q}_r = [\dot{q}_{1,r}^{\mathrm{T}}, \cdots, \dot{q}_{n,r}^{\mathrm{T}}]^{\mathrm{T}}$, $\dot{q}_o = [\dot{q}_{1,o}^{\mathrm{T}}, \cdots, \dot{q}_{n,o}^{\mathrm{T}}]^{\mathrm{T}} \in \mathbb{R}^{pn}$ 是避障子任务的期望速度。具体地, 第 i 个智能体对应的避障子任务期望速度为 $\dot{q}_{i,o} = Q_{i,o}^\dagger \Delta_{i,o} \tilde{\rho}_{i,o} = (\max\{d_i - \|q_i - q_{i,o}\|, 0\} + \|\dot{q}_i - \dot{q}_{i,o}\|) \times \Delta_{i,o}(\|\tilde{q}_i\|, \|\beta_i(\tilde{q}_i)\|, \|\dot{q}_i\|)\hat{r}_i$, $q_{i,o}$ 和 $\dot{q}_{i,o}$ 分别表示距离第 i 个智能体最近的障碍物位置和速度。$I \in \mathbb{R}^{2n \times 2n}$ 表示单位矩阵, 圆

形区域 $\mathcal{B}_{i,o} = \{q_i, q_{i,o} \in \mathbb{R}^2 : \|q_i - q_{i,o}\| \leqslant d_i\}$ 表示第 i 个智能体的安全区域, d_i 表示第 i 个智能体与障碍物的最小安全距离, $\rho_{i,or} = d_i$ 表示避障任务的期望任务目标, $\rho_{i,o} = (\max\{\|q_i - q_{i,o}\|, d_i\} + d_i - \|\dot{q}_i - \dot{q}_{i,o}\|)$ 为避障任务函数。若避障任务成功实现, 则 $\tilde{\rho}_{i,o} = \rho_{i,or} - \rho_{i,o} > 0$, 否则 $\tilde{\rho}_{i,o} = 0$, $\tilde{\rho}_o = [\tilde{\rho}_{1,o}, \cdots, \tilde{\rho}_{i,o}]^{\mathrm{T}}$ 表示避障子任务函数误差向量。$J_{i,o} = \hat{r}_i^{\mathrm{T}}$ 是避障子任务函数的雅可比矩阵, 其中 $\hat{r}_i = (q_i - q_{i,o})/\|q_i - q_{i,o}\|$, $J_o = [J_{1,o}, \cdots, J_{n,o}] \in \mathbb{R}^{1 \times 2n}$。$\Delta_{i,o}(\|\tilde{q}_i\|, \|\beta_i(\tilde{q}_i)\|, \|\dot{q}_i\|) > 0$ 表示待设计的避障期望速度控制增益项, 其具体形式将在后文中详细给出。$\dot{q}_\varsigma = [\dot{q}_{1,\varsigma}^{\mathrm{T}}, \cdots, \dot{q}_{n,\varsigma}^{\mathrm{T}}]^{\mathrm{T}} = J_\varsigma^{\dagger} \Delta_\varsigma \tilde{\rho}_\varsigma$ 为编队子任务的期望速度向量, 若编队任务成功完成, 则有 $\dot{\rho}_{\varsigma r} = 0$ 成立。

由 n 个智能体组成的多智能体系统期望速度表达如下:

$$\dot{x}_r = \dot{x}_\varsigma \tag{9.14}$$

式中, $\dot{x}_r = [\dot{x}_{1,r}^{\mathrm{T}}, \cdots, \dot{x}_{n,r}^{\mathrm{T}}]^{\mathrm{T}}$, $\dot{x}_\varsigma = [\dot{x}_{1,\varsigma}^{\mathrm{T}}, \cdots, \dot{x}_{n,\varsigma}^{\mathrm{T}}]^{\mathrm{T}} \in \mathbb{R}^{pn}$。对于第 i 个智能体, 有 $\dot{x}_{i,\varsigma} = J_{i,\varsigma}^{\dagger} \Delta_{i,\varsigma} \tilde{\rho}_{i,\varsigma}$, 其中 $J_{i,\varsigma} = \hat{r}_i^{\mathrm{T}}$ 表示相应的雅可比矩阵。

依据上述两个子任务的定义和分析, 设计如下二阶非奇异快速终端滑模:

$$\sigma = \tilde{v} + c_1 \tilde{x} + c_2 \beta(\tilde{x}) \tag{9.15}$$

式中, c_1 和 c_2 是正的设计参数; $\tilde{x}$ 为位置跟踪误差, 且 $\tilde{x} = [\tilde{x}_1^{\mathrm{T}}, \cdots, \tilde{x}_n^{\mathrm{T}}]^{\mathrm{T}} = x - x_r$, $\dot{\tilde{x}} = [\dot{\tilde{x}}_1^{\mathrm{T}}, \cdots, \dot{\tilde{x}}_n^{\mathrm{T}}]^{\mathrm{T}} = \dot{x} - \dot{x}_r$; $\sigma = [\sigma_1^{\mathrm{T}}, \cdots, \sigma_n^{\mathrm{T}}]^{\mathrm{T}}$, $\sigma_i = (\sigma_{i,1}, \sigma_{i,2})$; $\beta(\tilde{x}) = [\beta_1(\tilde{x}_1)^{\mathrm{T}}, \cdots, \beta_n(\tilde{x}_n)^{\mathrm{T}}]^{\mathrm{T}}$, $\beta_i(\tilde{x}_i) = [\beta_{i,1}(\tilde{x}_{i,1}), \beta_{i,2}(\tilde{x}_{i,2})]^{\mathrm{T}}$,

$$\beta_{i,j}(\tilde{x}_{i,j}) \triangleq \begin{cases} \tilde{x}_{i,j}^r, & \bar{\sigma}_{i,j} = 0 \text{ 或 } \bar{\sigma}_{i,j} \neq 0, \ |\tilde{x}_{i,j}| > \epsilon \\ \zeta_1 \tilde{x}_{i,j} + \zeta_2 \mathrm{sig}^2(\tilde{x}_{i,j}), & \bar{\sigma}_{i,j} \neq 0, \ |\tilde{x}_{i,j}| \leqslant \epsilon \end{cases} \tag{9.16}$$

$i = 1, \cdots, n$, $j = 1, 2$, $r = \dfrac{r_1}{r_2}$, 其中 r_1、r_2 是正奇数, 且满足条件 $\dfrac{1}{2} < r < 1$; ϵ 是取值较小的正常数; $\mathrm{sig}^{\alpha}(x) \triangleq |x|^{\alpha} \mathrm{sgn}(x)$, 其中 $\alpha > 0^{[230]}$; 此外, 定义 $\zeta_1 = (2 - r)\epsilon^{r-1}$, $\zeta_2 = (r - 1)\epsilon^{r-2}$, $\bar{\sigma}_{i,j} = \dot{\tilde{x}}_{i,j} + c_1 \tilde{x}_{i,j} + c_2 \tilde{x}_{i,j}^r$。

对 $\beta_{i,j}(\tilde{x}_{i,j})$ 求导, 得

$$\dot{\beta}_{i,j}(\dot{\tilde{x}}_{i,j}) \triangleq \begin{cases} r\tilde{x}_{i,j}^{r-1} \dot{\tilde{x}}_{i,j}, & \bar{\sigma}_{i,j} = 0 \text{ 或 } \bar{\sigma}_{i,j} \neq 0, \ |\tilde{x}_{i,j}| > \epsilon \\ \zeta_1 \dot{\tilde{x}}_{i,j} + 2\zeta_2 |\tilde{x}_{i,j}| \dot{\tilde{x}}_{i,j}, & \bar{\sigma}_{i,j} \neq 0, \ |\tilde{x}_{i,j}| \leqslant \epsilon \end{cases} \tag{9.17}$$

式中, $\dot{\beta}(\dot{\tilde{x}}) = [\dot{\beta}_1(\dot{\tilde{x}}_1)^{\mathrm{T}}, \cdots, \dot{\beta}_i(\dot{\tilde{x}}_i)] = [\dot{\beta}_{i,1}(\dot{\tilde{x}}_{i,1}), \dot{\beta}_{i,2}(\dot{\tilde{x}}_{i,2})]^{\mathrm{T}}$。

定义 $\dot{x}_\nu = [\dot{x}_{\nu,1}^{\mathrm{T}}, \cdots, \dot{x}_{\nu,n}^{\mathrm{T}}]^{\mathrm{T}} = \dot{x}_r - c_1 \tilde{x} - c_2 \beta(\tilde{x})$ 和 $\ddot{x}_\nu = [\ddot{x}_{\nu,1}^{\mathrm{T}}, \cdots, \ddot{x}_{\nu,n}^{\mathrm{T}}]^{\mathrm{T}} = \ddot{x}_r - c_1 \dot{\tilde{x}} - c_2 \dot{\beta}(\dot{\tilde{x}})$。

根据上述分析和定义，式 (9.15) 可改写为

$$\sigma = \dot{x} - \dot{x}_\nu \tag{9.18}$$

利用模糊逻辑系统的万能逼近特性[220]，可对智能体模型 (9.1b) 中未知非线性函数 $f_i(x_i)$ 进行估计。定义最小逼近误差 $\varepsilon_j = f_i(x_i) - f_i(x_i|\theta_i^*)$，其中 $f_i(x_i|\theta_i^*) = \theta_i^{*\mathrm{T}}\phi_i(x_i)$，$\theta_i^*$ 是 FLS 最优参数向量。利用 $\hat{f}_i(x_i) = \hat{\theta}_i^{\mathrm{T}}\phi_i(x_i)$ 逼近未知函数 $f_i(x_i)$，其中 $\hat{\theta}_i$ 是 θ_i^* 的估计值，$\phi_i(x_i) = [\phi_{1i}(x_i), \cdots, \phi_{ni}(x_i)]^{\mathrm{T}}$ 是回归向量。

引理 9.1 [231]　$f_j(x_j)$ 是定义在紧集 Ω 上的连续函数，则对于 $\varepsilon_j > 0$，存在 FLS：

$$y_j(x_j) = \theta_j^{\mathrm{T}}\phi_j(x_j) \tag{9.19}$$

满足

$$\sup_{x_j \in \Omega} |f_j(x_j) - \theta_j^{\mathrm{T}}\phi_j(x_j)| \leqslant \varepsilon_j \tag{9.20}$$

假设 9.1 [231]　存在一个已知的正常数 $\bar{\varepsilon}_j$，满足 $|\varepsilon_j| \leqslant \bar{\varepsilon}_j$。

引理 9.2 [229]　若存在正定李雅普诺夫函数 $V(x)$ 及参数 $\lambda_1 > 0$、$\lambda_2 > 0$ 和 $0 < r < 1$ 满足如下快速终端滑模 (fast terminal sliding mode, FTSM) 形式：

$$\dot{V}(x) + \lambda_1 V(x) + \lambda_2 V^r(x) \leqslant 0$$

则系统状态能够在有限时间内稳定到原点，且稳定时间为

$$T_{\mathrm{reach}} \leqslant \frac{1}{\lambda_1(1-r)} \ln \frac{\lambda_1 V^{1-r}(x_0) + \lambda_2}{\lambda_2}$$

式中，$V(x_0)$ 是 $V(x)$ 的初始值。

基于上述分析，设计如下控制律和自适应律：

$$u_i = -K_{1i}\sigma_i - K_{2i}\mathrm{sig}^{\frac{1}{2}}(\sigma_i) + \hat{\theta}_i^{\mathrm{T}}\phi_i(x_i, v_i) - \chi_i - \hat{\delta}_i\mathrm{sgn}(\sigma_i) \tag{9.21}$$

$$\dot{\hat{\theta}}_i = -\Gamma_{1i}^{-1}\phi_i(x_i, v_i)\sigma_i - \Gamma_{2i}\hat{\theta}_i - \frac{\Gamma_{2i}}{4}\mathrm{sgn}(\hat{\theta}_i) \tag{9.22}$$

$$\dot{\hat{\delta}} = \gamma_{1i}^{-1}\|\sigma_i\|_i - \gamma_{2i}\hat{\delta}_i - \frac{\gamma_{2i}}{4}\mathrm{sgn}(\hat{\delta}_i) \tag{9.23}$$

式中，$\chi_i = -\dot{v}_{fi} + c_1\tilde{v}_i + c_2\hat{\beta}_i(\tilde{v}_i)$，控制增益 K_{1i}、K_{2i}、Γ_{1i} 和 Γ_{2i} 为正定矩阵，γ_{1i} 和 γ_{2i} 为正的设计参数。

9.5 系统稳定性分析

定理 9.1 考虑多智能体系统 (9.1)，在假设 9.1 条件下，利用控制律 (9.21) 和自适应律 (9.22)、(9.23)，可实现多智能体系统在编队和避障两个任务约束下的协同编队控制，且有如下结论成立：

情况 1：在编队和避障任务不冲突的情况下，第 i 个智能体的位置和速度跟踪误差 $\tilde{q}_{i,j}$ 和 $\dot{\tilde{q}}_{i,j}$ 分别能在有限时间内收敛到小区域。

情况 2：在编队和避障任务发生冲突的情况下，首先，若第 i 个智能体与障碍物的相对距离大于最小安全距离，则 $\tilde{q}_{i,j}$ 和 $\dot{\tilde{q}}_{i,j}$ 分别能在有限时间内收敛到小区域 η_1 和 η_2；其次，若第 i 个智能体与障碍物的相对距离小于等于最小安全距离，则编队与避障任务发生冲突，控制器设计参数需满足约束 $\Delta_{i,o}(\|\tilde{q}_i\|, \|\beta_i(\tilde{q}_i)\|, \|\dot{q}_i\|) = \Delta_{i,o}^{\star}(\|\tilde{q}_i\|, \|\beta_i(\tilde{q}_i)\|, \|\dot{q}_i\|) + \varrho_i$，其中，$\varrho_i$ 为鲁棒设计参数，用于处理测量噪声等。

证明 将控制器表达式 (9.22) 代入智能体动力学模型 (9.1)，可得

$$\begin{aligned}
\dot{v}_i - f(x_i, v_i, t) = &-K_{1i}\sigma_i - K_{2i}\mathrm{sig}^{\frac{1}{2}}(\sigma_i) \\
&+ \hat{\theta}_i^{\mathrm{T}}\phi_i(x_i, v_i) - \chi_i - \hat{\delta}_i\mathrm{sgn}(\sigma_i)
\end{aligned} \tag{9.24}$$

设计如下李雅普诺夫函数 V_1：

$$V_1 = V_{\sigma 1} + V_{\rho 1} \tag{9.25}$$

式中，$V_{\sigma 1}$ 用于分析系统稳定性，$V_{\rho 1}$ 用于分析任务稳定性，其具体表达式为

$$V_{\sigma 1} = V_{\sigma 11} + V_{\sigma 12} \tag{9.26}$$

$$V_{\sigma 11} = \sum_{i=1}^{n} \frac{1}{2}\sigma_i^{\mathrm{T}}\sigma_i \tag{9.27}$$

$$V_{\sigma 12} = \sum_{i=1}^{n} \frac{1}{2}\tilde{\theta}_i^{\mathrm{T}}\Gamma_{1i}\tilde{\theta}_i + \sum_{i=1}^{n} \frac{1}{2}\gamma_{1i}\tilde{\delta}_i^2 \tag{9.28}$$

对 $V_{\sigma 11}$ 求导，得

$$\begin{aligned}
\dot{V}_{\sigma 11} &= \sum_{i=1}^{n} \sigma_i^{\mathrm{T}}\dot{\sigma}_i \\
&= \sum_{i=1}^{n} \sigma_i^{\mathrm{T}}[\dot{v}_i - \dot{v}_{fi} + c_1\tilde{v}_i + c_2\dot{\beta}_i(\tilde{v}_i)] \\
&= \sum_{i=1}^{n} \sigma_i^{\mathrm{T}}[f(x_i, v_i, t) + u_i + \chi_i]
\end{aligned} \tag{9.29}$$

式中，$\chi_i = -\dot{v}_{fi} + c_1 \tilde{v}_i + c_2 \dot{\beta}_i(\tilde{v}_i)$, $\tilde{\theta}_i = \theta_i - \hat{\theta}_i$。

将 u_i 代入式 (9.29)，得

$$
\begin{aligned}
\dot{V}_{\sigma 11} &= \sum_{i=1}^{n} \sigma_i^{\mathrm{T}}[\theta_i^{\mathrm{T}}\phi_i + \varepsilon_i - K_{1i}\sigma_i - K_{2i}\mathrm{sig}^{\frac{1}{2}}(\sigma_i) - \hat{\theta}_i^{\mathrm{T}}\phi_i - \chi_i - \hat{\delta}_i\mathrm{sgn}(\sigma_i) + \chi_i] \\
&= \sum_{i=1}^{n} \sigma_i[\tilde{\theta}_i^{\mathrm{T}}\phi_i + \varepsilon_i - K_{1i}\sigma_i - K_{2i}\mathrm{sig}^{\frac{1}{2}}(\sigma_i) - \hat{\delta}_i\mathrm{sgn}(\sigma_i)]
\end{aligned} \tag{9.30}
$$

假设 $\|\varepsilon_i\| \leqslant \delta_i$，那么有

$$
\begin{aligned}
\dot{V}_{\sigma 11} &\leqslant \sum_{i=1}^{n} \sigma_i^{\mathrm{T}}\theta_i^{\mathrm{T}}\phi_i + \sum_{i=1}^{n} \delta_i\|\sigma_i\|_1 - K_{1i}\sum_{i=1}^{n}\sigma_i^{\mathrm{T}}\sigma_i - K_{2i}\sum_{i=1}^{n}\sigma_i^{\mathrm{T}}\mathrm{sig}^{\frac{1}{2}}(\sigma_i) - \sum_{i=1}^{n}\hat{\delta}_i\|\sigma_i\|_1 \\
&= \sum_{i=1}^{n} \sigma_i^{\mathrm{T}}\tilde{\theta}_i^{\mathrm{T}}\phi_i + \sum_{i=1}^{n} \tilde{\delta}_i\|\sigma_i\|_1 - K_{1i}\sum_{i=1}^{n}\sigma_i^{\mathrm{T}}\sigma_i - K_{2i}\sum_{i=1}^{n}\sigma_i^{\mathrm{T}}\mathrm{sig}^{\frac{1}{2}}(\sigma_i)
\end{aligned} \tag{9.31}
$$

对 $V_{\sigma 12}$ 求导，得

$$
\begin{aligned}
\dot{V}_{\sigma 12} &= -\sum_{i=1}^{n} \tilde{\theta}_i^{\mathrm{T}}\Gamma_{1i}\dot{\hat{\theta}}_i - \sum_{i=1}^{n} \gamma_{1i}\tilde{\delta}_i\dot{\hat{\delta}}_i \\
&= -\sum_{i=1}^{n} \tilde{\theta}_i^{\mathrm{T}}\phi_i(x_i, v_i)\sigma_i + \sum_{i=1}^{n} \tilde{\theta}_i^{\mathrm{T}}\Gamma_{3i}\hat{\theta}_i \\
&\quad -\sum_{i=1}^{n} \tilde{\delta}_i\|\sigma_i\|_1 + \sum_{i=1}^{n} \gamma_{3i}\tilde{\delta}_i\hat{\delta}_i + \sum_{i=1}^{n} \gamma_{3i}\tilde{\delta}_i\mathrm{sgn}(\hat{\delta}_i) \\
&\quad + \frac{1}{4}\sum_{i=1}^{n} \tilde{\theta}_i\Gamma_{3i}\mathrm{sgn}(\hat{\theta}_i)
\end{aligned} \tag{9.32}
$$

在 $\dot{V}_{\sigma 12}$ 的右侧加减 $\dfrac{1}{2}\displaystyle\sum_{i=1}^{n}\Gamma_{3i}\|\tilde{\theta}_i\|^{\frac{3}{2}} + \dfrac{1}{2}\displaystyle\sum_{i=1}^{n}\gamma_{3i}|\tilde{\delta}_i|^{\frac{3}{2}}$ 项，得

$$
\begin{aligned}
\dot{V}_{\sigma 1} &\leqslant -K_{1i}\sum_{i=1}^{n}\sigma_i^{\mathrm{T}}\sigma_i - K_{2i}\sum_{i=1}^{n}\sigma_i^{\mathrm{T}}\mathrm{sig}^{\frac{1}{2}}(\sigma_i) \\
&\quad + \frac{1}{4}\sum_{i=1}^{n}\tilde{\theta}_i\Gamma_{3i}\mathrm{sgn}(\hat{\theta}_i) + \frac{1}{2}\sum_{i=1}^{n}\Gamma_{3i}\|\tilde{\theta}_i^{\frac{3}{2}}\|_1 \\
&\quad + \sum_{i=1}^{n}\gamma_{3i}\tilde{\delta}_i\mathrm{sgn}(\hat{\delta}_i) + \frac{1}{2}\sum_{i=1}^{n}\gamma_{3i}|\tilde{\delta}_i|^{\frac{3}{2}} - \frac{1}{2}\sum_{i=1}^{n}\lambda_{3i}\|\tilde{\theta}_i^{\frac{3}{2}}\|_1 \\
&\quad - \frac{1}{2}\sum_{i=1}^{n}\gamma_{3i}|\tilde{\delta}_i|^{\frac{3}{2}} + \sum_{i=1}^{n}\tilde{\theta}_i^{\mathrm{T}}\Gamma_{3i}\hat{\theta}_i + \sum_{i=1}^{n}\gamma_{3i}\tilde{\delta}_i\hat{\delta}_i
\end{aligned}
$$

$$\leqslant \Xi_{1i} - \frac{1}{2}\sum_{i=1}^{n}\lambda_{3i}\tilde{\theta}_i^{\mathrm{T}}\tilde{\theta}_i + \frac{1}{2}\sum_{i=1}^{n}\lambda_{3i}\theta_i^{\mathrm{T}}\theta_i$$

$$+\frac{1}{4}\sum_{i=1}^{n}\lambda_{3i}\|\theta_i\|_1 + \frac{1}{2}\sum_{i=1}^{n}\lambda_{3i}\|\tilde{\theta}_i^{\frac{3}{2}}\|_1 - \frac{1}{2}\sum_{i=1}^{n}\lambda_{3i}\tilde{\delta}_i^2$$

$$-\frac{1}{4}\sum_{i=1}^{n}\gamma_{3i}|\hat{\delta}_i| + \frac{1}{4}\sum_{i=1}^{n}\gamma_{3i}\delta_i + \frac{1}{2}\sum_{i=1}^{n}\lambda_{3i}|\tilde{\delta}_i|^{\frac{3}{2}}$$

$$-\frac{1}{2}\sum_{i=1}^{n}\gamma_{3i}|\tilde{\delta}_i|^{\frac{3}{2}} - \frac{1}{4}\sum_{i=1}^{n}\lambda_{3i}\|\hat{\theta}_i\| + \frac{1}{2}\sum_{i=1}^{n}\gamma_{3i}\delta_i^2$$

$$-\frac{1}{2}\sum_{i=1}^{n}\lambda_{3i}\|\tilde{\theta}_i^{\frac{3}{2}}\|_1$$

$$\leqslant \Xi_{1i} - \frac{1}{4}\sum_{i=1}^{n}\lambda_{3i}\tilde{\theta}_i^{\mathrm{T}}\tilde{\theta}_i - \frac{1}{2}\sum_{i=1}^{n}\lambda_{3i}\|\tilde{\theta}_i^{\frac{3}{2}}\|_1$$

$$+\frac{1}{2}\sum_{i=1}^{n}\lambda_{3i}\theta_i^{\mathrm{T}}\theta_i + \frac{1}{4}\sum_{i=1}^{n}\lambda_{3i}\|\theta_i\|_1 + \frac{1}{2}\sum_{i=1}^{n}\gamma_{3i}\delta_i^2$$

$$-\frac{1}{4}\sum_{i=1}^{n}\lambda_{3i}\tilde{\theta}_i^{\mathrm{T}}\tilde{\theta}_i + \frac{1}{2}\sum_{i=1}^{n}\lambda_{3i}\|\tilde{\theta}_i^{\frac{3}{2}}\|_1 - \frac{1}{4}\sum_{i=1}^{n}\gamma_{3i}\tilde{\delta}_i^2$$

$$-\frac{1}{4}\sum_{i=1}^{n}\lambda_{3i}\|\hat{\theta}_i\|_1 - \frac{1}{4}\sum_{i=1}^{n}\gamma_{3i}|\hat{\delta}_i| - \frac{1}{2}\sum_{i=1}^{n}\gamma_{3i}|\tilde{\delta}_i|^{\frac{3}{2}}$$

$$+\frac{1}{2}\sum_{i=1}^{n}\gamma_{3i}|\tilde{\delta}_i|^{\frac{3}{2}} + \frac{1}{4}\sum_{i=1}^{n}\gamma_{3i}\delta_i - \frac{1}{4}\sum_{i=1}^{n}\gamma_{3i}\tilde{\delta}_i^2$$

$$\leqslant \Xi_{1i} + \Xi_{2i} + \Xi_{3i} - \frac{1}{4}\sum_{i=1}^{n}\lambda_{3i}\tilde{\theta}_i^{\mathrm{T}}\tilde{\theta}_i$$

$$+\frac{1}{4}\sum_{i=1}^{n}\lambda_{3i}\|\hat{\theta}_i\|_1 - \frac{1}{4}\sum_{i=1}^{n}\gamma_{3i}(\delta_i^2 - 2|\tilde{\delta}_i|^{\frac{3}{2}} + |\hat{\delta}_i|)$$

$$-\frac{1}{4}\sum_{i=1}^{n}\lambda_{3i}(\tilde{\theta}_i^{\mathrm{T}}\tilde{\theta}_i - 2\|\tilde{\theta}^{\frac{3}{2}}\|_1 + \|\hat{\theta}_i\|_1)$$

$$-\frac{1}{2}\sum_{i=1}^{n}\lambda_{3i}\|\tilde{\theta}_i^{\frac{3}{2}}\|_1$$

$$\leqslant \Xi_{1i} + \Xi_{2i} + \Xi_{3i} - \frac{1}{4}\sum_{i=1}^{n}\|(|\theta_i| - |\theta_i^{\frac{1}{2}}|)^2\|_1$$

$$-\frac{1}{4}\sum_{i=1}^{n}\gamma_{3i}\|(|\tilde{\delta}_i| - |\delta_i^{\frac{1}{2}}|)^2\|_1 + \frac{1}{4}\sum_{i=1}^{n}\gamma_{3i}\delta_i$$

$$+\frac{1}{4}\sum_{i=1}^{n}\lambda_{3i}\|\theta_i\|_1 \tag{9.33}$$

式中

$$\Xi_{1i} = -K_{1i}\sum_{i=1}^{n}\sigma_i^{\mathrm{T}}\sigma_i - K_{2i}\sum_{i=1}^{n}\sigma_i^{\mathrm{T}}\mathrm{sig}^{\frac{1}{2}}(\sigma_i)$$

$$\Xi_{2i} = -\frac{1}{4}\sum_{i=1}^{n}\lambda_{3i}\tilde{\theta}_i^{\mathrm{T}}\tilde{\theta}_i - \frac{1}{2}\sum_{i=1}^{n}\lambda_{3i}\|\tilde{\theta}_i^{\frac{3}{2}}\|_1 - \frac{1}{4}\sum_{i=1}^{n}\gamma_{3i}\tilde{\delta}_i^2 - \frac{1}{2}\sum_{i=1}^{n}\gamma_{3i}|\tilde{\delta}_i|^{\frac{3}{2}}$$

$$\Xi_{3i} = \frac{1}{2}\sum_{i=1}^{n}\lambda_{3i}\theta_i^{\mathrm{T}}\theta_i + \frac{1}{4}\sum_{i=1}^{n}\lambda_{3i}\|\theta_i\|_1 + \frac{1}{2}\sum_{i=1}^{n}\gamma_{3i}\delta_i^2 + \frac{1}{4}\sum_{i=1}^{n}\gamma_{3i}\delta_i$$

$$\Xi_{4i} = \frac{1}{4}\sum_{i=1}^{n}\lambda_{3i}\|\theta_i\|_1 + \frac{1}{4}\sum_{i=1}^{n}\gamma_{3i}\delta_i$$

为简化表达式, 定义 $\Xi_{5i} = \Xi_{3i} + \Xi_{4i}$, 那么有

$$\dot{V}_{\sigma1} \leqslant \Xi_{1i} + \Xi_{2i} + \Xi_{5i} \tag{9.34}$$

根据引理 9.2 及文献 [230]、[232], 可得 σ_i 能在有限时间收敛到小区域, 进而误差 $\tilde{q}_{i,j}$ 和 $\dot{\tilde{q}}_{i,j}$ 分别能在有限时间内收敛到小区域。

接下来, 分析多任务约束条件下任务误差的稳定性。定义李雅普诺夫函数 $V_{\rho2}$ 如下:

$$V_{\rho2} = \frac{1}{2}\gamma_o\tilde{\rho}_o^2 + \frac{1}{2}\tilde{\rho}_\varsigma^{\mathrm{T}}\gamma_\varsigma\tilde{\rho}_\varsigma \tag{9.35}$$

式中, γ_o、γ_ς 是设计参数, $\tilde{\rho}_o = \sum_{i=1}^{n}\tilde{\rho}_{i,o}$。式 (9.35) 右侧第一项用于分析避障任务, 第二项用于分析编队任务。

当第 i 个智能体与障碍物的相对距离大于最小安全距离时, 式 (9.13) 中的 $J_o^{\dagger}J_o$ 项等于 0。

那么, 对 $V_{\rho2}$ 求导, 可得

$$\dot{V}_{\rho2} = -\gamma_o\tilde{\rho}_o\left[J_oJ_o^{\dagger}\Delta_o\tilde{\rho}_o + J_o(I - J_o^{\dagger}J_o)J_\varsigma^{\dagger}\Delta_\varsigma\tilde{\rho}_\varsigma\right]$$
$$-\tilde{\rho}_\varsigma^{\mathrm{T}}\gamma_\varsigma\left[J_\varsigma J_o^{\dagger}\Delta_o\tilde{\rho}_o + J_\varsigma(I - J_o^{\dagger}J_o)J_\varsigma^{\dagger}\Delta_\varsigma\tilde{\rho}_\varsigma\right]$$
$$= -\gamma_o\Delta_o\tilde{\rho}_o^2 - \tilde{\rho}_\varsigma^{\mathrm{T}}\gamma_\varsigma J_\varsigma J_\varsigma^{\dagger}\Delta_\varsigma\tilde{\rho}_\varsigma \leqslant 0 \tag{9.36}$$

由式 (9.36) 可知, 队形控制任务一直保持稳定。

当第 i 个智能体与障碍物的相对距离小于等于最小安全距离时, 对 $V_{\rho2}$ 求导, 可得

$$\dot{V}_{\rho2} \leqslant -\gamma_o\Delta_o\tilde{\rho}_o^2 - \tilde{\rho}_\varsigma^{\mathrm{T}}\gamma_\varsigma\left(J_\varsigma J_\varsigma^{\dagger}\Delta_\varsigma - J_\varsigma J_o^{\dagger}J_oJ_\varsigma^{\dagger}\Delta_\varsigma\right)\tilde{\rho}_\varsigma$$
$$+\frac{1}{2}\Delta_o\gamma_\varsigma J_\varsigma J_o^{\dagger}\left(\tilde{\rho}_o^2 + \|\tilde{\rho}_\varsigma\|^2\right)$$
$$\leqslant -\left(\gamma_o - \frac{1}{2}\gamma_\varsigma\|J_\varsigma\|\right)\Delta_o\tilde{\rho}_o^2 + \frac{1}{2}\Delta_o\gamma_\varsigma\|J_\varsigma\|\|\tilde{\rho}_\varsigma\|^2 \tag{9.37}$$

式中，$\|J_o\| = 1$，$\gamma_o \geqslant \frac{1}{2}\gamma_\varsigma\|J_\varsigma\|$。

根据任务优先级调节机制，对 $\tilde{\rho}_\varsigma$ 的控制应该优先切换到避障任务。在这种情况下，重新定义 $V_{\rho 2} = \frac{1}{2}\gamma_o\tilde{\rho}_o^2$，根据式 (9.37)，可得 $\dot{V}_{\rho 2} = -\gamma_o\Delta_o\tilde{\rho}_o^2 \leqslant 0$。进一步，由于本章采用基于预先设计的期望速度驱动智能体，所以需设计合理的 $\Delta_{i,o}$ 使速度误差控制位置误差。根据上述非奇异快速终端滑模的设计结构，计算 $\Delta_{i,o}$ 的下界值为

$$\Delta_{i,o}^\star(\|\tilde{q}_i\|, \|\beta_i(\tilde{q}_i)\|, \|\dot{q}_i\|) = \frac{-y_i + \sqrt{y_i^2 + 4x_i}}{2x_i} \tag{9.38}$$

式中，$x_i = \tilde{\rho}_{i,o}^2$，$y_i = -2\tilde{\rho}_{i,o}(\|\dot{q}_i\| + c_1\|\tilde{q}_i\| + c_2\|\beta_i(\tilde{q}_i)\|)$，$z_i = -\|\dot{q}_i\|^2 + c_1^2\|\tilde{q}_i\|^2 + c_2^2\|\beta_i(\tilde{q}_i)\|^2 + 2c_1\|\dot{q}_i\|\|\tilde{q}_i\| + 2c_2\|\dot{q}_i\|\|\beta_i(\tilde{q}_i)\| + 2c_1c_2\|\tilde{q}_i\|\|\beta_i(\tilde{q}_i)\|$，$i = 1, \cdots, n$。设计 $\Delta_{i,o}(\|\tilde{q}_i\|, \|\beta_i(\tilde{q}_i)\|, \|\dot{q}_i\|) = \Delta_{i,o}^\star(\|\tilde{q}_i\|, \|\beta_i(\tilde{q}_i)\|, \|\dot{q}_i\|) + \varrho_i$，其中 $\varrho_i > 0$ 表示鲁棒设计参数，用于处理测量误差和环境噪声。上述设计方法能够有效保证第 i 个智能体在执行编队任务的同时保持在与障碍物最小安全距离 d_i 的范围之外。 □

9.6　仿真和实验

本节分别采用 MATLAB 软件平台实现计算机仿真和 Pioneer 3-AT 机器人实现实物仿真 (包括 MobileSim 仿真平台)。

9.6.1　数值仿真

在二维空间中考虑含有五个节点的非线性多智能体系统，假设多智能体系统的网络拓扑为集中式星型连通图，编队控制目标是利用所研究控制方案使五个智能体实现协同编队并能及时避开障碍物。

设计智能体动力学的模糊逻辑系统高斯型隶属度函数用于有效逼近智能体动力学中未知非线性分量。具体地，设计形如 $\mu_{F_j}^l(x_j) = e^{-((x_j+1.5)/2)^2}(j = 1, \cdots, 5)$ 的隶属度函数。五个智能体的初始位置坐标分别为 $q_1 = [-20; 0]$，$q_2 = [-30; -10]$，$q_3 = [0; -10]$，$q_4 = [-10; -20]$，$q_5 = [-20; -30]$；障碍物坐标分别为 $O_1 = [85; 11]$，$O_2 = [100; -3]$，$O_3 = [75; -11]$，$O_4 = [80; -30]$。期望的队形控制任务函数为 $\rho_{fd_1}[-14 + 2t; 28]$，$\rho_{fd_2} = [14 + 2t; 14]$，$\rho_{fd_3} = [42 + 2t; 0]$，$\rho_{fd_4} = [14 + 2t; -14]$，$\rho_{fd_5} = [-14 + 2t; -28]$。

图 9.3 表示用 MATLAB 模拟智能体运动避障的编队运动轨迹，图 9.4 表示各个智能体的跟踪误差，图 9.5 表示智能体 2、3、4、5 与各自障碍物的相对距离。可以看出，五个智能体从不同初始位置出发，由于环境中存在障碍物，当机器人进入障碍物环境时，机器人的编队任务与避障任务发生冲突。本章所研究控制器将编队

任务的期望速度向避障任务的期望速度零空间上投影，冲突的部分分量在零空间上的投影为零，从而避免了任务冲突。而投影的有效部分又执行了编队任务。可以看出，NSB 方法中曲线没有突入障碍物的安全距离之内，并且避障效果良好，说明本章所研究控制器在完成次要任务到达预定轨迹时没有干扰优先任务 (避障任务) 的执行，较好地处理了任务之间的冲突，且很好地完成了两个任务目标，有效印证了定理 9.1 的有效性。

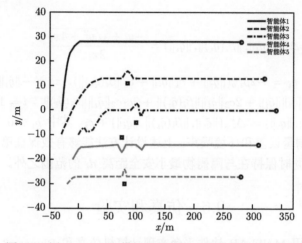

图 9.3　用 MATLAB 模拟智能体运动避障的编队运动轨迹

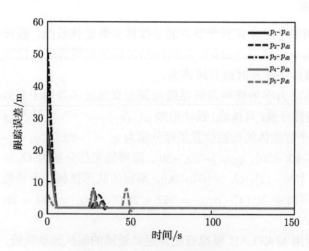

图 9.4　各个智能体的跟踪误差

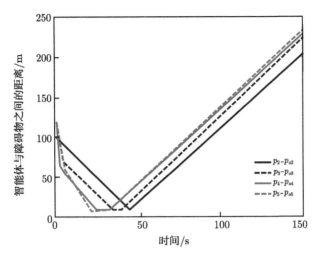

图 9.5 智能体 2、3、4、5 与各自障碍物的相对距离

9.6.2 实物实验

Pionner 3-AT 是一种高度灵活的四轮驱动的机器人平台，可在户外或崎岖地形运动。该机器人平台提供了一个嵌入式计算机接口，本实验采用笔记本电脑搭载软件作为控制器，放置在机器人平台上。机器人可以使用摄像头定位、基于以太网的通信、激光、GPS 及其他多种方式进行定位。在这个验证例子中，采用五台 Pionner 3-AT 机器人来验证所提出的算法和定理的有效性。

图 9.6 表示五个机器人在 MobileSim 平台下的初始位置，图 9.7 表示机器人实际摆放的初始位置，图 9.8 表示机器人在仿真平台 MobileSim 下的运动轨迹，图 9.9 表示机器人在实际环境下的运动状态。

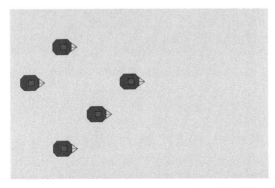

图 9.6 五个机器人在 MobileSim 平台下的初始位置

图 9.7　五个 Pioneer 3-AT 机器人实际摆放的初始位置

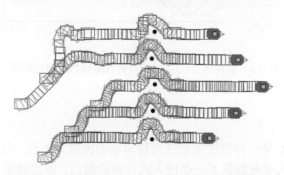

图 9.8　五个机器人在 MobileSim 平台下的运动轨迹

图 9.9　五个 Pioneer 3-AT 机器人编队和避障任务约束情况下的实际运动状态

9.7　结　　论

　　本章研究了多机器人系统协同编队控制中的多任务约束与调解问题，具体地，主要针对二阶非线性多智能体系统，开展了编队和避障双任务约束情况下的协同问题研究。结合非奇异快速终端滑模控制、基于零空间的行为控制、模糊逻辑系统的万能逼近性质以及自适应鲁棒控制等多种技术手段，设计有效的协同控制律实现了上述控制目标。相比已有的结果，本章的主要贡献在于分析了多个机器人的多任务约束问题，将基于零空间的行为控制方法从简单的线性模型推广到非线性系统模型中，并将其应用到分散式或集中式多智能体系统的具体控制问题求解当中；与此同时，给出了严格的稳定性证明过程，理论结果符合物理对象控制的实际需求。在多智能体系统中，本章所研究方案更能显示出利用零空间投影执行任务的优点，使多智能体任务目标的实现更加高效。此外，可将本章设计方案推广至高阶多智能体系统的协同控制问题研究中。

第10章 一阶多智能体系统非合作行为检测与隔离

10.1 研究背景

本章针对多智能体系统,研究其分布式的非合作行为检测与隔离问题,借以提高系统的安全性与可靠性。近年来,随着多智能体系统的规模及智能程度不断增加,其非合作行为的检测问题也变得越来越受关注。由于多智能体系统自身的分布式特性,系统中缺少一个中心节点来统筹规划整个系统的行为,导致系统一旦产生非合作节点,其不利影响将随着通信扩散至整个系统中,对系统的正常工作产生破坏。现有的基于系统模型的非合作行为检测算法大多存在着结构复杂、计算量大、难以分布化实现等诸多缺陷。本章将从多智能体系统的拓扑结构出发,设计占用计算资源少,且能够分布化实现的非合作行为检测与隔离算法。

针对节点动力学模型为一阶积分器模型的多智能体系统,设计一种基于信息交互的非合作行为检测、隔离与修复方案。该方案通过利用流言算法对不同节点的检测结果进行交互,从而实现对非合作节点的可靠检测。此外,从节点的实际控制效果入手,提出一种新型的补偿量计算与施加算法,降低该方案对系统控制协议的限制条件,使其具有更好的适应性。

10.2 系统模型及非合作行为建模

10.2.1 系统建模

多智能体系统模型包含两部分:拓扑模型和节点动力学模型。拓扑模型决定了智能体之间的连接关系,通常用图来表示,如有向图、无向图、加权图等。若无特别声明,本章统一采用无向图 $G = \{V, E\}$ 对系统拓扑模型进行描述,即节点之间的信息传递是相互的,若节点 i 能够接收到节点 j 的信息,则 j 同样可以接收到 i 的信息。

节点动力学模型用于描述每个智能体自身的运行规则,通常采用一阶或二阶积分器模型。一阶积分器模型有如下结构:

$$\dot{x}(t) = u(t) \tag{10.1}$$

式中,$x(t)$ 为节点的状态信息,$u(t)$ 为节点的控制输入。前文所述的一致性控制协议即针对一阶积分器模型设计的。该模型结构简单、易于实现,但只能完成单一的一致性控制任务，可能无法满足复杂的实际应用需求，由此产生了二阶积分器模型。二阶积分器模型有如下结构：

$$
\begin{aligned}
\dot{p}(t) &= v(t) \\
\dot{v}(t) &= u(t)
\end{aligned}
\tag{10.2}
$$

式中，$p(t)$ 和 $v(t)$ 均为节点的状态信息，通常用来表示位置及速度信息。更为一般地，采用线性系统模型描述的节点动力学模型为

$$
\begin{aligned}
\dot{x}(t) &= Ax(t) + Bu(t) \\
y(t) &= Cx(t)
\end{aligned}
\tag{10.3}
$$

式中，$x \in \mathbb{R}^n$ 是节点状态信息，$u \in \mathbb{R}^m$ 是节点控制输入，$y \in \mathbb{R}^p$ 是节点的输出，$A \in \mathbb{R}^{n \times n}$、$B \in \mathbb{R}^{n \times m}$、$C \in \mathbb{R}^{p \times n}$ 是对应的系统矩阵。一阶和二阶积分器模型可视为上述线性系统模型的特殊形式。由于一阶积分器模型有其自身的特殊性质，本章将单独分节对其进行讨论，而对于其他节点动力学模型，则统一采用式 (10.3) 所示的线性系统模型进行描述。

在多智能体系统的实际运行过程中，可能存在节点只能获得相关状态信息的情况。例如，在编队控制中，若采用局部定位的方式，即每个节点以自身为坐标原点进行定位，则节点的位置信息会与邻居位置信息耦合，无法独立存在，此时该信息即称为相关状态信息。含有相关状态信息的节点动力学模型为

$$
\begin{aligned}
\dot{x}(t) &= Ax(t) + Bu(t) \\
z_{ij}(t) &= C(x_i(t) - x_j(t))
\end{aligned}
\tag{10.4}
$$

式中，$z_{ij} \in \mathbb{R}^p$ 代表节点 i 与邻居 j 之间的相关状态信息。需要说明的是，相关状态信息广泛存在于实际的多智能体系统中，其存在并不会影响系统的正常控制，但会对非合作行为检测产生不利影响，相关内容将在本书 11.2 节进行具体论述。

10.2.2   非合作行为定义

对于多智能体系统，其非合作行为的定义与传统的系统故障定义之间既有联系，又有区别。从广义上讲，故障可理解为任何系统异常现象，使系统表现出所不期望的特性[233]。国际自动控制联合会安全生产技术委员会 (IFAC Safeprocess Technical Committee) 曾将故障 (fault) 定义为：系统中至少有一项特性或参数偏离了可接受/通常/标准的范围[234]。然而，多智能体系统并不是多个节点简单的堆叠，节点之间的连接关系、信息交互等才是系统正常运行的关键，而这些则是传统故障定义中不具备的。此外，由于在多智能体系统中执行故障检测的是节点的邻居而非节点本身，所以即使检测出完整的故障信息也无法对故障进行实时处理，反而

会占用大量计算资源，影响系统的正常工作。因此，本章提出非合作行为的概念，即将节点整体视为系统的构成要素，不考虑节点内部具体的运行情况，而只关心其执行任务的能力。若节点无法正常执行协同控制任务，则认定其产生了非合作行为。非合作行为包括但不仅局限于节点故障，具体来说，本章主要将非合作行为分为以下三类：

(1) 毁坏型。具体表现为节点在运行过程中非正常地停止运动，或是虽然有运动趋势，但实际的状态却并未按预期发生改变。产生此种非合作行为的原因可能是节点受到外部攻击，使动力系统损毁，或者是节点的能量耗尽，失去动力来源。另外，考虑系统运行过程中的一种特殊情况，即节点受周围环境或自身程序的影响无法继续运动，如节点卡在某个无法移动的地形上，或是控制程序存在缺陷，使节点陷入局部极值点等，这种情况下虽然节点本身并未受到损毁，但其已无法正常运动，故仍将其归于毁坏型之列。

(2) 失控型。具体表现为节点运动不受控制，速度保持不变，或是非常规地发生改变，使得控制效果无法满足任务要求。产生的原因可能是控制系统发生错误，无法正常生成控制信息，或者节点的动力系统与控制系统失去联系，执行器无法获得正确的控制量。另外，当节点受到恶意攻击时最容易产生此种非合作行为，可将其作为检测系统中是否有恶意节点的标志之一，如检测到该非合作行为出现，应及时采取防范措施，防止恶意信息的进一步扩散。

(3) 干扰型。具体表现为节点出现大量无规则的运动，实际运行状态与理论运行状态偏差过大，已对系统的正常运行产生危害。造成此种非合作行为的原因有很多，在实际的多智能体系统中也最为常见。具体原因可能是节点受强烈的外部随机干扰影响，如地形过于崎岖，或是节点执行元件的精度不足，产生的随机误差太大等。对于此类非合作行为，在处理时应持谨慎态度，因为误差的出现是不可避免的，若检测程序过于严苛，可能会使大量节点被隔离，这将给系统带来不必要的损失。为解决此类问题，可考虑采用滤波算法等对采样信号进行预处理。

10.2.3 非合作行为建模

在故障检测领域，最为常用的带有故障信号的线性系统模型为[155]

$$
\begin{aligned}
\dot{x}(t) &= Ax(t) + Bu(t) + B_f f(t) \\
y(t) &= Cx(t)
\end{aligned}
\tag{10.5}
$$

式中，$f \in \mathbb{R}^q$ 代表故障信号。若系统中不存在故障，则 $f = 0$。剩余变量的定义与式 (10.3) 相同。

对于非合作行为检测，由于只关心节点执行任务的情况，所以存在如下模型：

$$\dot{x}(t) = Ax(t) + Bu(t)$$
$$y(t) = Cx(t) + e(t) \tag{10.6}$$

式中，$e \in \mathbb{R}^p$ 是残差信号，用于描述节点的非合作行为，对于正常节点，$e = 0$。模型 (10.5) 与 (10.6) 之间的区别与联系将在 11.2 节进行具体陈述。本章将主要针对模型 (10.6) 进行非合作行为检测算法的设计。

针对前文所提出的具体非合作行为类型，其在模型中的表现分别如下。

毁坏型：$e(t) = -Cx(t)$，此时 $y(t) = 0$。

失控型：$e(t) = \text{const} - Cx(t)$，此时 $y(t)$ 为不受控的常量。

干扰型：$e(t) = \text{rand}(t)$，$\text{rand}(t)$ 为期望为 0 的随机分布信号，此时 $y(t)$ 将在期望输出附近做无规则运动。

具体针对执行器和一阶、二阶积分器模型系统的非合作行为建模可参见文献 [235] 和 [236]。

10.3 一阶多智能体系统非合作行为检测、隔离与修复

本节针对节点动力学模型为一阶积分器模型的多智能体系统，设计一套完整的非合作行为检测、隔离与修复算法，并给出其具体的工程实现方案和实物实验，借以证明算法的可行性与有效性。通过本节的内容，不仅能为一阶多智能体系统的非合作行为检测与处理提供一种有效的解决途径，同时也可为后文讨论的针对更为复杂的多智能体系统的非合作行为检测算法提供一套完整的工程实现方案。

10.3.1 问题描述

在实际的多智能体系统中，由于节点需要对状态信息进行采样，且采样周期不可能无限小，所以需要建立离散时间状态下的节点动力学模型。针对如式 (10.1) 所示的一阶积分器模型系统，离散化处理后得到如下模型：

$$z_i((k+1)T) = z_i(kT) + u_i(kT)T, \quad i = 1, \cdots, N \tag{10.7}$$

式中，T 是采样时间。为简便起见，记 $z_i^k = z_i(kT)$，$u_i^k = u_i(kT)$，并且满足 $\forall k \in \mathbb{Z}^+, z_i^k = [x_i^k, y_i^k]^{\mathrm{T}} \in \mathbb{R}^2$，其中 z_i^k 是节点在二维空间中的位置坐标，$u_i^k \in \mathbb{R}^2$ 是节点 i 在每个时间步长 k 内的控制量。假定 $\mathcal{N}_i^k = \{i_1, \cdots, i_p\}$ 为时间步长 k 内节点 i 邻居节点的集合，$p = |\mathcal{N}_i^k|$ 代表集合的势。

该模型代表的实际物理意义是：将系统中节点的位置作为控制目标，通过在每个时间步长 k 内控制节点速度的大小来实现节点位置的调整，最终使节点的分布状况达到控制要求。假定节点的控制器有如下结构：

$$u_i^k = P_i(z_i^k, I_i^k) \tag{10.8}$$

式中，$P_i : \mathbb{R}^2 \to \mathbb{R}^2$ 为控制协议，由节点的控制目标决定；$I_i^k = \{z_{i_1}^k, \cdots, z_{i_p}^k\}$ 是时间步长 k 内节点 i 邻居节点状态的集合。式 (10.8) 中所示的控制器结构为多智能体协同控制的一般结构，即节点的控制量由其自身状态及其所有邻居节点的状态共同决定。$P = \{P_1, \cdots, P_N\}$ 为预先设定的控制协议，若满足 $P_i = P_j, \forall (i,j) \in V \times V$，则称 P 为齐次的控制协议，否则称其为非齐次的控制协议。本章只考虑控制协议为齐次的情况。

记系统中所有非合作节点的集合为 F，时间步长 k 内节点 i 对节点 j 的检测结果为 $q_{i,j}^k$，满足：

$$q_{i,j}^k = \begin{cases} 0, & j \notin F \\ 1, & j \in F \end{cases} \tag{10.9}$$

在每个时间步长 k 内，节点会对其所有邻居节点进行检测，同时获得检测结果 $\{j \in \mathcal{N}_i^k | q_{i,j}^k\}$。另外，考虑到节点的所有邻居都会对节点生成一个检测结果，定义系统对节点的检测结果为该节点所有邻居节点对其检测结果的综合，其形式如下：

$$Q_i^k = \sum_{j=i_1}^{i_p} q_{j,i}^k / p \tag{10.10}$$

对于单积分器模型，输出反映在节点的连续位移 $z_i^k - z_i^{k-1}$，或者说是节点的速率输出 u_i^k 上。以 u_i^k 作为计算系统残差信号的性能指标：

$$r_i^k = u_i^{r,k} - u_i^{a,k} \tag{10.11}$$

式中，$u_i^{r,k} \in \mathbb{R}^2$ 是在时间步长 k 内通过控制协议 P 求得的系统理论运动状态，$u_i^{a,k} \in \mathbb{R}^2$ 是通过实时测量得到的系统实际运动状态，满足：

$$\begin{aligned} u_i^{r,k} &= u_i^k = P_i(z_i^k, I_i^k) \\ u_i^{a,k} &= h(z_i^{k-1}, z_i^k) \end{aligned} \tag{10.12}$$

z_i^{k-1} 和 z_i^k 可以通过信息交互或传感器测量得到，而 h 则可使用简单的一阶微分方程形式 $(z_i^k - z_i^{k-1}) / [kT - (k-1)T]$ 得到。

现对一阶多智能体系统中的非合作节点做出如下定义。

定义 10.1　对于采用单积分器模型的节点 i，若其满足式 (10.13) 所述条件，则定义其为非合作节点：

$$\| r_i^k \| = \| u_i^{r,k} - u_i^{a,k} \| > \chi(\| u_i^{r,k} \|, \delta) \tag{10.13}$$

式中，$\chi(\| u_i^{r,k} \|, \delta)$ 为门限函数，其值取决于输入 $\| u_i^{r,k} \|$ 和扰动量 δ。一般可以取 $\chi(\| u_i^{r,k} \|, \delta) = \gamma_1 + \gamma_2 \| u_i^{r,k} \|$，其中常量 γ_1 取决于扰动量 δ，时变量 $\gamma_2 \| u_i^{r,k} \|$ 取决于节点的瞬时输入[180]。

本节所要解决的问题是:

(1) 对于由式 (10.13) 所定义的非合作节点, 如何对其进行实时检测?

(2) 如何借助信息交互获得式 (10.10) 所示系统对节点的检测结果?

(3) 如何消除非合作节点对系统产生的不利影响?

10.3.2 非合作行为检测、隔离与修复算法设计

1. 基于通信的非合作行为检测算法

对于多智能体系统, 有如下基本公理存在:

公理 10.1[200] 信息交互是多智能体系统实现协同控制的必要条件。

上述公理表明, 信息交互在多智能体系统中时刻存在, 因此可以考虑借助信息交互传输非合作行为检测算法所必需的节点信息。该算法与传统基于观测器的检测算法相比, 在增加有限通信量的基础上可大大减少所需的计算资源, 非常适合在多智能体系统中应用。

节点的运行流程及非合作行为的可能来源如图 10.1 所示。从图中可以看出, 信息交互与控制信息生成过程中产生的非合作行为将会影响节点的理论控制输入, 而执行器中的非合作行为则会影响节点的实际输出。

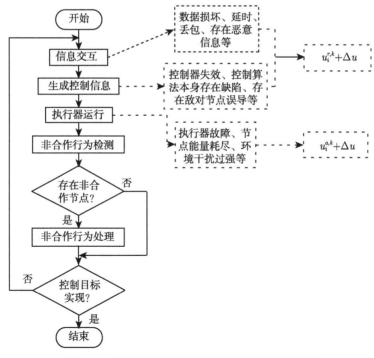

图 10.1 节点运行流程及非合作行为来源分析图

现规定节点之间的信息交互内容由以下部分组成：

内容 1：节点 i 在时间步长 k 内将自身当前状态 z_i^k 传输给其所有的邻居节点 $j \in \mathcal{N}_i^k$。

内容 2：节点 i 在时间步长 k 内将其邻居节点的状态 $I_i^k = \{z_{i_1}^k, \cdots, z_{i_p}^k\}$ 传输给其所有的邻居节点 $j \in \mathcal{N}_i^k$。

内容 3：节点 i 在时间步长 $k+1$ 内将其对邻居节点的检测结果 $q_{i,j}^k$ 传输给对应的邻居节点 $j \in \mathcal{N}_i^k$。

内容 4：节点 i 在时间步长 $k+1$ 内将邻居节点对 j 的检测结果 $\{j \in \mathcal{N}_i^k | q_{j,i}^k\}$ 传输给其所有的邻居节点 $j \in \mathcal{N}_i^k$。

需要说明的是，内容 4 中传输的邻居节点对 i 的检测结果 $\{j \in \mathcal{N}_i^k | q_{j,i}^k\}$ 并不是 Q_i^k 的形式，虽然两者在意义上完全等价。此处主要考虑节点 i 为恶意节点的情况，若直接传输 Q_i^k，该数据可能会被恶意节点刻意修改而使系统无法检测出该恶意节点。采用 $\{j \in \mathcal{N}_i^k | q_{j,i}^k\}$ 的形式，由于数据中包含节点自身对目标节点的检测信息，可用来进行信息校对，或者通过与目标节点的邻居节点进行数据校对来确认数据的可靠性。

现以节点 i 与节点 j 为例给出分布式非合作行为检测算法，假定 $j \in \mathcal{N}_i^k$ 且节点 i 对节点 j 进行非合作行为检测。

非合作行为检测算法示意图如图 10.2 所示。直观地说，该非合作行为检测算法就是通过获得目标节点邻居节点的信息，借助齐次的信息交互协议求得目标节点的理论运动状态，并将其与探测到的实际运动状态进行比较，若误差超过一定幅值，则判定节点产生了非合作行为。

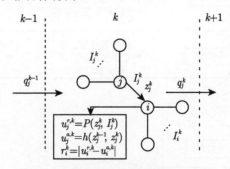

图 10.2　非合作行为检测算法示意图

现对前文所述的非合作行为的产生来源进行具体论述。对于信息交互与控制信息生成过程中产生的非合作行为，由于控制信息无法正确生成，节点 j 会产生错误的控制量 $u_j^{r,k} + \Delta u$，从而导致其运动状态 z_j^k 与预期运动状态发生偏差。对于其邻居节点，由于邻居节点是利用节点 j 传输的其邻居节点的信息重新计算的 $u_j^{r,k}$，

故该值并不受 j 中非合作行为的影响，仍为其预期运动状态。但 $u_j^{a,k}$ 利用的是 j 的实际运动状态信息 z_j^k，故 $u_j^{a,k}$ 会受到非合作行为的影响，这将导致 $u_j^{r,k}$ 与 $u_j^{a,k}$ 产生偏差。由此可以证明，信息交互和控制量生成过程中产生的非合作行为将会反映在由式 (10.11) 求得的残差信号 r_j^k 中，从而被邻居节点检测出来。针对执行器运行过程中产生的非合作行为，与上述分析方法类似，可以发现此时 $u_j^{r,k}$ 仍不受非合作行为的影响，而 $u_j^{a,k}$ 因利用了节点的实际运动状态，将会与 $u_j^{r,k}$ 产生偏差，其偏差值的大小将直接反映在残差信号 r_j^k 中，因此也可以被检测出来。通过上述分析，可以证明算法 6 在检测多智能体系统非合作行为时的有效性。

算法 6　一阶多智能体系统非合作行为检测算法

输入：目标节点及其邻居节点的状态信息 z_j^k、I_j^k。

输出：节点对节点的非合作行为检测结果 $q_{i,j}^k$。

1. 节点 i 借助信息交互内容 1 和 2 获得节点 j 及其所有邻居节点当前的状态信息 z_j^k、I_j^k。
2. 节点 i 借助齐次控制协议 P 及式 (10.8) 获得节点 j 的控制输入 u_j^k。
3. 节点 i 借助式 (10.12) 求得 $u_j^{r,k}$、$u_j^{a,k}$。
4. 节点 i 借助式 (10.11) 求得 r_j^k。
5. 节点 i 借助定义 10.1 判断节点 j 是否为非合作节点，若是，则 $q_{i,j}^k = 1$，否则 $q_{i,j}^k = 0$。
6. 进入下一个时间步长，重复步骤 1~5。

---

2. 基于流言算法的检测信息交互方案

流言 (Gossip) 算法从本质上来说是一种特殊的信息交互算法，其研究的主要内容是信息在复杂网络信息交互结构中的传播效率与代价等问题。1972 年，Hajnal 等对 Gossip 问题做了形象的描述[237]：假定在 n 个人之间传递一条谎言，每两个人利用电话信息交互后都会知道该谎言的内容，则经过多少次信息交互后，该谎言会被所有的 n 个人所知晓？该问题的提出第一次使 Gossip 算法进入人们的研究范畴。1988 年，Hedetniemi 等对 Gossip 算法进行了精确的定义[238]：V 是系统中节点的集合，每个节点都需要将自身的信息传送给系统中的其他节点，用路径 (i, j) 表示节点之间的信息交换，当最后一对节点完成信息交换后，系统中的每一个节点都将知道系统的所有信息。该问题研究的核心是算法共用了多少时间，或者是算法经历了多少次信息交互。近些年，随着分布式无线网络的迅速普及以及对复杂控制系统研究的深入，系统中信息传播的时间和效率等问题不断涌现，这也使 Gossip 算法越来越受人们的重视。Gossip 算法运行示意图如图 10.3 所示。

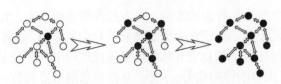

图 10.3　Gossip 算法运行示意图

前文所述的非合作行为检测算法得到的是单个节点的检测结果，受节点自身能力的限制，单节点检测结果的可信度并不高。若直接应用该检测信息进行非合作行为处理，则系统中可能会有大量正常节点因误操作而被隔离，造成严重的资源浪费，甚至可能导致全局目标无法实现。考虑到这些情况，本节提出借用 Gossip 算法的运行框架来完成对于非合作节点检测信息的传播与融合任务，其目标是在相关节点构成的局部信息交互网络内，将对目标节点的检测结果传输给所有的相关节点，以此实现对检测信息的综合处理，提高检测结果的可靠度。

现仍以节点 i 与节点 j 为例给出非合作行为检测信息的交互算法。

算法 7　非合作行为检测信息的交互算法

输入：非合作行为检测结果 $\{i \in \mathcal{N}_j^k | q_{i,j}^k\}$。

输出：系统对节点 j 的非合作行为检测结果 Q_j^k。

1. 节点 i 通过信息交互内容 3 将对 j 的检测结果 $q_{i,j}^k$ 传输给 j。
2. 节点 j 获得所有邻居节点对自身的检测结果 $\{i \in \mathcal{N}_j^k | q_{i,j}^k\}$，并将其传输给所有邻居节点。
3. 节点 i 通过信息交互内容 4 获得 $\{i \in \mathcal{N}_j^k | q_{i,j}^k\}$。
4. 节点 i 借助式 (10.10) 求得 Q_j^k。
5. 进入下一个时间步长，重复步骤 1~4。

在算法 7 中，所有节点 j 的邻居节点对节点 j 的检测结果均被视为 "流言"，在节点 j 及其邻居节点构成的子网络内进行传播，最终子网络中的所有节点均可知晓 "流言"，并借此求得系统对节点 j 的检测结果。基于 Gossip 算法的检测信息交互方案示意图如图 10.4 所示。

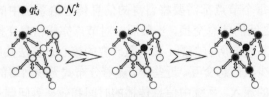

图 10.4　基于 Gossip 算法的检测信息交互方案示意图

需要说明的是，在算法 7 中目标节点 j 相当于一个中继节点，用于散布邻居对其的检测信息。算法假设目标节点 j 能够正常地完成信息传输的功能，这在实际情况中有可能是无法保证的，因为节点产生非合作行为的原因之一就是通信模块发生故障无法正常获取外界信息。针对此问题可以有两种补充性的解决方案。

(1) 对于节点众多且连接较为稠密的网络拓扑，采用如下非合作行为检测信息的改进交互算法。

算法 8 非合作行为检测信息的改进交互算法 1

输入：非合作行为检测结果 $\{i \in \mathcal{N}_j^k | q_{i,j}^k\}$。

输出：非合作行为检测结果 Q_j^{k*}。

1. 节点 i 将对 j 的检测结果 $q_{i,j}^k$ 传输给所有节点 $l \in (\mathcal{N}_i^k \cap \mathcal{N}_j^k)$。
2. 节点 i 将接收到的所有针对 j 的检测结果传输给所有节点 $l \in (\mathcal{N}_i^k \cap \mathcal{N}_j^k)$。
3. 节点 i 借助所有可获得的针对 j 的检测结果以及式 (10.10) 求得 Q_j^{k*}。
4. 进入下一个时间步长，重复步骤 1~3。

在算法 8 中，节点 j 的所有邻居节点构成了一个局部信息交互子网络，且所有子网络中的节点都参与了 "流言" 的传播。需要说明的是，算法 8 最终所得的结果 Q_j^{k*} 与算法 7 中系统对节点 j 的非合作行为检测结果 Q_j^k 并不等价，这是因为此时的局部信息交互子网络有可能不连通，每个节点只能获得自身所处的连通子图内所有节点针对目标节点的检测结果。此外，算法 8 与算法 7 并无冲突，两者可同时进行，借以提高节点获得所需信息的概率。检测信息的改进交互算法 1 示意图如图 10.5 所示。

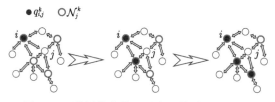

图 10.5 检测信息的改进交互算法 1 示意图

该改进交互算法适用于拓扑连接较为稠密的网络拓扑，即流言有更高的概率在局部信息交互子网络中扩散开，提高最终检测结果的可靠度。此外，当网络中节点较多时，该改进算法由于只局限在局部子网络中，对系统的通信负担增加不多，所以具有一定的实际应用价值。

(2) 对于节点较少或是连接较为稀疏的网络拓扑，采用如下非合作行为检测信息的改进交互算法。

算法 9　非合作行为检测信息的改进交互算法 2

输入：非合作行为检测结果 $\{i \in \mathcal{N}_j^k | q_{i,j}^k\}$。

输出：系统对节点 j 的非合作行为检测结果 Q_j^k。

1. 节点 i 将对 j 的检测结果 $q_{i,j}^k$ 传输给除 j 以外的所有邻居节点。

2. 节点 i 将接收到的所有针对 j 的检测结果传输给除 j 以外的所有邻居节点。

3. 一段时间后，节点 i 获得 j 所有邻居对其的检测结果 $\{i \in \mathcal{N}_j^k | q_{i,j}^k\}$。

4. 节点 i 通过式 (10.10) 求得 Q_j^k。

5. 进入下一个时间步长，重复步骤 1~4。

　　算法 9 采用的是典型的广播式 Gossip 算法[238]，该算法在整个网络内传播关于目标节点的检测结果，可有效避免算法 8 中因局部子网络不连通而导致的获得检测信息不完全的情况。但当网络中节点较多且拓扑连接稠密时，该算法会产生大量的冗余信息，占用系统正常的信息传输通道，给系统的正常控制带来不利影响。此外，由于该算法可能需要多跳信息传输来完成流言扩散，信息传递会存在时延和丢包的情况。检测信息的改进交互算法 2 示意图如图 10.6 所示。

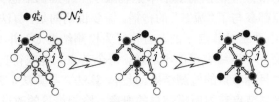

图 10.6　检测信息的改进交互算法 2 示意图

　　算法 9 能够得到 Q_j^k 的前提是系统除去节点 j 后所形成的删点子图依然连通，即原图必须是双连通的。这涉及网络拓扑的构造及连通性保持等知识，有众多学者针对这些内容进行过研究，本章对此不作详细讨论。此外，该算法同样不会与算法 7 产生冲突，两者可同时运行。

　　在经过上述一种或几种检测信息交互算法之后，节点 i 可以获得系统对节点 j 的非合作行为检测结果 $Q_j^k(Q_j^{k*})$。此时可以设立参数 Q_{con}，当 $Q_j^k > Q_{con}(Q_j^{k*} > Q_{con})$ 时，即可判断节点 j 为非合作节点。参数 Q_{con} 的取值为 $(0,1]$ 区间上的常数，其大小由任务对执行精度的要求、环境干扰的强度、信息交互的质量等因素共同决定。Q_{con} 值越大，系统对非合作行为的检测结果可靠性越高，但漏检的概率也越大，因此，Q_{con} 值应根据实际情况适当选取。

　　经过算法 6~ 算法 9，节点 i 完成了对目标节点 j 的可靠检测。需要说明的是，上述算法都是分布式的，虽然在算法描述中只提及了节点 i 与节点 j，但其对网络中的所有节点均适用，最终形成的结果是系统中每个节点都在实时检测其邻居节点的状态，同时又会被所有邻居节点检测。

3. 非合作节点的隔离与修复

在非合作行为检测完成之后，系统往往需要对非合作节点进行隔离工作，以避免其对剩余正常节点产生不利影响。前文给出的非合作行为检测算法都是借助通信获得所需要的信息，这导致系统中各节点检测到非合作节点的时间可能是不一致的。若每个节点在自己检测到非合作节点的时刻就进行节点隔离操作，则该节点本身很有可能也会被其邻居诊断为非合作节点。这种情形将会逐级扩散下去，最终导致整个系统崩溃。因此，有必要给各节点规定一个时刻来统一进行对非合作节点的隔离工作。这里定义一个新的参数：非合作行为检测与修复周期，记作 $T_p = p^*T$。其中常数 $p^* \in \mathbb{Z}^+$，T 是采样时间。在每个周期 T_p 中，节点在 $[k^*T_p+T, (k^*+1)T_p-T]$ 时间段内进行非合作行为检测与信息处理的工作，在 $(k^*+1)T_p$ 时间段内对非合作节点进行隔离与修复，其中 $k^* \in \mathbb{Z}^+$ 代表第 k^* 个非合作行为检测与修复周期。此外，由于非合作节点的隔离与修复是一项非常规操作，很有可能被其邻居节点检测为非合作行为，所以在时间段 $(k^*+1)T_p$ 内，应暂时屏蔽各节点的非合作行为检测功能。

在多智能体系统中，非合作节点隔离是指消除非合作节点对系统剩余节点的影响。很显然，当节点检测到其邻居为非合作节点时，只需等到 $(k^*+1)T_p$ 时，将该非合作节点从自己的邻居节点集中去除，同时中断两者之间的信息交互，即可完成隔离工作。

由于非合作节点的检测与隔离并不是同时完成的，所以即使完成了节点隔离，其对系统仍会残留一部分的影响，这会干扰到某些对精度要求较高的控制任务。非合作行为修复的目的就是消除非合作节点在产生非合作行为到被邻居隔离这一段时间内对系统产生的不利影响，保证系统预定的控制目标不会因此产生偏差。

首先给出补偿量的计算方法：假设节点 i 在时刻 T_f 确认其邻居 j 产生非合作行为，即此时 $Q_j^k > Q_{\text{con}}$，利用式 (10.8) 计算在没有 j 影响的条件下自身的控制量 $u_{i\backslash j}^k$，同时计算 $u_i^k - u_{i\backslash j}^k$ 的值并将其取反累加起来，直至到达第一个非合作行为隔离与修复时刻 T_{fp}。由此可以求得对于节点 i，为消除非合作节点 j 的影响而需要施加的补偿量为

$$u_{i_{\text{comp}},j} = -\sum_{kT=T_f}^{T_{fp}} (u_i^k - u_{i\backslash j}^k) \tag{10.14}$$

由于实际系统中存在输出的最大幅值，所以不能将由式 (10.14) 求得的补偿量简单地加至原控制量中，需考虑补偿量的加入是否会导致原控制量超过限幅值而出现补偿不充分的情况。假定控制量的最大限幅值为 u_{max}，定义如下非合作行为修复算法。

算法 10　非合作行为修复算法

输入：目标节点 j 及其邻居节点的状态信息 z_j^k、I_j^k。

输出：节点 i 自身的控制量或控制序列。

1. 节点 i 利用式 (10.14) 求得针对节点 j 的补偿量 $u_{i_{\text{comp}},j}$。

2. 节点 i 在 T_{fp} 时将补偿量加至自身此时的控制量 u_i^k 中，形成新的控制量 $u_i^k + u_{i_{\text{comp}},j}$ 并作用于节点。

3. 计算 $u_r = u_i^k + u_{i_{\text{comp}},j} - u_{\max}$。

4. 若 $u_r > 0$，令 $u_{i_{\text{comp}},j} = u_r$，等到下一个非合作行为隔离与修复时刻 $T_{fp} + T_p$，返回步骤 2；若 $u_r \leqslant 0$，算法结束。

现给出算法 10 的有效性证明。首先，对于一阶多智能体系统，由于只存在一个状态变量，节点的输出为状态变量本身，即

$$y_i^k = z_i^k = \sum_{s=1}^k u_i^s \tag{10.15}$$

式中，$y_i^k = y_i(kT)$ 代表节点 i 在时间步长 k 时的输出。

假设节点 i 在 $T_{fp} + nT_p(n = 1, 2, 3, \cdots)$ 时刻完成针对节点 j 的非合作行为修复，由于在多智能体系统中节点对系统的影响完全反映在其输出上，所以只要节点 i 在 $T_{fp} + nT_p$ 时刻的输出与不存在节点 j 情况下的输出相等，即可认为节点 j 残留在节点 i 中的不利影响已被完全消除。若不存在节点 j，则节点 i 在 $T_{fp} + nT_p$ 时刻的输出为

$$y_i^*(T_{fp} + nT_p) = \sum_{kT=T}^{T_{fp}+nT_p} u_{i\setminus j}^k \tag{10.16}$$

采用算法 10 后节点 i 在时刻 $T_{fp} + nT_p$ 的实际输出为

$$
\begin{aligned}
y_i(T_{fp} + nT_p) &= \sum_{kT=T}^{T_{fp}+nT_p} u_{i\setminus j}^k \\
&= \sum_{kT=T}^{T_{fp}-T} u_i^k + \sum_{kT=T_{fp}+T}^{T_{fp}+T_p-T} u_{i\setminus j}^k + \cdots + \sum_{kT=T_{fp}+(n-1)T_p+T}^{T_{fp}+nT_p-T} u_{i\setminus j}^k \\
&\quad + u_i(T_{fp}) + u_{i\setminus j}(T_{fp} + T_p) + \cdots + u_{i\setminus j}(T_{fp} + nT_p) + u_{i_{\text{comp}},j} \\
&= \sum_{kT=T}^{T_{fp}-T} u_{i\setminus j}^k + \sum_{kT=T_{fp}+T}^{T_{fp}+T_p-T} u_{i\setminus j}^k + \cdots + \sum_{kT=T_{fp}+(n-1)T_p+T}^{T_{fp}+nT_p-T} u_{i\setminus j}^k \\
&\quad + u_{i\setminus j}(T_{fp}) + u_{i\setminus j}(T_{fp} + T_p) + \cdots + u_{i\setminus j}(T_{fp} + nT_p)
\end{aligned}
$$

$$= \sum_{kT=T}^{T_{fp}+nT_p} u_{i\backslash j}^k$$

$$= y_i^*(T_{fp} + nT_p) \tag{10.17}$$

由式 (10.16) 与式 (10.17) 可知, 算法 10 可以有效完成对非合作行为的修复工作, 保证非合作节点被隔离后其不利影响不会继续残留在邻居中, 提高系统的可靠性。

10.3.3 仿真和实验

1. 数值仿真

考虑一个由八个节点构成的多智能体系统, 节点的初始状态矩阵为

$$x = [x_1, x_2, \cdots, x_8]^{\mathrm{T}} = [10, 4, 8, 2, 9, 3, 5, 7]^{\mathrm{T}} \tag{10.18}$$

系统拓扑采用无向图描述, 具有如下邻接矩阵:

$$A = [a_{ij}] = \begin{bmatrix} 0 & 1 & 0 & 0 & 0 & 1 & 1 & 1 \\ 1 & 0 & 1 & 0 & 0 & 1 & 0 & 1 \\ 0 & 1 & 0 & 1 & 1 & 0 & 0 & 1 \\ 0 & 0 & 1 & 0 & 1 & 0 & 1 & 1 \\ 0 & 0 & 1 & 1 & 0 & 1 & 1 & 0 \\ 1 & 1 & 0 & 0 & 1 & 0 & 1 & 0 \\ 1 & 0 & 0 & 1 & 1 & 1 & 0 & 0 \\ 1 & 1 & 1 & 1 & 0 & 0 & 0 & 0 \end{bmatrix} \tag{10.19}$$

节点间采用连续一致性控制协议的离散化算法来实现状态一致, 即

$$x_i^{k+1} = x_i^k - \varepsilon \sum_{j=1}^n a_{ij}(x_i^k - x_j^k) \tag{10.20}$$

式中, $i, j = 1, 2, \cdots, 8$, $\varepsilon = 0.001$。式 (10.20) 是一种简单地实现离散时间平均一致性的控制协议, 但是该实现方式并不能保证节点状态一定收敛, 其收敛性取决于参数 ε 的选取。系统运行过程中, 随机选择第四个节点为非合作节点, 于 $t = 0.2s$ 时分别产生 10.2.2 节中所介绍的三种非合作行为, 同时整个系统应用本节所介绍的非合作行为检测与隔离算法, 具体包括算法 6、算法 7、算法 8 和算法 10。系统的采样时间 $T = 0.001s$, 非合作行为检测与修复周期 $T_p = 10T = 0.01s$。使用 MATLAB 软件进行仿真, 仿真结果如图 10.7~图 10.9 所示。

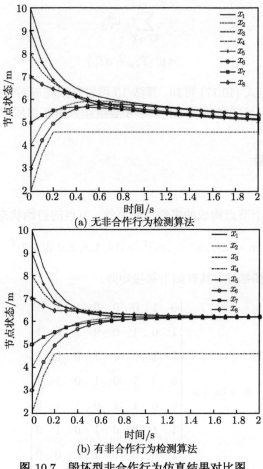

(a) 无非合作行为检测算法

(b) 有非合作行为检测算法

图 10.7 毁坏型非合作行为仿真结果对比图

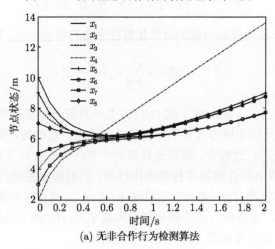

(a) 无非合作行为检测算法

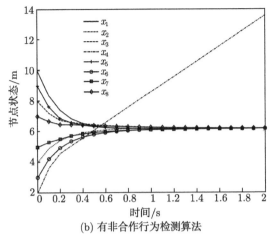

(b) 有非合作行为检测算法

图 10.8 失控型非合作行为仿真结果对比图

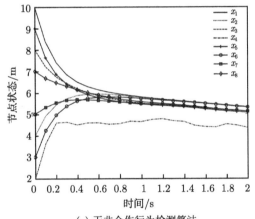

(a) 无非合作行为检测算法

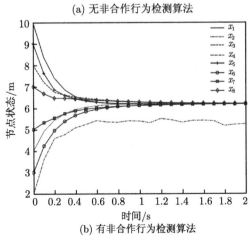

(b) 有非合作行为检测算法

图 10.9 干扰型非合作行为仿真结果对比图

在图 10.7~图 10.9 所示的三组仿真结果中，(a) 图作为对照组展示的是不存在非合作行为检测与修复算法时系统的一致性实现情况，(b) 图展示的是存在非合作行为检测与修复算法时系统的一致性实现情况。此外，当 $t = 0.2\text{s}$ 时，三组实验 (b) 图所对应的节点状态均为

$$x(0.2) = [7.41, 5.44, 6.74, 4.59, 6.86, 4.955, 5.53, 6.47]^{\mathrm{T}} \tag{10.21}$$

当 $t = 5.0\text{s}$ 时，三组实验 (b) 图所对应的节点状态分别为

$$x_{3.7}(5.0) = [6.20, 6.20, 6.20, 4.59, 6.20, 6.20, 6.20, 6.20]^{\mathrm{T}}$$
$$x_{3.8}(5.0) = [6.20, 6.20, 6.20, 28.59, 6.20, 6.20, 6.20, 6.20]^{\mathrm{T}} \tag{10.22}$$
$$x_{3.9}(5.0) = [6.20, 6.20, 6.20, 3.92, 6.20, 6.20, 6.20, 6.20]^{\mathrm{T}}$$

从图 10.7~图 10.9 的仿真结果中可以看出，本节所提出的非合作行为检测与隔离算法可以有效实现对非合作节点的检测与隔离任务，保证系统在非合作节点存在的情况下仍能最大限度地完成预期的控制目标。从式 (10.22) 中可以看出，系统中正常节点最终一致状态为 $x_1 = x_2 = x_3 = x_4 = x_5 = x_6 = x_7 = x_8 = 6.20$，恰好等于式 (10.21) 中七个节点状态的均值。这个结果说明了本节所提的非合作行为修复算法可以有效消除非合作节点残留在系统中的不利影响，保证系统能够实现预定的控制目标。

2. 实物实验

现给出利用实物进行实验仿真的结果。实验采用五辆 Pioneer-robot 地面移动平台执行编队控制任务，控制目标是移动平台在位置上纵向等间隔分布，横向位于同一条直线上。平台配有四个声呐环，每一个有独立的八个声呐，用于探测节点之间的相对位置；具有内置的速度传感器和电子罗盘，用于测量节点当前的速度；某些平台还单独配置了激光探测器、摄像头、机械臂等设备，但在本实验中并未开启。每个平台均需通过串行口将计算机与机器人控制器连接，在计算机上运行上层的控制程序。实验平台实物图如图 10.10 所示。

图 10.10 Pioneer-robot 地面移动平台

五辆地面移动平台编队行进，节点动力学模型为一阶积分器模型：

$$\begin{bmatrix} \ddot{p}_x((k+1)T) \\ \ddot{p}_y((k+1)T) \end{bmatrix} = \begin{bmatrix} 1 & 0 \\ 0 & 1 \end{bmatrix} \begin{bmatrix} p_x(kT) \\ p_y(kT) \end{bmatrix} + \begin{bmatrix} u_x(kT) \\ u_y(kT) \end{bmatrix} \tag{10.23}$$

式中，$p_x^k = p_x(kT)$ 和 $p_y^k = p_y(kT)$ 分别表示平台的 x 轴和 y 轴方向位置信息；$u_x(kT)$ 采用式 (10.20) 所示的离散时间平均一致性控制协议，其中 $\varepsilon = 0.1$，系数 a_{ij} 依据邻接矩阵对应选取；$u_y(kT)$ 采用改进的平均一致性协议：

$$x_i^{k+1} = x_i^k - \varepsilon \sum_{j=1}^{n} a_{ij}(x_i^k - x_j^k - d_{ij}) \tag{10.24}$$

式中，$\varepsilon = 0.1$；d_{ij} 用于确定节点间的间隔距离，满足：

$$D = [d_{ij}] = \begin{bmatrix} 0 & 0.6 & 1.2 & 1.8 & 2.4 \\ -0.6 & 0 & 0.6 & 1.2 & 1.8 \\ -1.2 & -0.6 & 0 & 0.6 & 1.2 \\ -1.8 & -1.2 & -0.6 & 0 & 0.6 \\ -2.4 & -1.8 & -1.2 & -0.6 & 0 \end{bmatrix} \tag{10.25}$$

记 D_{n_r} 为矩阵 D 的 n_r 阶顺序主子式，若系统中有节点被检测隔离，则重新将剩余节点编号且令 $D = D_{n_r}$，n_r 等于系统中剩余的节点数量。例如，若系统中有一个节点被隔离，则有

$$D_{\text{new}} = D_4 = \begin{bmatrix} 0 & 0.6 & 1.2 & 1.8 \\ -0.6 & 0 & 0.6 & 1.2 \\ -1.2 & -0.6 & 0 & 0.6 \\ -1.8 & -1.2 & -0.6 & 0 \end{bmatrix}$$

系统的采样时间 $T = 1\text{s}$，非合作行为检测与修复周期 $T_p = 3T = 3\text{s}$。随机选择第二个移动平台作为非合作节点，在 $t = 15\text{s}$ 时分别产生 10.2.2 节中所介绍的三种非合作行为，同时整个系统应用本章所介绍的非合作行为检测与隔离算法，具体包括算法 6、算法 7、算法 8 和算法 10。

在图 10.11~图 10.13 所示的实物实验结果中，(a) 图展示的是节点的初始位置，(b) 图展示的是节点进行非合作行为修复时的状态，(c) 图展示的是剩余正常节点完成预期编队控制时的状态，(d) 图给出了整个实验过程中实验平台的运行轨迹图。从实验结果可以看出，本节所提出的非合作行为检测、隔离与修复算法可以有效处理实际多智能体系统中的非合作行为，保证系统在存在非合作节点的情况下仍能完成预期目标。

(a) 毁坏型初始状态　　　　　　　　(b) 毁坏型中间状态

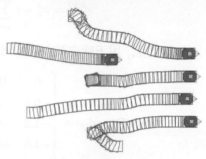

(c) 毁坏型最终状态　　　　　　　　(d) 运行轨迹图

图 10.11　存在毁坏型非合作行为系统实物实验结果图

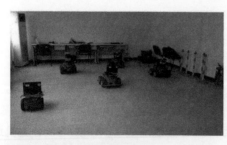

(a) 失控型初始状态　　　　　　　　(b) 失控型中间状态

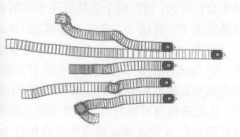

(c) 失控型最终状态　　　　　　　　(d) 运行轨迹图

图 10.12　存在失控型非合作行为系统实物实验结果图

(a) 干扰型初始状态

(b) 干扰型中间状态

(c) 干扰型最终状态

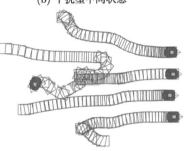
(d) 运行轨迹图

图 10.13　存在干扰型非合作行为系统实物实验结果图

10.4　结　　论

　　本章针对一阶多智能体系统中可能存在的非合作行为，提出了一种基于信息交互的非合作行为检测算法，在增加少量系统通信的基础上，大幅改善了传统算法计算量大、实时性差等缺陷，且算法本身具有分布式的特性，非常适合在实际多智能体系统中应用；设计了一种基于 Gossip 算法的检测信息交互方案，完成了节点间检测信息的交流与融合，提高了对非合作节点检测结果的可靠性。此外，考虑到目标节点通信被破坏的情况，提出了两种改进的信息交互算法，进一步增加了原方案的适应性。为了避免了非合作节点在被隔离后仍对系统产生不利影响，本章从节点的实际输出出发，设计了一套完整的非合作节点隔离与修复方案，保证最大限度地实现系统控制目标。

　　本章主要从工程角度给出了一阶多智能体系统非合作行为处理的具体操作方法，所得结果既可以直接应用于工程实践，也可作为后续较为复杂的非合作行为检测算法进行工程应用时的模板。

第11章　基于邻居相关状态的多智能体非合作行为检测与隔离

11.1　研究背景

在第 10 章节点动力学模型为一阶积分器模型的多智能体系统基础上，本章针对更为一般的线性节点动力学模型系统，通过利用一系列模型变换，构造出一种全新的非合作行为检测模型，以完成对误差信号与系统状态变量的解耦，降低检测的难度。同时，考虑到节点只能获得邻居相关状态信息的情况，给出一种仅利用相关状态信息的非合作行为检测算法。该算法通过求解线性系统方程获得节点的理论运动状态，并将该状态与传感器获得的节点实际运动状态进行比较，借此观测非合作行为是否存在。

另外，为充分利用多智能体系统的群体性优势，本章将设计一种局部信息交互算法。该算法以目标节点为中心构造局部通信子网络，并将对目标节点的检测结果作为通信内容进行信息交互。同时，通过构造一致性通信协议，使节点能够在仅与邻居进行局部信息交互的条件下获得全局对目标节点的检测结果。在不提高系统硬件性能的前提下提高检测结果的可靠性，降低检测成本。

11.2　基于邻居相关状态的非合作行为检测

本节主要研究节点动力学模型为线性系统模型的多智能体系统非合作行为的检测算法。对于智能体系统中经常存在的节点只能获得邻居相关状态信息的情况，本节将分析相关状态信息的引入对多智能体系统控制及非合作行为检测的影响，并借助模型变换给出一种全新的非合作行为检测模型，同时设计一种基于邻居相关状态的分布式非合作行为检测算法，以提高算法的适应性。

11.2.1　问题描述

考虑一个由 N 个节点构成的多智能体系统，用无向图 $G = \{V_N, E_N\}$ 描述，其中 $V_N = \{1, \cdots, N\}$ 为节点集，$E_N \subseteq V_N \times V_N$ 为边集。每个节点可与其周围邻居进行信息交互，邻居节点构成集合 N_i，用 $n_i = |N_i|$ 表示集合的势，这里假定所有的邻居集均为非空集合，$n_i \neq 0$。与式 (10.5) 类似，对于节点 i，最为常用的带有

故障信号的线性节点动力学模型为

$$\dot{x}_i(t) = Ax_i(t) + Bu_i(t) + B_f f_i(t)$$
$$y_i(t) = Cx_i(t) \tag{11.1}$$

其标准形式为

$$\dot{\bar{x}}_i(t) = A\bar{x}_i(t) + Bu_i(t)$$
$$\bar{y}_i(t) = C\bar{x}_i(t) \tag{11.2}$$

式中, $x_i \in \mathbb{R}^n$ 是节点 i 的状态信息; $u_i \in \mathbb{R}^m$ 是节点 i 的控制输入; $y_i \in \mathbb{R}^p$ 是节点 i 的输出; $f_i \in \mathbb{R}^q$ 代表故障信号, 若节点 i 为正常节点, 则 $f_i = 0$; $\bar{x}_i(t)$、$\bar{y}_i(t)$ 为节点 i 不存在故障信号时状态信息与输出的理论值, 满足 $\bar{x}_i(t_0) = x_i(t_0)$, $\bar{y}_i(t_0) = y_i(t_0)$; $A \in \mathbb{R}^{n \times n}$、$B \in \mathbb{R}^{n \times m}$、$C \in \mathbb{R}^{p \times n}$ 和 $B_f \in \mathbb{R}^{n \times q}$ 为系统矩阵。

对于节点模型 (11.1) 给出如下假设:

假设 11.1 (A, B_f, C) 是系统的最小实现。

假设 11.2 矩阵 B_f 列满秩, C 行满秩。

假设 11.3 矩阵的秩 $p \geqslant q$ 且 $\mathrm{rank}(CB_f) = \mathrm{rank}(B_f) = q$。

需要说明的是, 上述假设并不严苛。对于假设 11.1, 若 (A, B_f, C) 不是原系统的最小实现, 只需对 (A, B_f, C) 进行可控可观性分解, 取出其中既可控又可观的部分重新作为系统模型即可; 对于假设 11.2, 若矩阵 B_f 不满秩, 假设 $\mathrm{rank}(B_f) = r$, 则借助矩阵的满秩分解可得 $B_f = B_{f1}B_{f2}$, 其中 $B_{f1} \in \mathbb{R}^{n \times r}$, $B_{f2} \in \mathbb{R}^{r \times q}$, 只需令 $B_f = B_{f1}$, 并将 $B_{f2}f_i(t)$ 整体视为新的故障信号即可; 对于假设 11.3, 此为故障检测领域的常用假设, 主要用来保证可以通过输出重构故障信号 $f_i(t)$。

对于多智能体系统的非合作行为检测问题, 由于系统中节点的合作或是非合作行为体现在对邻居的影响上, 且执行非合作行为检测的是邻居而非节点本身, 即使检测出具体的故障信号 $f_i(t)$, 也只能将节点隔离而无法针对具体的故障进行修复, 因此考虑如下带有非合作信号的节点动力学模型:

$$\dot{\bar{x}}_i(t) = A\bar{x}_i(t) + Bu_i(t)$$
$$y_i(t) = C\bar{x}_i(t) + e_i(t) \tag{11.3}$$

式中, $e_i \in \mathbb{R}^p$ 用来描述非合作行为。此模型的实际物理含义是: 若节点 i 实际输出与理论输出的偏差 e_i 超过系统允许的范围, 则将节点检测为非合作节点。使用该模型的好处是可以直接分析邻居的输出而无需对邻居具体的状态信息进行观测, 方法相对简单且计算量小, 便于在多智能体系统中应用。

在模型 (11.3) 的基础上, 当考虑相关状态信息时, 系统输出 $y_i(t)$ 可以分解为两部分: $y_i(t) = [y_{di}(t)^{\mathrm{T}}, y_{ui}(t)^{\mathrm{T}}]^{\mathrm{T}}$, 其中 $y_{di}(t) \in \mathbb{R}^r$ 是可以直接测量获得的输出状

态量，$y_{ui}(t) \in \mathbb{R}^{p-r}$ 仅可以测得相关状态信息。矩阵 C 和向量 $e_i(t)$ 也按照相同的方式进行分解：$C = [C_d^{\mathrm{T}}, C_u^{\mathrm{T}}]^{\mathrm{T}}$，$e_i(t) = [e_{di}(t)^{\mathrm{T}}, e_{ui}(t)^{\mathrm{T}}]^{\mathrm{T}}$。由此可得带有相关状态信息的节点动力学模型为

$$
\begin{aligned}
\dot{\bar{x}}_i(t) &= A\bar{x}_i(t) + Bu_i(t) \\
z_{ij}(t) &= \begin{bmatrix} y_{dj}(t) \\ y_{ui}(t) - y_{uj}(t) \end{bmatrix} \\
&= \begin{bmatrix} C_d\bar{x}_j(t) \\ C_u(\bar{x}_i(t) - \bar{x}_j(t)) \end{bmatrix} + \begin{bmatrix} e_{dj}(t) \\ e_{ui}(t) - e_{uj}(t) \end{bmatrix}
\end{aligned}
\tag{11.4}
$$

式中，$z_{ij} \in \mathbb{R}^p$ 代表节点与邻居之间的相关状态信息。

本节所要解决的问题是：

(1) 相关状态信息对非合作行为检测有何影响？

(2) 如何在相关状态信息存在的情况下构造实际可用的非合作行为检测模型？

(3) 如何在相关状态信息存在的情况下检测出系统中的非合作节点？

11.2.2　非合作行为检测模型的构建

首先给出非合作行为检测模型 (11.3) 与传统故障检测模型 (11.1) 之间的内在联系。

引理 11.1 (零点的传输阻塞定理)[239] 对于满秩的系统传递函数矩阵 $G(s)$，若 $\theta_0 \in \mathbb{C}$ 是 $G(s)$ 的一个零点，则系统在输入 $u(t) = u_0 e^{\theta_0}(t) + \sum_{\alpha} m_\alpha \delta^{(\alpha)}$ 作用下输出 $y(t) \equiv 0$。

上述引理证明了对于一个满秩的系统矩阵，存在系统某个输入无法反映在输出中的情况。事实上，系统输出会同时受输入模态与自由模态两部分影响，上述引理只是说明对于有 $u_0 e^{\theta_0}(t)$ 形式的输入信号，系统的最终输出为 0，但是由其激发的系统的自由模态则需由信号 $\sum_{\alpha} m_\alpha \delta^{(\alpha)}(t)$ 加以抵消才能保证系统输出始终为 0。

定理 11.1　对于多智能体系统非合作行为检测模型 (11.3) 与传统故障检测模型 (11.1)，$e_i(t) \equiv 0$ 当且仅当下述条件至少有一个满足：

(1) $f_i(t) \equiv 0$。

(2) $f_i(t)$ 满足如下形式：

$$
\begin{aligned}
f_i(t) &= 1(t-t_0)\Lambda\Gamma(t-t_0) + \sum_{\alpha} m_\alpha\delta^{(\alpha)}(t-t_0) \\
\Gamma(t-t_0) &= [e^{\theta_1}(t-t_0), \cdots, e^{\theta_{n_0}}(t-t_0)]^{\mathrm{T}}
\end{aligned}
\tag{11.5}
$$

式中, $\theta_1, \cdots, \theta_{n_0}$ 是系统 (A, B_f, C) 的零点; $\Lambda \in \mathbb{R}^{q \times n_0}$ 是系数矩阵, 满足 $\Lambda 1_{n_0} = f_i(t_0)$; m_α 是与故障信号初始值 $f_i(t_0)$ 有关的向量; $\delta(t - t_0)$ 是单位脉冲函数; $1(t - t_0)$ 是单位阶跃函数。

证明 对于模型 (11.1) 和 (11.2), 其动态方程的解分别为

$$y_i(t) = C e^{A(t-t_0)} x(t_0) + C e^{At} \int_{t_0}^{t} e^{-A\tau} B u_i(\tau) \mathrm{d}\tau$$
$$+ C e^{At} \int_{t_0}^{t} e^{-A\tau} B_f f_i(\tau) \mathrm{d}\tau \tag{11.6}$$

$$\bar{y}_i(t) = C e^{A(t-t_0)} \bar{x}(t_0) + C e^{At} \int_{t_0}^{t} e^{-A\tau} B u_i(\tau) \mathrm{d}\tau \tag{11.7}$$

由于 $y_i(t) = \bar{y}_i(t) + e_i(t)$ 且 $\bar{x}_i(t_0) = x_i(t_0)$, 于是 $e_i(t) = C e^{At} \int_{t_0}^{t} e^{-A\tau} B_f f_i(\tau) \mathrm{d}\tau$。

借助傅里叶分解可得 $f_i(t) = \sum\limits_{k=0}^{\infty} c_k e^{\lambda_k t}$, 其中 $c_k \in \mathbb{C}^q$, $\lambda_k \in \mathbb{C}$, 于是 $e_i(t)$ 可以写成如下形式:

$$e_i(t) = C e^{At} \int_{t_0}^{t} e^{-A\tau} B_f \sum_{k=0}^{\infty} c_k e^{\lambda_k \tau} \mathrm{d}\tau$$
$$= \sum_{k=0}^{\infty} \left(C e^{At} \int_{t_0}^{t} e^{(\lambda_k I - A)\tau} B_f c_k \mathrm{d}\tau \right) \tag{11.8}$$

式 (11.8) 说明 $e_i(t)$ 可以视为系统 (A, B_f, C) 的输出, 且可以表示成对于 $f_i(t)$ 所有模态的输入响应累加和的形式。

充分性: 对于条件 (1), 很明显, 若 $f_i(t) \equiv 0$, 则 $e_i(t) = 0$ 必定成立。由假设 11.1∼假设 11.3 可得, 系统 (A, B_f, C) 的传递函数矩阵 $G_f(s) = C(sI - A)^{-1} B_f$ 满秩, 于是借助引理 11.1 可知, 若 $f_i(t)$ 可以表示成如式 (11.9) 所示的形式, 则 $e_i(t) \equiv 0$。

$$f_i(t) = 1(t - t_0) f_i(t_0) e^{\theta}(t - t_0) + \sum_\alpha m_\alpha \delta^{(\alpha)}(t - t_0) \tag{11.9}$$

更进一步地, 若 $G_f(s)$ 有 n_0 个零点, 则由式 (11.8) 可知 $f_i(t)$ 可以表示成所有如式 (11.9) 所示形式的累加和, 此即条件 (2)。

必要性: 令 $F_i(t)$ 代表所有满足条件 (1) 或 (2) 的 $f_i(t)$ 的集合, Θ 代表系统 (A, B_f, C) 所有零点的集合。假定存在 $f_i^*(t) \notin F_i(t)$ 满足 $e_i(f_i^*(t)) \equiv 0$, 令 $g_i(t) = f_i^*(t) - \sum\limits_\alpha m_\alpha \delta^{(\alpha)}(t - t_0)$, 借助傅里叶分解, 有 $g_i(t) = \sum\limits_{s=0}^{\infty} c_s e^{\lambda_s t}$。由于

$f_i^*(t) \notin F_i(t)$，所以 $\lambda_s \notin \Theta$。又由于 $e_i(f_i^*(t)) \equiv 0$，由零点的定义可知，此时 λ_s 必定为系统零点，即 $\lambda_s \in \Theta$，与上面结论 $\lambda_s \notin \Theta$ 相矛盾，于是假设不成立，原定理必要性得证。　　　　　　　　□

由定理 11.1 可知，$f_i(t) \equiv 0 \Rightarrow e_i(t) \equiv 0$ 成立，但 $e_i(t) \equiv 0 \Rightarrow f_i(t) \equiv 0$ 不一定成立。在实际的系统中，由于故障信号 $f_i(t)$ 是一个随机信号，其能满足定理 11.1 中条件 (2) 的概率在统计学意义下为 0，所以可以说 $e_i(t) = 0 \Leftrightarrow f_i(t) = 0$ 几乎总是成立的。更重要的是，即使在某个时刻 $f_i(t) \neq 0$ 而 $e_i(t) = 0$，此时由于节点输出并未偏离系统对其的要求，所以虽然节点本身存在故障，但并不应该将其作为非合作节点检测出来。从上述的分析中可以看出，模型 (11.3) 与 (11.1) 在用来检测是否有故障信号存在时是等价的。两者的主要区别是模型 (11.1) 可以用来确定故障的具体形式，如位置、大小、种类等；模型 (11.3) 若用来执行故障检测任务，则只能确认故障是否存在，但若执行非合作行为检测，则可以排除一些不必要的误检情况，且计算量相较模型 (11.1) 大大减少。由此本节将在模型 (11.3) 的基础上执行非合作行为检测算法的设计。

在系统中引入相关状态信息后，可以得到如式 (11.4) 所示的模型。现讨论相关状态信息的引入对系统可观性的影响。

引理 11.2(PBH 秩判据定理)　对于线性定常的连续系统 (A, B, C)，系统完全可观的充分必要条件是

$$\text{rank} \begin{bmatrix} \lambda_i I_n - A \\ C \end{bmatrix} = n, \quad i = 1, 2, 3, \cdots, n \tag{11.10}$$

式中，$\lambda_1, \lambda_2, \cdots, \lambda_n$ 是矩阵 A 的所有特征值。

由上述 PBH 秩判据定理可以得到如下推论。

推论 11.1　对于线性定常的连续系统 (A, B, C)，系统完全可观的充分必要条件是

$$\text{rank} \begin{bmatrix} s I_n - A \\ C \end{bmatrix} = n \tag{11.11}$$

式中，$s \in \mathbb{C}$ 为任意复数。

对于如式 (11.4) 所示含有相关状态信息的节点动力学模型，考虑如下同时包含节点与其邻居节点模型的扩展节点动力学模型：

$$\begin{aligned} \dot{\hat{x}}_i(t) &= \hat{A}\hat{x}_i(t) + \hat{B}\hat{u}_i(t) \\ \hat{\psi}_i(t) &= \hat{C}\hat{x}_i(t) + \hat{e}_i(t) \end{aligned} \tag{11.12}$$

式中

$$\hat{x}_i = \text{Col}(\bar{x}_i, \bar{x}_{i_1}, \cdots, \hat{x}_{i_{n_i}}), \quad i_1, \cdots, i_{n_i} \in N_i$$

$$\hat{u}_i = \text{Col}(u_i, u_{i_1}, \cdots, u_{i_{n_i}})$$

$$\hat{\psi}_i = \text{Col}(y_{di}, y_{di_1}, \cdots, y_{di_{n_i}}, y_{ui} - y_{ui_1}, \cdots, y_{ui} - y_{ui_{n_i}})$$

$$\hat{e}_i = \text{Col}(e_{di}, e_{di_1}, \cdots, e_{di_{n_i}}, e_{ui} - e_{ui_1}, \cdots, e_{ui} - e_{ui_{n_i}})$$

$$\hat{A} = I_{n_i+1} \otimes A, \quad \hat{B} = i_{n_i+1} \otimes B$$

$$\hat{C} = \begin{bmatrix} I_{n_i+1} \otimes C_d \\ H \otimes C_u \end{bmatrix}, \quad H = \begin{bmatrix} 1_{n_i}, & -I_{n_i} \end{bmatrix}$$

对于上述模型有如下定理存在。

定理 11.2 在扩展节点动力学模型 (11.12) 中，系统 $(\hat{C}, \hat{A})$ 可观当且仅当系统 (C_d, A) 可观。

证明 首先构造 PBH 判别矩阵：

$$\mathcal{O}(s) = \begin{bmatrix} sI_{n(n_i+1)} - \hat{A} \\ \hat{C} \end{bmatrix} = \begin{bmatrix} sI_{n(n_i+1)} - I_{n_i+1} \otimes A \\ I_{n_i+1} \otimes C_d \\ H \otimes C_u \end{bmatrix}$$

$$= \begin{bmatrix} I_{n_i+1} \otimes (sI_n - A) \\ I_{n_i+1} \otimes C_d \\ H \otimes C_u \end{bmatrix} = \begin{bmatrix} I_{n_i+1} \otimes \mathcal{O}_{\text{sub}}(s) \\ H \otimes C_u \end{bmatrix} \tag{11.13}$$

式中

$$\mathcal{O}_{\text{sub}}(s) = \begin{bmatrix} sI_n - A \\ C_d \end{bmatrix} \tag{11.14}$$

由引理 11.1 可知，若系统 $(\hat{C}, \hat{A})$ 可观，则对于所有的 $s \in \mathbb{C}$ 都有 $\mathcal{O}(s)$ 满秩，即 $\text{rank}\mathcal{O}(s) = n(n_i + 1)$。

充分性： 若系统 (C_d, A) 可观，则对于式 (11.14) 所示的子系统有

$$\text{rank}\mathcal{O}_{\text{sub}}(s) = \text{rank} \begin{bmatrix} sI_n - A \\ C_d \end{bmatrix} = n \tag{11.15}$$

由此可知 $\text{rank}\mathcal{O}(s) = \text{rank}[I_{n_i+1} \otimes \mathcal{O}_{\text{sub}}(s)] = n(n_i + 1)$，PBH 矩阵满秩，于是系统 $(\hat{C}, \hat{A})$ 可观，原定理充分性得证。

必要性： 首先假定子系统 (C_d, A) 不可观，即存在 s^* 满足

$$\text{rank}\mathcal{O}_{\text{sub}}(s^*) = \text{rank} \begin{bmatrix} s^*I_n - A \\ C_d \end{bmatrix} < n \tag{11.16}$$

由于矩阵 $\mathcal{O}_{\text{sub}}(s^*)$ 不满秩，存在向量 $\rho \neq 0$ 满足 $\mathcal{O}_{\text{sub}}(s^*)\rho = 0$。令 $\varrho = 1_{n_i+1} \otimes \rho$，于是有

$$
\begin{aligned}
\mathcal{O}(s^*)\varrho &= \left[\begin{array}{c} I_{n_i+1} \otimes \mathcal{O}_{\text{sub}}(s^*) \\ H \otimes C_u \end{array} \right] (1_{n_i+1} \otimes \rho) \\
&= \left[\begin{array}{c} (I_{n_i+1} 1_{n_i+1}) \otimes (\mathcal{O}_{\text{sub}}(s^*)\rho) \\ (H 1_{n_i+1}) \otimes (C_u \rho) \end{array} \right] \\
&= \left[\begin{array}{c} 1_{n_i+1} \otimes 0 \\ 0 \otimes (C_u \rho) \end{array} \right] \\
&= 0
\end{aligned}
\tag{11.17}
$$

由式 (11.17) 可知，存在不为 0 的向量 ϱ 使得 $\mathcal{O}(s^*)\varrho = 0$，于是 $\mathcal{O}(s^*)$ 不满秩，系统 $(\hat{C}, \hat{A})$ 不可观。

由上述分析可以得出命题 "若系统 (C_d, A) 不可观，则系统 $(\hat{C}, \hat{A})$ 一定不可观" 成立，其逆否命题 "若系统 $(\hat{C}, \hat{A})$ 可观，则系统 (C_d, A) 一定可观" 也必定成立，原定理必要性得证。□

由定理 11.2 可知，相关状态引入后对系统可观性的影响相当于这条信息不存在，若节点间的信息交互完全基于相关状态信息，则系统必定不可观。对于系统的协同控制，相关状态信息并不会对其有不利的影响，因为相关状态显示的是节点与邻居之间的差异，而协同控制的最终目标就是要消除或控制该差异。但是对于节点的非合作行为检测算法，相关状态信息的引入可能会使系统变得不可观，这将导致节点无法重构邻居的状态信息。虽然在模型 (11.3) 中非合作信号直接作用于输出，但要获得邻居的理论输出仍需借助对状态的观测。由此，本章针对式 (11.12) 给出一系列模型变换，分解出其可观测子空间，并借助新的可观测模型完成非合作行为检测算法的设计。

定义如下模型变换：

$$
\begin{aligned}
\hat{x}_i^0(t) &= T_s \hat{x}_i(t) \\
\hat{u}_i^0(t) &= T_c \hat{u}_i(t) \\
\hat{\psi}_i^0(t) &= T_r \hat{\psi}_i(t)
\end{aligned}
\tag{11.18}
$$

式中

$$
T_s = \left[\begin{array}{cc} I_n & 0 \\ 1_{n_i} \otimes I_n & -I_{nn_i} \end{array} \right] \in \mathbb{R}^{n(n_i+1) \times n(n_i+1)}
$$

$$
T_c = \left[\begin{array}{cc} I_m & 0 \\ 1_{n_i} \otimes I_m & -I_{mn_i} \end{array} \right] \in \mathbb{R}^{m(n_i+1) \times m(n_i+1)}
$$

$$T_r = \begin{bmatrix} I_r & 0 & 0 \\ 1_{n_i} \otimes I_r & -I_{n_i r} & 0 \\ 0 & 0 & I_{n_i(p-r)} \end{bmatrix} \in \mathbb{R}^{(n_i p+r) \times (n_i p+r)}$$

$$\hat{x}_i^0 = \mathrm{Col}(\bar{x}_i, \bar{x}_i - \bar{x}_{i_1}, \cdots, \bar{x}_i - \bar{x}_{i_{n_i}})$$

$$\hat{u}_i^0 = \mathrm{Col}(u_i, u_i - u_{i_1}, \cdots, u_i - u_{i_{n_i}})$$

$$\hat{\psi}_i^0 = \mathrm{Col}(y_{di}, y_{di} - y_{di_1}, \cdots, y_{di} - y_{di_{n_i}}, y_{ui} - y_{ui_1}, \cdots, y_{ui} - y_{ui_{n_i}})$$

将变换 T_s、T_c、T_r 应用至模型 (11.12) 中可得

$$\begin{aligned} \dot{\hat{x}}_i^0(t) &= T_s \hat{A} T_s^{-1} \hat{x}_i^0(t) + T_s \hat{B} T_c^{-1} \hat{u}_i^0(t) \\ \dot{\hat{\psi}}_i^0(t) &= T_r \hat{C} T_s^{-1} \hat{x}_i^0(t) + T_r \hat{e}_i(t) \end{aligned} \tag{11.19}$$

式中

$$T_s \hat{A} T_s^{-1} = T_s (I_{n_i+1} \otimes A) T_s^{-1} = I_{n_i+1} \otimes A$$

$$T_s \hat{B} T_c^{-1} = T_s (I_{n_i+1} \otimes B) T_c^{-1} = I_{n_i+1} \otimes B$$

$$T_r \hat{C} T_s^{-1} = \begin{bmatrix} C_d & 0 \\ 0 & I_{n_i} \otimes C_d \\ 0 & I_{n_i} \otimes C_u \end{bmatrix}$$

$$T_r \hat{e}_i = \mathrm{Col}(e_{di}, e_{di} - e_{di_1}, \cdots, e_{di} - e_{di_{n_i}}, e_{ui} - e_{ui_1}, \cdots, e_{ui} - e_{ui_{n_i}})$$

从模型 (11.19) 中分离出系统的可观测子空间为

$$\begin{aligned} \dot{\tilde{x}}_i(t) &= \tilde{A} \tilde{x}_i(t) + \tilde{B} \tilde{u}_i(t) \\ \tilde{\psi}_i(t) &= \tilde{C} \tilde{x}_i(t) + \tilde{e}_i(t) \end{aligned} \tag{11.20}$$

式中

$$\tilde{x}_i = \mathrm{Col}(\bar{x}_i - \bar{x}_{i_1}, \cdots, \bar{x}_i - \bar{x}_{i_{n_i}})$$

$$\tilde{u}_i = \mathrm{Col}(u_i - u_{i_1}, \cdots, u_i - u_{i_{n_i}})$$

$$\tilde{\psi}_i = \mathrm{Col}(y_{di} - y_{di_1}, \cdots, y_{di} - y_{di_{n_i}}, y_{ui} - y_{ui_1}, \cdots, y_{ui} - y_{ui_{n_i}})$$

$$\tilde{e}_i = \mathrm{Col}(e_{di} - e_{di_1}, \cdots, e_{di} - e_{di_{n_i}}, e_{ui} - e_{ui_1}, \cdots, e_{ui} - e_{ui_{n_i}})$$

$$\tilde{A} = I_{n_i} \otimes A, \quad \tilde{B} = I_{n_i} \otimes B, \quad \tilde{C} = \begin{bmatrix} I_{n_i} \otimes C_d \\ I_{n_i} \otimes C_u \end{bmatrix}$$

定理 11.3 在扩展动力学模型 (11.20) 中，系统 $(\tilde{C}, \tilde{A})$ 完全可观。

证明 与定理 11.2 证明类似，此处略。 □

经过上述一系列模型变换，最终得到节点 i 的非合作行为检测模型为式 (11.20)。该模型不受节点间的相关状态信息影响，且本身具有分布式特性，可应用于系统中的每个节点，实时完成对非合作节点的检测。

11.2.3　非合作行为检测算法的设计

1. 非合作信号重构算法

针对如式 (11.20) 所示的非合作行为检测模型，记 $z_i(t) = \{y_{di}(t), z_{ij}(t) \mid j \in N_i\}$ 为节点 i 的相关状态信息集合。假设节点有如下控制规则：

$$u_i(t) = P(z_i(t)) \tag{11.21}$$

式中，P 代表节点的控制协议。现给出如下假设。

假设 11.4　控制协议 P 是齐次的，即每个节点都使用相同的控制协议。

假设 11.5　通过信息交互网络或车载传感器，每个节点均可获得邻居的相关状态信息集合 $Z_i(t) = \{z_{i_1}(t), \cdots, z_{i_{n_i}}(t) \mid i_1, \cdots, i_{n_i} \in N_i\}$。

通过利用假设 11.4 和假设 11.5，每个节点均可以利用现有信息重构邻居的控制输入。需要说明的是，对于不同的系统，上述假设并非是必须要满足的。若系统允许节点直接交换控制输入信息，则上述假设就无存在的必要性，但大多数情况下，控制输入作为节点的内部控制信息是不会向邻居公开的，这就需要上述假设来保证每个节点都可以有足够的信息重构邻居的控制输入，进而完成后续的非合作行为检测任务。

模型 (11.20) 的标准形式可写为

$$\begin{aligned} \dot{\tilde{x}}_i(t) &= \tilde{A}\tilde{x}_i(t) + \tilde{B}\tilde{u}_i(t) \\ \bar{\psi}_i(t) &= \tilde{C}\tilde{x}_i(t) \end{aligned} \tag{11.22}$$

式中，$\bar{\psi}_i = \mathrm{Col}(\bar{y}_{di} - \bar{y}_{di_1}, \cdots, \bar{y}_{di} - \bar{y}_{di_{n_i}}, \bar{y}_{ui} - \bar{y}_{ui_1}, \cdots, \bar{y}_{ui} - \bar{y}_{ui_{n_i}})$，其余变量的定义与式 (11.20) 相同。由模型 (11.20) 与 (11.22) 可知，非合作信号 $\tilde{e}_i(t)$ 可通过式 (11.23) 获得：

$$\tilde{e}_i(t) = \tilde{\psi}_i(t) - \tilde{C}\tilde{x}_i(t) = \tilde{\psi}_i(t) - \bar{\psi}_i(t) \tag{11.23}$$

式中，$\tilde{\psi}_i(t)$ 为节点直接可以测量或借助通信得到的相关状态信息，$\bar{\psi}_i(t)$ 为相关状态的理论值。由此可知，只需求得 $\bar{\psi}_i(t)$ 的具体值即可借助式 (11.23) 重构出非合作信号 $\tilde{e}_i(t)$。

模型 (11.22) 动态方程的解为

$$\tilde{x}_i(t) = \mathrm{e}^{\tilde{A}(t-t_0)}\tilde{x}_i(t_0) + \mathrm{e}^{\tilde{A}t}\int_{t_0}^{t} \mathrm{e}^{-\tilde{A}\tau}\tilde{B}\tilde{u}_i(\tau)\mathrm{d}\tau \tag{11.24}$$

$$\bar{\psi}_i(t) = C\mathrm{e}^{\tilde{A}(t-t_0)}\tilde{x}_i(t_0) + C\mathrm{e}^{\tilde{A}t}\int_{t_0}^{t} \mathrm{e}^{-\tilde{A}\tau}\tilde{B}\tilde{u}_i(\tau)\mathrm{d}\tau \tag{11.25}$$

式中，$\tilde{x}_i(t_0) = \mathrm{Col}(\bar{x}_i(t_0) - \bar{x}_{i_1}(t_0), \cdots, \bar{x}_i(t_0) - \bar{x}_{i_{n_i}}(t_0))$。

从式 (11.24) 和式 (11.25) 可以看出，只需知道系统状态的初始值 $\tilde{x}_i(t_0)$ 就可通过求解线性方程组获得 $\bar{\psi}_i(t)$，进而完成非合作信号的重构。对于连续的非合作行为检测算法，$\tilde{x}_i(t_0) = 0$ 可直接应用；但若检测算法是周期性的，或是事件触发的，则需要一个状态观测器来观测算法起始时系统的状态。目前这一问题已得到了广泛的研究，利用未知输入观测器[155, 160-162](unknown input observer) 即可在非合作信号存在的条件下观测出所需要的状态信息。现针对模型 (11.20) 设计未知输入观测器，用于获得其不受非合作行为影响时的理论状态信息。首先构造用于状态观测的系统模型：

$$
\begin{aligned}
\dot{\tilde{x}}_i(t) &= \tilde{A}\tilde{x}_i(t) + \tilde{B}\tilde{u}_i(t) + \tilde{B}_f\tilde{f}_i(t) \\
\tilde{\psi}_i(t) &= \tilde{C}\tilde{x}_i(t)
\end{aligned}
\tag{11.26}
$$

式中，$\tilde{B}_f = I_{n_i} \otimes B_f$，$f_i(t) = \mathrm{Col}(f_i - f_{i_1}, \cdots, f_i - f_{i_{n_i}})$，其余定义与模型 (11.1) 和 (11.20) 相同。需要说明的是，此处 $\tilde{x}_i(t)$ 理论上应为节点的实际状态信息，即 $\tilde{x}_i = \mathrm{Col}(x_i - x_{i_1}, \cdots, x_i - x_{i_{n_i}})$，但由于在非合作行为检测算法中只借助该模型观测节点在初始时刻 t_0 时的状态，而初始时刻节点的理论状态与实际状态相同，即 $x_i(t_0) = \bar{x}_i(t_0)$，所以此处系统模型仍可表示成如式 (11.26) 所示的形式。

现针对式 (11.26) 设计一个未知输入观测器，其结构为[155, 160]

$$
\begin{aligned}
\dot{z}_i(t) &= Fz_i(t) + T\tilde{B}\tilde{u}_i(t) + K\tilde{\psi}_i(t) \\
\hat{\tilde{x}}_i(t) &= z_i(t) + H\tilde{\psi}_i(t)
\end{aligned}
\tag{11.27}
$$

式中

$$
\begin{aligned}
F &= \tilde{A} - H\tilde{C}\tilde{A} - K_1\tilde{C}, \quad T = I - H\tilde{C} \\
K &= K_1 + K_2, \quad K_2 = FH, \quad (H\tilde{C} - I)\tilde{B}_f = 0
\end{aligned}
$$

可以证明，借助上述未知输入观测器，无论故障信号 $\tilde{f}_i(t)$ 是否存在，系统状态的估计值 $\hat{\tilde{x}}_i(t)$ 最终将收敛至状态的真值 $\tilde{x}_i(t)$。证明过程详见文献 [2] 和 [155]。至此，非合作信号的重构过程已经结束，现给出完整的非合作信号重构算法 (算法 11)。

算法 11 与传统基于未知输入观测器的故障检测方法[155, 160-162] 有本质的区别。在该算法中，未知输入观测器用来观测节点的初始状态，而不是用来重构故障信号。而且，未知输入观测器在整个算法运行过程中只会运行一次，其后的节点状态信息将通过式 (11.24) 自动更新。上述算法的结构如图 11.1 所示。

算法 11　非合作信号重构算法

输入：齐次控制协议 P；邻居相关状态信息集合 $Z_i(t)$；相关状态信息 $\tilde{\psi}_i(t)$。

输出：非合作信号 $\tilde{e}_i(t)$。

1. 节点 i 借助假设 11.4 和假设 11.5 获得齐次控制协议 P 和邻居相关状态信息集合 $Z_i(t)$。

2. 节点 i 借助式 (11.21) 求得邻居控制输入，进而获得 $\tilde{u}_i(t)$。

3. 若上一时刻状态未知，则借助模型 (11.26) 及未知输入观测器 (11.27) 获得初始状态 $\tilde{x}_i(t_0)$；若上一时刻状态已知，则借助式 (11.24) 更新初始状态 $\tilde{x}_i(t_0)$。

4. 节点 i 借助式 (11.24) 与式 (11.25) 求得相关状态理论值 $\bar{\psi}_i(t)$。

5. 节点 i 借助式 (11.23) 求得 $\tilde{e}_i(t)$。

6. 返回步骤 1，重复运行该算法。

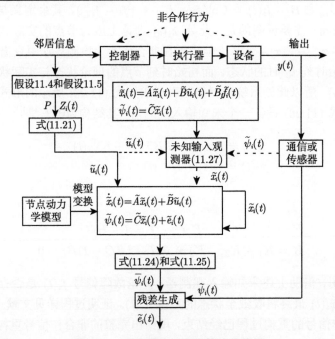

图 11.1　非合作信号重构算法结构图

借助算法 11，节点 i 可以实时重构非合作信号 $\tilde{e}_i(t)$。需要说明的是，此处非合作信号 $\tilde{e}_i(t)$ 同时包含 $e_i(t)$ 与 $e_{i_l}(t)$，$i_l \in N_i$，也就是说，当检测到非合作行为时，节点无法判断该非合作行为究竟是来源于自身还是邻居。但这并不影响随后的非合作节点隔离任务，因为非合作行为本身就是相对的，无论是自己还是邻居产生了非合作行为，节点的处理方案都是切断与邻居的联系。若自身是非合作节点，切断联系是为了避免非合作信号扩散，若邻居是非合作节点，切断联系是为了避免自身受邻居影响, 两种情况都有其自身的实际意义, 因此该算法并不影响系统对非合作节点的正常处理。

2. 门限函数的选取

在非合作信号 $\tilde{e}_i(t)$ 重构出来后, 系统需要通过设置门限函数来对其进行判别。若非合作信号中有某项超过门限函数的限幅值, 则可以断定对应的节点为非合作节点。门限函数的选取应同时兼顾非合作行为检测算法的灵敏度与准确度, 若门限函数设置过高, 则检测准确度提升, 灵敏度下降; 若门限函数设置过低, 则检测灵敏度提升, 准确度下降。文献 [240] 详细研究了门限函数的最优设计问题, 并针对最为常用的两类门限函数设计思路进行了讨论:

$$\frac{不确定性的影响}{检测灵敏度} \rightarrow \min \tag{11.28}$$

$$不确定性的影响-检测灵敏度 \rightarrow \min \tag{11.29}$$

该文献指出: 上述两种结构在门限函数的选取上是等价的, 因为两者都有相同的最优解。同时文献还讨论了上述两种结构的四种不同的实现方式, 并针对具体问题给出了最优门限函数的设计算法。

在多智能体系统中, 最优化的方法通常难以在单个节点中实现, 因为最优问题需要实时求取最优解, 这一过程要占用大量的计算资源, 会影响系统的正常运行。本章提出一种基于概率的门限函数设计方法, 即通过设置门限函数将检测结果受不确定性主导的概率降至一个可接受的范围。该设计方法简单易行, 但并不能保证得到的结果是最优的。其具体设计方法如下。

首先对于非合作信号 $\tilde{e}_i(t)$, 重新排列其元素的顺序:

$$\begin{aligned}
\tilde{e}_i &= \mathrm{Col}(e_{di} - e_{di_1}, e_{ui} - e_{ui_1}, \cdots, e_{di} - e_{di_{n_i}}, e_{ui} - e_{ui_{n_i}}) \\
&= \mathrm{Col}(e_i - e_{i_1}, e_i - e_{i_2}, \cdots, e_i - e_{i_{n_i}}) \\
&= \mathrm{Col}(\Delta_{ii_1}, \Delta_{ii_2}, \cdots, \Delta_{ii_{n_i}})
\end{aligned} \tag{11.30}$$

式中, $\Delta_{ii_l} = e_i - e_{i_l} \in \mathbb{R}^p, i_l \in N_i$。

现给出如下常用的非合作行为判别规则[155]:

$$\begin{cases} \|\Delta_{ii_l}\| \geqslant \varepsilon & \Rightarrow & i_l \in F \\ \|\Delta_{ii_l}\| < \varepsilon & \Rightarrow & i_l \notin F \end{cases} \tag{11.31}$$

式中, ε 为定常的门限函数, F 为非合作节点的集合。在多智能体系统实际运行过程中, 非合作信号 $\tilde{e}_i(t)$ 不仅取决于非合作行为, 还可能受节点执行误差、外界环境干扰等不确定性的影响。需要说明的是, 由于多智能体系统采用的是节点动力学模型，所以系统中不存在模型不确定性，节点物理模型的不确定性体现在节点的执行误差中。现将所有系统中的不确定性分为两类：

(1) 节点自身的执行误差，即节点实际输出与理论输出之间的误差。其产生的原因包括外界环境干扰、节点自身执行器精度限制等。假设用无穷范数有界的信号 $\xi_{ii_l}(t) = \xi_i(t) - \xi_{i_l}(t)$ 代表该执行误差，满足 $||\xi_{ii_l}(t)||_\infty < 2\delta$。

(2) 节点间的测量误差，即邻居通信或观测得到的节点输出与节点实际输出之间的误差。其产生的原因可能是通信时滞、测量精度限制等。假设用 $\zeta_{ii_l}(t) \sim H(0, \sigma^2)$ 代表测量误差，其中 H 是均值为 0、方差为 σ^2 的先验分布。

至此，节点 i 测得的邻居 i_l 实际输出与其理论输出之差可表示为

$$\Delta_{ii_l} = e_i - e_{i_l} + \xi_{ii_l} + \zeta_{ii_l} \tag{11.32}$$

现给出如下门限函数的设计方法：

$$\varepsilon = k\sigma + 2\delta \tag{11.33}$$

式中，2δ 用来抵消节点自身执行误差的影响；$k\sigma$ 用来抵消节点间测量误差的影响，系数 k 借助切比雪夫不等式来设计。切比雪夫不等式有如下表述：

$$P(|X - EX| \geqslant k\sigma) \leqslant \frac{1}{k^2} \tag{11.34}$$

对于正常节点 i_l，$e_i - e_{i_l} = 0$，于是有

$$
\begin{aligned}
P(||\Delta_{ii_l}|| \geqslant \varepsilon) &= P(||\xi_{ii_l} + \zeta_{ii_l}|| \geqslant k\sigma + 2\delta) \\
&\leqslant P(||\xi_{ii_l}|| + ||\zeta_{ii_l}|| \geqslant k\sigma + 2\delta) \\
&\leqslant P(||\zeta_{ii_l}|| \geqslant k\sigma) \\
&\leqslant \frac{1}{k^2}
\end{aligned}
\tag{11.35}
$$

式 (11.35) 说明，对于如式 (11.33) 所示的门限函数设计方法，若 $||\Delta_{ii_l}|| \geqslant \varepsilon$ 成立，则目标节点为非合作节点的概率大于 $1 - 1/k^2$，如选取 $k = 10$，这一概率为 99%。

至此，基于邻居相关状态的多智能体非合作行为的检测算法已全部设计完成。该算法能在仅依靠邻居相关状态信息的情况下实时检测出系统中的非合作节点，且具有占用计算资源少、易分布化实现等优点，具有很高的实际应用价值。

11.2.4 数值仿真

下面给出实验仿真结果，用以验证本节所提出的基于邻居相关状态的非合作行为检测算法的有效性。

考虑一个由 12 个小车组成的编队，小车采用双积分器模型：

$$\begin{bmatrix} \dot{p}_i \\ \dot{v}_i \end{bmatrix} = \begin{bmatrix} 0 & 1 \\ 0 & 0 \end{bmatrix} \begin{bmatrix} p_i \\ v_i \end{bmatrix} + \begin{bmatrix} 0 \\ 1 \end{bmatrix} u_i$$

$$z_i = \sum_{j \in N_i}(x_i - x_j) = \sum_{j \in N_i} \begin{bmatrix} p_{ij} \\ v_{ij} \end{bmatrix} \tag{11.36}$$

式中，$i = 1, \cdots, 12$，p_i、v_i 分别代表小车 i 的位置和速度信息。网络采用固定的无向拓扑，编队采用领航–跟随控制方式，其中领航者拥有固定的控制输入，不受其他节点影响，跟随者采用如下控制协议：

$$u_i(t) = \sum_{j \in N_i}\left[\left(\frac{\lambda}{||p_{ij}||^\alpha} - \frac{\mu}{||p_{ij}||^\beta}\right)p_{ij} - \kappa v_{ij}\right] \tag{11.37}$$

式中，p_{ij}、v_{ij} 分别代表相关位置和相关速度信息，$\lambda, \mu, \alpha, \beta, \kappa \in \mathbb{R}$ 为待定系数。这里选取 $\lambda = 3.3$，$\mu = 2.6$，$\alpha = 3.8$，$\beta = 2.1$，$\kappa = 3.2$。编队控制的目标是跟随者节点在速度上与领航者实现一致，同时各个小车之间在位置上保持适当的距离。系统的初始状态及邻居分布如表 11.1 所示。

表 11.1　多智能体系统初始状态及邻居分布

节点编号	初始位置	初始速度	邻居编号
1	(1, 3)	(1.5, 1.5)	2, 11
2 (L)	(1, 6)	(−2, 2.5)	1, 4, 5
3	(7, 1)	(1.2, 1.5)	6, 7, 8
4	(4, 6)	(1.5, −1.5)	2, 5, 7, 9, 11
5	(4, 9)	(0, 3)	2, 4, 12
6	(6, 2)	(−2.4, 1.2)	3, 7, 11
7 (F)	(7, 4)	(3, 0)	3, 4, 6, 8, 9
8	(9, 2)	(1.8, 1.2)	3, 7, 10
9	(7, 6)	(0.8, −0.4)	4, 7, 10, 12
10	(9, 9)	(−0.6, −3)	8, 9, 12
11	(4, 1)	(2.3, −1.2)	1, 4, 6
12	(6, 9)	(2.5, 2.5)	5, 9, 10

在 12 个节点中随机选取第 2 个节点作为领航者，选取第 7 个节点作为非合作节点，并设置非合作节点在 $t = 8\text{s}$ 时产生非合作行为。系统控制周期选为 0.1s，非合作行为检测算法为周期性的，工作周期为每 5s 工作 2s，也就是说算法起效的时间段为 $t = 0 \sim 2\text{s}, 5 \sim 7\text{s}, 10 \sim 12\text{s}$。节点自身的执行误差满足 $||\xi_{ji}(t)||_\infty < 0.1$，测量误差满足 $\zeta_{ji}(t) \sim H(0, 0.04^2)$。选取门限函数 $\varepsilon = 0.5$，也就是说在式 (11.35) 中选取 $k = 5$，检测结果的可靠度为 96%。下面给出针对毁坏型非合作行为的仿真结果。

　　图 11.2 给出了系统在第 7 个节点产生毁坏型非合作行为时的运行状态,其中黑色圆点代表正常节点,黑色三角代表非合作节点,连接线代表两个节点之间可以进行信息交互,箭头表示节点当前的速度大小及方向。从图 11.2 (b) 中可以看出,系统在 $t = 7\mathrm{s}$ 时刻基本实现了速度一致;从图 11.2(c) 中可以看出,在 $t = 10\mathrm{s}$ 时,由于此时非合作行为检测算法尚未开始工作,非合作节点的存在使整个系统的一致性都受到了破坏;从图 11.2(d) 中可以看出,在非合作行为检测算法起效之后,非合作节点与邻居之间的信息交互被切断,剩余节点重新实现了速度一致。下面给出系统运行过程中节点的速度变化及非合作信号观测结果图。

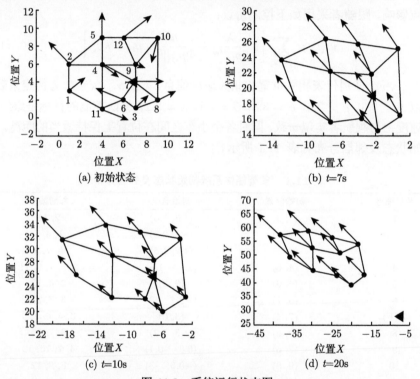

(a) 初始状态　　　　　　　　　(b) t=7s

(c) t=10s　　　　　　　　　(d) t=20s

图 11.2　系统运行状态图

　　图 11.3 给出了系统中所有节点在仿真过程中的速度变化,从图中可以很明显地看出,非合作节点对系统一致性的影响以及本节所提算法的有效性。图 11.4 展示了非合作节点邻居对非合作节点的观测结果,可以看出,虽然存在外部干扰的影响,但非合作信号还是能准确反映出节点当前的状态,同时门限函数的选取也能准确区分节点是否正常。下面给出系统中存在失控型和干扰型非合作行为时节点的速度变化及非合作信号观测结果图。

　　与图 11.3 和图 11.4 类似,图 11.5 和图 11.6 同样可以反映出本节所设计的非合作行为检测算法的有效性,此处不再做详细的分析说明。

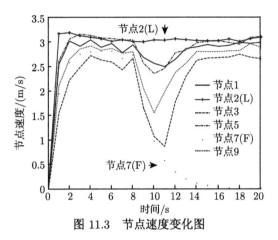

图 11.3　节点速度变化图

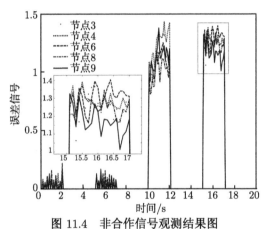

图 11.4　非合作信号观测结果图

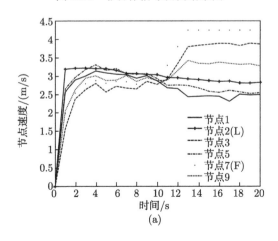

(a)

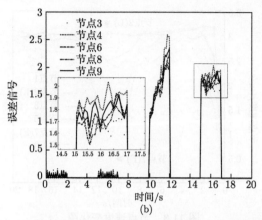

图 11.5　失控型非合作行为存在时的速度变化及观测结果图

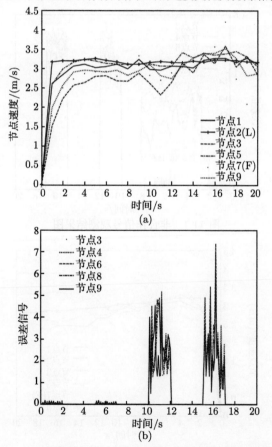

图 11.6　干扰型非合作行为存在时的速度变化及观测结果图

11.3 非合作行为检测信息的交互与融合

本节在 11.2 节的基础上进一步研究检测信息的局部交互与融合算法。对于多智能体系统,其一大特点是系统具有群体性优势,体现在非合作行为检测算法中就是针对同一个目标节点,会同时存在多个节点对其进行检测,并产生多个独立的检测结果。由此可以考虑设计局部信息交互算法,使节点可以通过信息交互完成与多个节点检测信息的融合,借以克服单节点检测结果可靠度不高的问题。

11.3.1 问题描述

在传统的故障检测理论中,为提高检测结果的可靠性,通常需要多个检测器同时工作,通过综合分析多个互相独立的检测结果最终确认故障。这种提高检测结果可靠性的方式称为硬件冗余法[155]。对于多智能体系统的非合作行为检测,系统中本身就存在着硬件冗余,因此可以考虑设计信息交互算法来充分利用这一优势。

第 10 章所提出的基于流言算法的检测信息交互方案可以视为局部信息交互的一个初步成果,该方案借助流言扩散来传播有效信息,并最终采取类似于投票的方式来融合多个独立的检测结果。在存在硬件冗余的检测体系中,投票法经常被用来处理冗余信息。该方法实现起来较为容易,且意义明确、便于理解,但其本身也存在着一些缺陷,例如,节点只有在获得全部独立的检测结果之后才能确定投票结果,所需要的通信量较大。在本节中,一种全新的基于一致性协议的检测信息交互算法被设计用来执行多节点检测信息融合的任务。在该检测算法中,节点只需要进行局部的信息交互即可获得全局对目标节点的检测结果。

考虑一个由 N 个节点构成的多智能体系统,用无向图 $G = \{V_N, E_N\}$ 描述。每个节点可与其周围邻居进行信息交互,邻居节点构成集合 N_i,用 $n_i = |N_i|$ 表示集合的势,这里假定所有的邻居集均为非空集合,$n_i \neq 0$。系统采用式 (11.20) 所示的非合作行为检测模型,并借助算法 11 执行合作行为检测。针对算法 11 所获得的非合作行为检测结果,本节所要解决的问题是:

(1) 如何完成多节点检测信息的实时交互?

(2) 如何在仅有局部信息交互存在的条件下获得全局针对目标节点的检测结果?

(3) 如何将检测信息交互算法应用至原非合作行为检测算法中?

11.3.2 检测信息的交互与融合方案

1. 局部信息交互网络的构建

以节点 i 为例,假设此时需要交互针对 i 的检测结果,定义以节点 i 为目标节

点的通信子网络为

$$G_i = \{N_i, E_{n_i}\} \tag{11.38}$$

即目标节点的所有邻居构成局部通信子网络。在该子网络中，每个节点均可检测目标节点 i 的运行状态，并在网络中传输针对 i 的检测结果 $\Delta_{i_l i}$, $i_l \in N_i$。

现分析通信子网络的激活方式。在正常情况下，系统中未检测到异常节点，此时通信子网络没有必要工作，处于休眠状态；当系统中检测到非合作节点时，以非合作节点为目标节点的通信子网络被激活并传输检测信息，借以帮助节点确认目标节点的具体状态。从上述分析可以看出，通信子网络受事件触发，且触发事件为检测到非合作节点。但另一方面，由于非合作行为的检测是相互的，非合作节点本身也会将其邻居视为非合作节点，若此时也触发信息交互，则会产生大量的冗余交互信息，且在非合作节点的作用下有可能产生误检的现象。为解决这一问题，定义如下触发事件：

$$\exists i \in N_{i_l}, \ \|\Delta_{i_l i}\| > \mu$$
$$\forall j \in N_{i_l}, j \neq i, \ \|\Delta_{i_l j}\| \leqslant \mu$$

式中，μ 为误差信号的警戒值，可依据具体的控制任务及对节点的性能要求分析选取，也可直接设置为非合作行为检测中的门限函数，即令 $\mu = \varepsilon$。

上述触发事件意味着当节点 i_l 检测到其邻居中只有 i 产生非合作行为时，i_l 会变为活跃节点，并激活以 i 为目标节点的通信子网络。对于非合作节点本身，由于其所有邻居均会被检测为非合作节点，所以不会激活通信子网络。另外规定：与活跃节点进行信息交互的节点也会变成活跃节点。

2. 局部信息交互算法的设计

局部信息交互算法可以保证节点在仅与邻居进行信息交互的条件下即可获得全局针对目标节点的检测结果。为实现这一目标，可参考现有的一致性控制协议，将针对目标节点的检测结果作为子系统中节点的状态变量，并借助一致性协议的设计使子系统中状态变量趋于一致。

考虑如下通信协议：

通信协议 11.1　活跃节点 (以节点 i_l 为例) 将其对非合作节点 (以节点 i 为例，$i \in N_{i_l}$) 的检测结果 $\Delta_{i_l i}$ 传输给所有节点集 $N_{i_l i} = N_{i_l} \cap N_i$ 中的节点，并通过下述离散时间算法更新自身的检测信息：

$$\Delta_{i_l i}(k+1) = \Delta_{i_l i}(k) + \sum_{j \in N_{i_l i}} w_{i_l j, i}(\Delta_{ji}(k) - \Delta_{i_l i}(k)) \tag{11.39}$$

$$
w_{i_l j,i} = \begin{cases} \dfrac{1}{\max\{d_{i_l i}, d_{ji}\} + 1}, & j \neq i_l \text{ 且 } j \in N_{i_l i} \\[2mm] 1 - \sum \dfrac{1}{\max\{d_{i_l i}, d_{ji}\} + 1}, & j = i_l \\[2mm] 0, & \text{其他} \end{cases} \tag{11.40}
$$

式中，$d_{i_l i}$ 代表节点 i_l 在通信子网络 G_i 中的度，$d_{i_l i} = |N_{i_l i}| = |N_{i_l} \cap N_i|$; $w_{i_l j,i} \in \mathbb{R}$ 是权重系数。

对于通信子网络 G_i，定义：

$$
\begin{aligned}
E_i(k) &\triangleq \mathrm{Col}(\Delta_{i_1 i}(k),\ \Delta_{i_2 i}(k),\ \cdots,\ \Delta_{i_{n_i} i}(k)) \in \mathbb{R}^{n_i p} \\
w_{i_l i} &\triangleq [w_{i_l i_1,i},\ w_{i_l i_2,i}, \cdots, w_{i_l i_{n_i},i}]^{\mathrm{T}} \in \mathbb{R}^{n_i} \\
W_i &\triangleq [w_{i_1 i},\ w_{i_2 i},\ \cdots, w_{l_{n_i} i}]^{\mathrm{T}} \in \mathbb{R}^{n_i \times n_i}
\end{aligned} \tag{11.41}
$$

式中，$i_l \in N_i$，定义局部交互开始的时刻为初始时刻，$k = 0$。由式 (11.40) 可知 $\sum\limits_{j \in N_{i_l i}} w_{i_l j,i} = 1$，于是式 (11.39) 可写为

$$
\Delta_{i_l i}(k+1) = \sum_{j \in N_{i_l i}} w_{i_l j,i} \Delta_{ji}(k) \tag{11.42}
$$

利用式 (11.41) 及克罗内克积将式 (11.42) 扩展至整个网络可得

$$
E_i(k+1) = (W_i \otimes I_p) E_i(k) \tag{11.43}
$$

从式 (11.41) 的定义中可以看出，W_i 可以看成通信子网络 G_i 带有权重的系统邻接矩阵，存在变换矩阵 $T = T_1 T_2 \cdots T_s$ 满足：

$$
T W_i T^{\mathrm{T}} = \mathrm{blockdiag}\{I_{n_{i_1} \times n_{i_1}}, W_{i_2}, W_{i_3}, \cdots\} \tag{11.44}
$$

式中，$W_{i_m} \in \mathbb{R}^{n_{i_m} \times n_{i_m}}\ (m = 2, 3, \cdots)$ 是图 G_i 每个子连通分量 G_{i_m} 带权重的邻接矩阵。T_s 是只含有一次行/列交换变换的初等矩阵，满足 $T_s^{\mathrm{T}} = T_s^{-1}$，于是 T 是一个正交矩阵，满足 $T^{\mathrm{T}} = T^{-1}$。将线性变换 T 应用至式 (11.43) 中得

$$
\tilde{E}_i(k+1) = (\tilde{W}_i \otimes I_p) \tilde{E}_i(k) \tag{11.45}
$$

式中，$\tilde{E}_i(k) = (T \otimes I_p) E_i(k)$，$\tilde{W}_i = T W_i T^{\mathrm{T}}$。

定理 11.4　对于无向图 G_i，在采用通信协议 11.1 后，式 (11.45) 最终将收敛于如下一致性状态：

$$
\lim_{k \to \infty} \tilde{E}_i(k) = (V \otimes I_p) \tilde{E}_i(0) \tag{11.46}
$$

式中

$$
V = \mathrm{blockdiag}\left\{ I_{n_{i_1} \times n_{i_1}}, \left(\frac{1}{n_{i_2}}\right) 11^{\mathrm{T}}, \left(\frac{1}{n_{i_3}}\right) 11^{\mathrm{T}}, \cdots \right\}, \quad 1 = [1, 1, \cdots, 1]^{\mathrm{T}}
$$

证明　首先，由式 (11.40) 及式 (11.41) 可知，矩阵 W_i 为所有元素非负的实对称矩阵，且行和列和均为 1，于是 W_i 为双随机矩阵。由于线性变换 T 只涉及行/列交换变换，所以 $\tilde{W}_i$ 的主对角块 $W_{i_m}(m=2,3,\cdots)$ 也是双随机矩阵。对于 W_{i_m} 所对应的具有无相连通拓扑的独立子系统 $\tilde{E}_{i_m}(k+1)=(W_{i_m}\otimes I_p)\tilde{E}_{i_m}(k)$，系统最终将收敛于如下一致性状态：

$$\lim_{k\to\infty}\tilde{E}_{i_m}(k)=(V_{i_m}\otimes I_p)\tilde{E}_i(0) \tag{11.47}$$

满足 $W_{i_m}^{\mathrm{T}}V_{i_m}=V_{i_m}$，$1^{\mathrm{T}}V_{i_m}=1^{\mathrm{T}}$。对于双随机矩阵，其特征值 1 所对应的特征向量可取为 $\mathrm{span}\{1\}$，又由于 $1^{\mathrm{T}}V_{i_m}=1^{\mathrm{T}}$，于是 $V_{i_m}=(1/n_{i_m})11^{\mathrm{T}}$。将上述结论推广至 $\tilde{W}_i$ 所有主对角块所对应的独立子系统，即可得到如式 (11.46) 所示的结论。□

定理 11.4 说明，在信息交互子网络 G_i 中，每个连通分量中的节点均可就目标节点的检测结果达成一致意见，该意见为连通分量中所有节点检测结果的平均值。

前文所述的局部信息交互算法在满足如下条件时停止运行，即

$$\|\Delta_{i_ti}(k+1)-\Delta_{i_ti}(k)\|\leqslant\gamma \tag{11.48}$$

式中，γ 为足够小的实数，用以限定最终收敛的精度。信息交互结束后各节点对非合作节点的最终检测结果为

$$\bar{e}_i=\mathrm{Col}(\bar{\Delta}_{i_1i},\ \bar{\Delta}_{i_2i},\ \cdots,\bar{\Delta}_{i_{n_i}i})=(T^{\mathrm{T}}\bar{W}_iT^2\otimes I_p)E_i(0) \tag{11.49}$$

3. 局部信息交互算法的有效性分析

现给出前文所述局部信息交互算法的具体实现，并给出其在非合作行为检测算法中的嵌入方式。

算法 12　非合作行为检测结果的局部信息交互算法

输入：非合作信号 $\tilde{e}_i$。

输出：非合作信号的最终检测结果 $\bar{e}_i$。

1. 节点 i 借助非合作行为检测算法获得非合作信号 $\tilde{e}_i$。

2. 若 $\tilde{e}_i$ 满足触发事件 (11.39)，则借助通信协议 11.1 完成局部信息交互。

3. 在局部信息交互满足终止条件 (11.48) 时停止运行，获得非合作信号的最终检测结果 $\bar{e}_i$。

4. 用 $\bar{\Delta}_{i_ti}$ 代替 Δ_{i_ti}，进一步完成非合作节点的确认与隔离等工作。

需要说明的是，在局部信息交互算法被激活的时间段内，针对目标节点的非合作行为检测算法所得的检测结果应暂时被屏蔽，以避免检测结果对局部信息交互算法产生干扰。局部信息交互算法的运行流程图如图 11.7 所示。

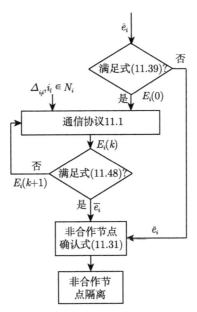

图 11.7 局部信息交互算法运行流程图

现针对前文所述的局部信息交互算法给出如下定理。

定理 11.5 对于局部信息交互算法,有如下不等式成立:

$$P(i \in F \mid \| \bar{\Delta}_{i_l i} \| \geqslant \varepsilon) \geqslant P(i \in F \mid \| \Delta_{i_l i} \| \geqslant \varepsilon) \tag{11.50}$$

$$P(i \notin F \mid \| \bar{\Delta}_{i_l i} \| < \varepsilon) \geqslant P(i \notin F \mid \| \Delta_{i_l i} \| < \varepsilon) \tag{11.51}$$

式中,F 为非合作节点的集合。

证明 对于正常节点 i, $i \notin F$, 满足 $\Delta_{i_l i} = \xi_{i_l i} + \zeta_{i_l i}$, 由定理 11.4 可知

$$\bar{\Delta}_{i_l i} = \frac{1}{n_{i_m}} \sum_{j \in \mathcal{G}_{i_m}} \xi_{ji}(t) + \frac{1}{n_{i_m}} \sum_{j \in \mathcal{G}_{i_m}} \zeta_{ji}(t) \tag{11.52}$$

式中,$\left\| \dfrac{1}{n_{i_m}} \sum\limits_{j \in \mathcal{G}_{i_m}} \xi_{ji}(t) \right\|_2 < 2\delta$ 由于并未改变误差幅值的大小,所以不会影响最终

的检测结果,而 $\bar{\zeta}_{ji} = \dfrac{1}{n_{i_m}} \sum\limits_{j \in \mathcal{G}_{i_m}} \zeta_{ji}(t) \sim H(0, \bar{\sigma}^2)$ 满足 $\bar{\sigma} = \left(\dfrac{1}{n_{i_m}} \right) \sigma \leqslant \sigma$, 则会使

随机分布方差减小。在同样的门限函数 ε 下,$\bar{k}\bar{\sigma} = k\sigma$, 由于 $\bar{\sigma} \leqslant \sigma$, 于是 $\bar{k} \geqslant k$, 式 (11.51) 得证。对于式 (11.50),可以看成 $\zeta_{ji}(t) \sim H(\mu, \bar{\sigma}^2)$, 其中 $\mu \gg \varepsilon$, 用与式 (11.51) 同样的方式即可证明。 □

由定理 11.5 可知,在采用了局部信息交互算法后,系统可以在不增加节点硬件性能的条件下提高检测结果的可靠性。需要说明的是,在本节所提的算法中,局部信息交互子网络可能并不连通。若目标节点的所有邻居之间完全无法相互交流,则式 (11.50) 和式 (11.51) 中等号成立,即局部信息交互算法失效。解决这一问题的一个思路是利用目标节点作为中继节点来传输必要的检测信息,关于这一问题还有待进一步的研究。

11.3.3　数值仿真

现采用与 11.2.4 节类似的仿真实验来验证本节所设计的局部信息交互算法的有效性。在原实验方案设计中,加入检测信息的局部交互算法。由定理 11.4 可知,目标节点的邻居将分成两个互相独立的信息交互子网络,如图 11.8 所示。

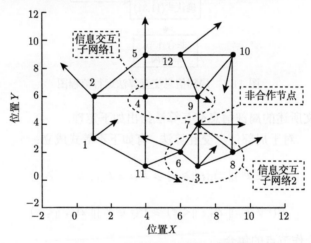

图 11.8　信息交互子网络示意图

子网络 1 与子网络 2 将分别完成各自的信息交互,并最终达成针对目标节点的一致性意见。现给出针对损毁型非合作节点检测信息的局部信息交互结果。

从图 11.9 中可以看出,在 $t = 10\mathrm{s}$ 时,非合作行为检测算法开始工作,非合作节点的邻居 (节点 3、4、6、8、9) 检测到非合作节点并触发信息交互。在 $t = 10.3\mathrm{s}$ 时,节点 4 和节点 9 检测信息达成一致;在 $t = 11.2\mathrm{s}$ 时,节点 3、节点 6 和节点 8 检测信息达成一致。之后非合作节点即被隔离,剩余节点也将正常完成预期的控制任务。失控型和干扰型非合作行为的局部信息交互结果与图 11.9 类似,此处不做详细说明。从仿真结果中可以看出,本节所设计的局部信息交互算法可以使节点在仅与邻居进行信息交互的条件下即可获得全局针对目标节点的检测结果,提高了检测结果的可靠性。

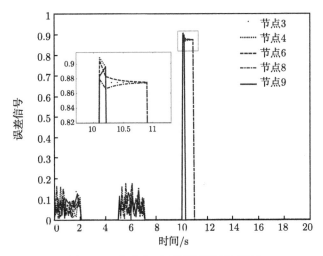

图 11.9　信息交互子网络运行结果图

此外，为了进一步验证基于一致性协议的信息交互方案的优势，还设计了如下对比实验：假定 $\zeta_{ji}(t) \sim H(0, 0.2^2)$，门限函数保持不变，以此来模拟节点硬件性能较差，检测结果中包含大量干扰信息的情况。每个节点只执行非合作行为检测任务，不对非合作节点进行隔离操作。令系统运行 40s，在 0~20s 内信息交互方案不工作，在 20~40s 内信息交互方案正常工作。重复上述实验 100 次，统计节点检测到非合作行为的次数。实验结果如表 11.2 所示。

表 11.2　信息交互方案有效性验证实验结果表

时间	非合作行为检测次数 (A)	总检测次数 (B)	比率 ($A/B \times 100\%$)
0~20s	19965	272000	7.34%
20~40s	4374	162245	2.70%

由于在本实验中并未设置非合作节点，所以表 11.2 中最后一项 "比率" 即可认为是系统总体的误检率。从统计结果中可以明显看出，采用信息交互方案后，系统误检率明显下降，进一步证明了该信息交互方案的有效性。

11.4　结　　论

本章针对节点动力学模型为线性系统模型的多智能体系统，构造了一种全新的基于邻居相关状态的非合作行为检测模型。由于目前最为常用的非合作行为检测模型通常将非合作信号直接施加在节点的状态方程中，节点状态与非合作信号相互耦合，增加了非合作行为检测的难度。而本章通过一系列模型变换，将非合作信号转移至节点输出方程中,并用标称状态方程代替原来的状态方程,从而使非合作信号与状态信息解耦,节点状态可通过求解线性方程直接得到,不仅降低了非合作行为检测算法的复杂度,还可以节省大量计算资源。另外,对于多智能体系统,通常单个节点计算资源有限,而多智能体系统通过大量节点合作完成相应的控制任务,若系统中产生非合作节点,其影响将通过与邻居的信息交互传递至整个网络,这对非合作行为检测算法的实时性提出了很高的要求。本章所提方案是一种实时算法,能在非合作行为发生的同时将其检测出来,避免了非合作节点进一步对系统产生不良影响,该方案本身就具有分布式特性,非常便于在多智能体系统中应用。此外,本章给出了一种基于概率的门限函数设计方法,该方法与传统的基于最优理论的方法相比计算量大大减小,且可以通过设计权重系数调整最终检测结果的可靠度。

另外,本章针对多智能体系统非合作行为的检测结果,给出了事件触发的局部信息交互网络的构建方案,并从非合作行为检测结果出发给出了网络的触发条件,有效避免了非合作节点本身对局部信息交互产生的影响,扩大了该方案的适用范围。方案中设计了一种局部信息交互算法,使节点能够充分利用多智能体系统的群体性优势,在仅与邻居进行信息交互的条件下即可获得全局针对目标节点的检测结果。该方案占用通信及计算资源少,且是一种分布式的实现方案,可以有效提高单节点检测结果的可靠性,节省系统搭建成本,具有很高的实际应用价值。

参 考 文 献

[1] Zavlanos M M, Egerstedt M B, Pappas G J. Graph-theoretic connectivity control of mobile robot networks. Proceedings of the IEEE, 2011,99(9): 1525-1540.

[2] Vicsek T, Czirók A, Benjacob E, et al. Novel type of phase transition in a system of self-driven particles. Physical Review Letters, 2006,75(6): 1226-1229.

[3] Tanner H G, Jadbabaie A, Pappas G J. Flocking in fixed and switching networks. IEEE Transactions on Automatic Control, 2007,52(5): 863-868.

[4] Olfati-Saber R. Flocking for multi-agent dynamic systems: Algorithms and theory. IEEE Transactions on Automatic Control, 2006,51(3): 401-420.

[5] Zhu J, Zheng N, Yuan Z. An improved technique for robot global localization in indoor environments. International Journal of Advanced Robotic Systems, 2011,8(1): 21-28.

[6] Reynolds C W. Flocks, herds and schools: A distributed behavioral model. ACM Siggraph Computer Graphics, 1987,21(4): 25-34.

[7] Liu Z, Guo L. Synchronization of multi-agent systems without connectivity assumptions. Automatica, 2009,45(12): 2744-2753.

[8] Moshtagh N, Jadbabaie A. Distributed geodesic control laws for flocking of nonholonomic agents. IEEE Transactions on Automatic Control, 2007,52(4): 681-686.

[9] Saber R O, Murray R M. Flocking with obstacle avoidance: Cooperation with limited communication in mobile networks. Proceedings of the IEEE Conference on Decision and Control, 2004: 2022-2028.

[10] Jadbabaie A, Lin J, Morse A S. Coordination of groups of mobile autonomous agents using nearest neighbor. IEEE Conference on Decision & Control, 2003: 1675.

[11] Spanos D P, Murray R M. Robust connectivity of networked vehicles. IEEE Conference on Decision & Control, 2004: 2893-2898.

[12] Notarstefano G, Savla K, Bullo F, et al. Maintaining limited-range connectivity among second-order agents. American Control Conference, 2006: 2124-2129.

[13] de Gennaro M C, Jadbabaie A. Decentralized control of connectivity for multi-agent systems. IEEE Conference on Decision & Control, 2007: 3628-3633.

[14] Yang P, Freeman R A, Gordon G J, et al. Decentralized estimation and control of graph connectivity for mobile sensor networks. Automatica, 2010,46(2): 390-396.

[15] Sabattini L, Chopra N, Secchi C. On decentralized connectivity maintenance for mobile robotic systems. IEEE Conference on Decision and Control and European Control Conference, 2011,413(1): 988-993.

[16] Li X, Zhang S, Xi Y. Connected flocking of multi-agent system based on distributed eigenvalue estimation. The 30th Chinese Control Conference, 2011,1416(3): 6061-6066.

[17] Dimarogonas D V, Johansson K H. Bounded control of network connectivity in multi-agent systems. IET Control Theory & Applications, 2010,4(8): 1330-1338.

[18]　Ajorlou A, Momeni A, Aghdam A G. A class of bounded distributed control strategies for connectivity preservation in multi-agent systems. IEEE Transactions on Automatic Control, 2010,55(12): 2828-2833.

[19]　Kan Z, Dani A P, Shea J M, et al. Ensuring network connectivity during formation control using a decentralized navigation function. Military Communications Conference, 2010: 531-536.

[20]　Zhen K, Dani A P, Shea J M, et al. Network connectivity preserving formation stabilization and obstacle avoidance via a decentralized controller. IEEE Transactions on Automatic Control, 2012,57(7): 1827-1832.

[21]　Su H, Wang X, Chen G. A connectivity-preserving flocking algorithm for multi-agent systems based only on position measurements. International Journal of Control, 2009, 82(7): 1334-1343.

[22]　Wang L, Wang X, Hu X. Connectivity preserving flocking without velocity measurement. Asian Journal of Control, 2013,15(2): 521-532.

[23]　Shi H, Wang L, Chu T. Flocking of multi-agent systems with a dynamic virtual leader. International Journal of Control, 2008,82(1): 43-58.

[24]　Su H, Wang X, Chen G. Rendezvous of multiple mobile agents with preserved network connectivity. Systems & Control Letters, 2010,59(5): 313-322.

[25]　Su H, Wang X, Lin Z. Flocking of multi-agents with a virtual leader. IEEE Transactions on Automatic Control, 2009,54(2): 293-307.

[26]　Dimarogonas D V, Kyriakopoulos K J. On the rendezvous problem for multiple nonholonomic agents. IEEE Transactions on Automatic Control, 2007,52(5): 916-922.

[27]　Su H, Chen G, Wang X, et al. Adaptive second-order consensus of networked mobile agents with nonlinear dynamics. Automatica, 2011,47(2): 368-375.

[28]　Mei J, Ren W, Ma G. Distributed coordinated tracking for multiple Euler-Lagrange systems. IEEE Conference on Decision and Control, 2010: 3208-3213.

[29]　Ren W. Distributed leaderless consensus algorithms for networked Euler-Lagrange systems. International Journal of Control, 2009,82(11): 2137-2149.

[30]　Ji M, Egerstedt M. Connectedness preserving distributed coordination control over dynamic graphs. American Control Conference, 2005: 93-98.

[31]　Kim Y, Mesbahi M. On maximizing the second smallest eigenvalue of a state-dependent graph laplacian. IEEE Transactions on Automatic Control, 2006,51(1): 116-120.

[32]　Lynch N A. Distributed Algorithms. Berlin: Springer-Verlag, 1996.

[33]　Ren W, Beard R W. Information consensus in multivehicle cooperative control. IEEE Control Systems Magazine, 2007,27(2): 71-82.

[34]　Olfati-Saber R, Murray R M. Consensus problems in networks of agents with switching topology and time-delays. IEEE Transactions on Automatic Control, 2015,49(9):

1520-1533.

[35] Chen C, Chen G, Guo L. Consensus of flocks under m-nearest-neighbor rules. Journal of Systems Science and Complexity, 2015,28(1): 1-15.

[36] Ren W, Beard R W. Consensus seeking in multiagent systems under dynamically changing interaction topologies. IEEE Transactions on Automatic Control, 2005,50(5): 655-661.

[37] Su Y, Huang J. Cooperative output regulation of linear multi-agent systems. IEEE Transactions on Automatic Control, 2012,57(4): 1062-1066.

[38] Dong Y, Huang J. Leader-following consensus with connectivity preservation of uncertain Euler-Lagrange multi-agent systems. IEEE 53rd Annual Conference on Decision and Control, 2014: 3011-3016.

[39] Liu S, Li T, Xie L, et al. Continuous time and sampled-data-based average consensus with logarithmic quantizers. Automatica, 2013,49(11): 3329-3336.

[40] Hu W, Liu L, Feng G. Consensus of linear multi-agent systems by distributed event-triggered strategy. IEEE Transactions on Cybernetics, 2016,46(1): 148-157.

[41] You K, Xie L. Network topology and communication data rate for consensus ability of discrete-time multi-agent systems. IEEE Transactions on Automatic Control, 2011,56(10): 2262-2275.

[42] Qiu Z, Hong Y, Xie L. Quantized leaderless and leader-following consensus of high-order multi-agent systems with limited data rate. The 52nd IEEE Conference on Decision and Control, 2013: 6759-6764.

[43] Xu X, Hong Y. Leader-following consensus of multi-agent systems over finite fields. Decision & Control, 2014: 2999-3004.

[44] Hu H, Yoon S Y, Lin Z. Consensus of multi-agent systems with control-affine nonlinear dynamics. Unmanned Systems, 2016,4(1): 61-73.

[45] Ni W, Cheng D. Leader-following consensus of multi-agent systems under fixed and switching topologies. Systems & Control Letters, 2010,59(3): 209-217.

[46] Li T, Wu F, Zhang J F. Multi-agent consensus with relative-state-dependent measurement noises. IEEE Transactions on Automatic Control, 2014,59(9): 2463-2468.

[47] Zhang X, Cheng D. Consensus of second-order multi-agent systems with disturbance generated by nonlinear exosystem. Proceedings of the 10th World Congress on Intelligent Control and Automation, 2012: 1574-1579.

[48] Borkar V, Varaiya P P. Asymptotic agreement in distributed estimation. IEEE Transactions on Automatic Control, 1982,27(3): 650-655.

[49] Chatterjee S, Seneta E. Toward consensus: Some convergence theorems on repeated averaging. Journal of Applied Probability, 1977,14(1): 89-97.

[50] Degroot M H. Reaching a consensus. Journal of the American Statistical Association, 1974,69(345): 118-121.

[51] Gilardoni G L, Clayton M K. On reaching a consensus using degroot's iterative pooling. Annals of Statistics, 1993,21(1): 391-401.

[52] Tsitsiklis J N, Bertsekas D P, Athans M. Distributed asynchronous deterministic and stochastic gradient optimization algorithms. IEEE Transactions on Automatic Control, 1984,31(9): 803-812.

[53] Fax J A, Murray R M. Information flow and cooperative control of vehicle formations. IEEE Transactions on Automatic Control, 2004: 1465-1476.

[54] Lin Z, Broucke M, Francis B. Local control strategies for groups of mobile autonomous agents. IEEE Transactions on Automatic Control, 2003,1(4): 622-629.

[55] Moreau L. Stability of multiagent systems with time-dependent communication links. IEEE Transactions on Automatic Control, 2005: 169-182.

[56] By D. Decentralized Control of Complex Systems. New York: Academic Press, 1991.

[57] Beard R W, Mclain T W, Nelson D B, et al. Decentralized cooperative aerial surveillance using fixed-wing miniature UAVs. Proceedings of the IEEE, 2006,94(7): 1306-1324.

[58] Lin J, Morse A S, Anderson B D O. The multi-agent rendezvous problem. IEEE Conference on Decision & Control, 2004: 1508-1513.

[59] Lin J, Morse A S, Anderson B D O. The multi-agent rendezvous problem—The asynchronous case. Lecture Notes in Control & Information Sciences, 2005,309(6): 451-454.

[60] Martinez S, Cortes J, Bullo F. On robust rendezvous for mobile autonomous agents. IFAC Proceedings Volumes, 2005,38(1): 115-120.

[61] Sinha A, Ghose D. Generalization of linear cyclic pursuit with application to rendezvous of multiple autonomous agents. IEEE Transactions on Automatic Control, 2006,51(11): 1819-1824.

[62] Smith S L, Broucke M E, Francis B A. A hierarchical cyclic pursuit scheme for vehicle networks. Automatica, 2005,41(6): 1045-1053.

[63] Smith S L, Broucke M E, Francis B A. Curve shortening and the rendezvous problem for mobile autonomous robots. IEEE Transactions on Automatic Control, 2007,52(6): 1154-1159.

[64] Lafferriere G, Williams A, Caughman J, et al. Decentralized control of vehicle formations. Systems & Control Letters, 2005,54(9): 899-910.

[65] Lawton J R T, Beard R W, Young B J. A decentralized approach to formation maneuvers. IEEE Transactions on Robotics & Automation, 2003,19(6): 933-941.

[66] Lin Z, Francis B, Maggiore M. Necessary and sufficient graphical conditions for formation control of unicycles. IEEE Transactions on Automatic Control, 2005,50(1): 121-127.

[67] Marshall J A, Fung T, Broucke M E, et al. Experiments in multirobot coordination.

Robotics & Autonomous Systems, 2006,54(3): 265-275.

[68] Porfiri M, Roberson D G, Stilwell D J. Tracking and formation control of multiple autonomous agents: A two-level consensus approach. Automatica, 2007,43(8): 1318-1328.

[69] Ren W. Consensus strategies for cooperative control of vehicle formations. IET Control Theory & Applications, 2007,1(2): 505-512.

[70] Cucker F, Smale S. Emergent behavior in flocks. IEEE Transactions on Automatic Control, 2007,52(5): 852-862.

[71] Dimarogonas D V, Loizou S G, Kyriakopoulos K J, et al. A feedback stabilization and collision avoidance scheme for multiple independent non-point agents. Automatica, 2006,42(2): 229-243.

[72] Lee D, Spong M W. Stable flocking of multiple inertial agents on balanced graphs. American Control Conference, 2006: 1469-1475.

[73] Regmi A, Sandoval R, Byrne R, et al. Experimental implementation of flocking algorithms in wheeled mobile robots. American Control Conference, 2005: 4917-4922.

[74] Veerman J J P, Lafferriere G, Caughman J S, et al. Flocks and formations. Journal of Statistical Physics, 2005,121(5-6): 901-936.

[75] Lawton J R, Beard R W. Synchronized multiple spacecraft rotations. Automatica, 2002,38(8): 1359-1364.

[76] Ren W. Distributed attitude alignment in spacecraft formation flying. International Journal of Adaptive Control & Signal Processing, 2007,21(2): 95-113.

[77] Ren W. Formation keeping and attitude alignment for multiple spacecraft through local interactions. Journal of Guidance Control & Dynamics, 2007,30(2): 633-638.

[78] Ren W, Beard R. Decentralized scheme for spacecraft formation flying via the virtual structure approach. Journal of Guidance Control & Dynamics, 2003,2(1): 1746-1751.

[79] Casbeer D W, Kingston D B, Beard R W, et al. Cooperative forest fire surveillance using a team of small unmanned air vehicles. International Journal of Systems Science, 2006,37(6): 351-360.

[80] Alighanbari M, How J P. Decentralized task assignment for unmanned aerial vehicles. IEEE Conference on Decision and Control, 2006: 5668-5673.

[81] Freeman R A, Yang P, Lynch K M. Distributed estimation and control of swarm formation statistics. American Control Conference, 2006: 749-755.

[82] Olfati-Saber R, Shamma J S. Consensus filters for sensor networks and distributed sensor fusion. IEEE Conference on Decision and Control, 2006: 6698-6703.

[83] Spanos D P, Olfati-Saber R, Murray R M. Distributed sensor fusion using dynamic consensus. IFAC World Congress, 2005: 1-6.

[84] Xiao L, Boyd S, Lall S. A scheme for robust distributed sensor fusion based on average consensus. International Symposium on Information Processing in Sensor Networks,

2010: 63-70.

[85] Bauso D, Giarré L, Pesenti R. Non-linear protocols for optimal distributed consensus in networks of dynamic agents. Systems & Control Letters, 2006,55(11): 918-928.

[86] Cortés J. Finite-time convergent gradient flows with applications to network consensus. Automatica, 2006,42(11): 1993-2000.

[87] Kashyap A, Basar T, Srikant R. Quantized consensus. Automatica, 2007: 1192-1203.

[88] Spanos D P, Olfati-Saber R, Murray R M. Dynamic consensus on mobile networks. IFAC World Congress, 2005: 1-6.

[89] Moore K L, Lucarelli D. Decentralized adaptive scheduling using consensus variables. International Journal of Robust & Nonlinear Control, 2007,17(10-11): 921-940.

[90] Hong Y, Hu J, Gao L. Tracking control for multi-agent consensus with an active leader and variable topology. Automatica, 2006,42(7): 1177-1182.

[91] Ren W. Multi-vehicle consensus with a time-varying reference state. Systems & Control Letters, 2007,56(7-8): 474-483.

[92] Tanner H G. On the controllability of nearest neighbor interconnections. Proceedings of the IEEE Conference on Decision & Control, 2004,3(3): 2467-2472.

[93] Ren W, Moore K L, Chen Y. High-order and model reference consensus algorithms in cooperative control of multivehicle systems. Journal of Dynamic Systems Measurement & Control, 2007,129(5): 678-688.

[94] Jadbabaie A, Motee N, Barahona M. On the stability of the Kuramoto model of coupled nonlinear oscillators. Proceedings of the American Control Conference, 2004: 4296-4301.

[95] Sepulchre R, Paley D A, Leonard N E. Stabilization of planar collective motion: All-to-all communication. IEEE Transactions on Automatic Control, 2007,52(5): 811-824.

[96] Chopra N, Spong M W. On synchronization of Kuramoto oscillators. IEEE Conference on Decision and Control, 2006: 353-357.

[97] Papachristodoulou A, Jadbabaie A. Synchronization in oscillator networks: Switching topologies and non-homogeneous delays. IEEE Conference on Decision and Control, 2006: 5692-5697.

[98] Slotine J E, Wang W. A study of synchronization and group cooperation using partial contraction theory. Lecture Notes in Control & Information Sciences, 2004,309: 443-446.

[99] Preciado V M, Verghese G C. Synchronization in generalized Erdös-Rényi networks of nonlinear oscillators. IEEE Conference on Decision and Control, 2006: 4628-4633.

[100] 朱旭，闫建国，屈耀红. 高阶多智能体系统的一致性分析. 电子学报, 2012,40(12): 2466-2471.

[101] Ren W, Moore K, Chen Y Q. High-order consensus algorithms in cooperative vehicle systems. IEEE International Conference on Networking, Sensing and Control, 2006:

457-462.

[102] Jiang F, Wang L. Consensus seeking of high-order dynamic multi-agent systems with fixed and switching topologies. International Journal of Control, 2010,83(2): 404-420.

[103] Yang T, Jin Y H, Wang W, et al. Consensus of high-order continuous-time multi-agent systems with time-delays and switching topologies. Chinese Physics B, 2011, 20(2): 164-169.

[104] Zhang W, Zeng D, Qu S. Dynamic feedback consensus control of a class of high-order multi-agent systems. IET Control Theory & Applications, 2010,4(10): 2219-2222.

[105] He W, Cao J. Consensus control for high-order multi-agent systems. IET Control Theory & Applications, 2011,5(1): 231-238.

[106] Miao G, Xu S, Zou Y. Consentability for high-order multi-agent systems under noise environment and time delays. Journal of the Franklin Institute, 2013,350(2): 244-257.

[107] Khalil H K. Nonlinear Systems. 3rd ed. Upper Saddle River: Prentice Hall, 2002.

[108] Huang J, Chen J, Fang H, et al. Consensus of multiple high-order nonlinear systems with uncertainty. Control Conference, 2013: 7145-7149.

[109] Mo L, Jia Y. H_∞ consensus control of a class of high-order multi-agent systems. IET Control Theory & Applications, 2011,5(1): 247-253.

[110] Lin P, Li Z, Jia Y, et al. High-order multi-agent consensus with dynamically changing topologies and time-delays. IET Control Theory & Applications, 2011,5(8): 976-981.

[111] Xu X, Chen S, Huang W, et al. Leader-following consensus of discrete-time multi-agent systems with observer-based protocols. Neurocomputing, 2013,118(11): 334-341.

[112] Lin P, Jia Y, Li L. Distributed robust h_∞ consensus control in directed networks of agents with time-delay. Systems & Control Letters, 2008,57(8): 643-653.

[113] Liu Y, Jia Y. Consensus problem of high-order multi-agent systems with external disturbances: An h_∞ analysis approach. International Journal of Robust & Nonlinear Control, 2010,20(14): 1579-1593.

[114] Tuna S E. Synchronizing linear systems via partial-state coupling. Automatica, 2008, 44(8): 2179-2184.

[115] Scardovi L, Sepulchre R. Synchronization in networks of identical linear systems. IEEE Conference on Decision & Control, 2008: 2557-2562.

[116] Tuna S E. Conditions for synchronizability in arrays of coupled linear systems. IEEE Transactions on Automatic Control, 2008,54(10): 2416-2420.

[117] Seo J H, Shim H, Back J. Consensus of high-order linear systems using dynamic output feedback compensator: Low gain approach. Automatica, 2009,45(11): 2659-2664.

[118] Li Z, Liu X, Lin P, et al. Consensus of linear multi-agent systems with reduced-order observer-based protocols. Systems & Control Letters, 2011,60(7): 510-516.

[119] Wieland P, Kim J S, Allgwer F. On topology and dynamics of consensus among linear high-order agents. International Journal of Systems Science, 2011,42(10): 1831-1842.

[120] Li Z, Hu G D. Consensus of linear multi-agent systems with communication and input delays. Acta Automatica Sinica, 2013,39(7): 1133-1140.

[121] Tang Y T, Hong Y G. Hierarchical distributed control design for multi-agent systems using approximate simulation. Zidonghua Xuebao Automatica Sinica, 2013,39(6): 868-874.

[122] Wang J, Liu Z, Hu X. Consensus of high order linear multi-agent systems using output error feedback. Proceedings of the IEEE Conference on Decision & Control, 2009: 3685-3690.

[123] Xi J, Cai N, Zhong Y. Consensus problems for high-order linear time-invariant swarm systems. Physica A Statistical Mechanics & Its Applications, 2010,389(24): 5619-5627.

[124] Cai N, Xi J X, Zhong Y S. Brief paper swarm stability of high-order linear time-invariant swarm systems. IET Control Theory & Applications, 2011,5(2): 402-408.

[125] Xi J, Shi Z, Zhong Y. Consensus analysis and design for high-order linear swarm systems with time-varying delays. Physica A Statistical Mechanics & Its Applications, 2011,390(23): 4114-4123.

[126] Xi J, Shi Z, Zhong Y. Output consensus analysis and design for high-order linear swarm systems: Partial stability method. Automatica, 2012,48(9): 2335-2343.

[127] Ding L, Han Q L, Guo G. Network-based leader-following consensus for distributed multi-agent systems. Automatica, 2013,49(7): 2281-2286.

[128] Liu T, Jiang Z P, Chai T. Distributed nonlinear control of multi-agent systems with switching topologies. IEEE International Conference on Information and Automation, 2014: 176-181.

[129] Liu T, Jiang Z P. Distributed output-feedback control of nonlinear multi-agent systems. IEEE Transactions on Automatic Control, 2013,58(11): 2912-2917.

[130] Liu T F, Jiang Z P. Cyclic-small-gain method for distributed nonlinear control. Control Theory and Applications, 2014,31(7): 890-900.

[131] Liu T, Jiang Z P. Distributed formation control of nonholonomic mobile robots without global position measurements. Automatica, 2013,49(2): 592-600.

[132] Liu T, Jiang Z P. Distributed nonlinear control of mobile autonomous multi-agents. Automatica, 2014,50(4): 1075-1086.

[133] Dong W, Ben-Ghalia M, Farrell J A. Tracking control of multiple nonlinear systems via information interchange. IEEE Conference on Decision and Control, 2011: 5076-5081.

[134] Dong W. Adaptive consensus seeking of multiple nonlinear systems. International Journal of Adaptive Control & Signal Processing, 2012,26(5): 419-434.

[135] Yoo S J. Distributed consensus tracking for multiple uncertain nonlinear strict-feedback systems under a directed graph. IEEE Transactions on Neural Networks & Learning Systems, 2013, 24(4): 666-672.

[136] Dong W. On consensus of multiple uncertain nonlinear systems. IEEE Sensor Array & Multichannel Signal Processing Workshop, 2012: 385-388.

[137] Qian C, Wei L. Non-lipschitz continuous stabilizers for nonlinear systems with uncontrollable unstable linearization. Systems & Control Letters, 2001,42(3): 185-200.

[138] Lin W, Qian C. Adding one power integrator: A tool for global stabilization of high-order lower-triangular systems. Systems & Control Letters, 2000,39(5): 339-351.

[139] Lin W, Qian C. Adaptive control of nonlinearly parameterized systems: A nonsmooth feedback framework. IEEE Transactions on Automatic Control, 2002,47(5): 757-774.

[140] Zhang H, Lewis F L. Adaptive cooperative tracking control of high-order nonlinear systems with unknown dynamics. Automatica, 2012,48(7): 1432-1439.

[141] Khoo S, Xie L, Zhao S, et al. Multi surface sliding control for fast finite time leader follower consensus with high order SISO uncertain nonlinear agents. International Journal of Robust & Nonlinear Control, 2014,24(16): 2388-2404.

[142] Khoo S, Trinh H M, Man Z, et al. Fast finite-time consensus of a class of high-order uncertain nonlinear systems. Lecture Notes in Control and Information Sciences, 2010: 2076-2081.

[143] Murray R M, Sastry S S. Nonholonomic motion planning: Steering using sinusoids. IEEE Transactions on Automatic Control, 1993,38(5): 700-716.

[144] Panteley E, Loria A. On global uniform asymptotic stability of nonlinear time-varying systems in cascade. Systems & Control Letters, 1998,33(2): 131-138.

[145] Tian Y P, Li S. Exponential stabilization of nonholonomic dynamic systems by smooth time-varying control. Automatica, 2002,38(7): 1139-1146.

[146] Tian Y P, Cao K C. Time-varying linear controllers for exponential tracking of nonholonomic systems in chained form. International Journal of Robust & Nonlinear Control, 2006,17(7): 631-647.

[147] Dong W, Farrell J A. Consensus of multiple nonholonomic systems. IEEE Conference on Decision & Control, 2009: 2270-2275.

[148] Brockett R W. Asymptotic stability and feedback stabilization. Differential Geometric Control Theory, 1983: 181-191.

[149] Cao K C, Tian Y P. A time-varying cascaded design for trajectory tracking control of nonholonomic systems. Chinese Control Conference, 2007: 416-429.

[150] Lefeber E, Robertsson A, Nijmeijer H. Linear controllers for exponential tracking of systems in chained-form. International Journal of Robust & Nonlinear Control, 2000, 10(4): 243-263.

[151] Cao K C, Jiang B, Chen Y Q. Cooperative control design for non-holonomic chained-form systems. International Journal of Systems Science, 2013,46(9): 1-14.

[152] Dong W. Distributed tracking control of networked chained systems. International Journal of Control, 2013,86(12): 2159-2174.

[153] Huang J, Chen J, Fang H, et al. An overview of recent progress in high-order non-holonomic chained system control and distributed coordination. Journal of Control & Decision, 2015,2(1): 64-85.

[154] 闵海波, 刘源, 王仕成, 等. 多个体协调控制问题综述. 自动化学报, 2012,38(10): 1557-1570.

[155] Chen J, Patton R J. Robust Model-based Fault Diagnosis for Dynamic Systems. Dordrecht: Kluwer Academic Publishers, 1999.

[156] Simani S, Fantuzzi C, Patton R J. Model-based Fault Diagnosis Techniques. London: Springer, 2003.

[157] Venkatasubramanian V, Rengaswamy R, Yin K, et al. A review of process fault detection and diagnosis. Part i: Quantitative model-based methods. Computers & Chemical Engineering, 2003,27(3): 293-311.

[158] Ahmadizadeh S, Hamid Reza Karimi J Z. Robust unknown input observer design for linear uncertain time delay systems with application to fault detection. Asian Journal of Control, 2014,16(4): 1006-1019.

[159] Hur H, Ahn H S. Unknown input h observer-based localization of a mobile robot with sensor failure. IEEE/ASME Transactions on Mechatronics, 2014,19(6): 1830-1838.

[160] Shames I, Teixeira A M H, Sandberg H, et al. Distributed fault detection for inter-connected second-order systems. Automatica, 2011,47(12): 2757-2764.

[161] Shames I, Teixeira A M H, Sandberg H, et al. Distributed fault detection and isolation with imprecise network models. American Control Conference, 2012: 5906-5911.

[162] Taha A F, Elmahdi A, Panchal J H, et al. Unknown input observer design and analysis for networked control systems. International Journal of Control, 2015,88(5): 1-15.

[163] Massoumnia M A. A geometric approach to the synthesis of failure detection filters. IEEE Transactions on Automatic Control, 1986,31(9): 839-846.

[164] Staroswiecki M, Comtet-Varga G. Analytical redundancy relations for fault detection and isolation in algebraic dynamic systems. Automatica, 2001,37(5): 687-699.

[165] de Persis C, Isidori A. A differential-geometric approach to nonlinear fault detection and isolation. IEEE Transactions on Automatic Control, 2001,46(6): 853-865.

[166] Lunze J, Steffen T. Control reconfiguration after actuator failures using disturbance decoupling methods. IEEE Transactions on Automatic Control, 2006,51(10): 1590-1601.

[167] Meskin N, Khorasani K. Actuator fault detection and isolation for a network of un-manned vehicles. IEEE Transactions on Automatic Control, 2009,54(4): 835-840.

[168] Meskin N, Khorasani K, Rabbath C A. A hybrid fault detection and isolation strategy for a network of unmanned vehicles in presence of large environmental disturbances. IEEE Transactions on Control Systems Technology, 2010,18(6): 1422-1429.

[169] Nahid-Mobarakeh B, Simoes M G. Multi-agent based fault detection and isolation in

more electric aircraft. IEEE Industry Applications Society Meeting, 2013: 1-8.

[170] 鄢镕易，何潇，王子栋，等. 一类LPV多智能体系统的分布式故障诊断. 中国控制与决策会议, 2013: 1-6.

[171] Yan X G, Edwards C. Robust sliding mode observer-based actuator fault detection and isolation for a class of nonlinear systems. International Journal of Systems Science, 2008, 39(4): 349-359.

[172] Van M, Kang H J, Suh Y S. A novel neural second-order sliding mode observer for robust fault diagnosis in robot manipulators. International Journal of Precision Engineering & Manufacturing, 2013,14(3): 397-406.

[173] Debnath S, Qin J, Bahrani B, et al. Operation, control, and applications of the modular multilevel converter: A review. IEEE Transactions on Power Electronics, 2015,30(1): 37-53.

[174] Jiang B, Shi P, Mao Z. Sliding mode observer-based fault estimation for nonlinear networked control systems. Circuits Systems & Signal Processing, 2008,30(1): 1-16.

[175] Zhang J, Ming L, Karimi H R, et al. Fault detection of networked control systems based on sliding mode observer. Mathematical Problems in Engineering, 2013,(2): 1-9.

[176] Hudgings C. Challenges in information management for nursing practice. Nursing Administration Quarterly, 1987,11(2): 44.

[177] Frank P M. Analytical and qualitative model-based fault diagnosis—A survey and some new results. European Journal of Control, 1996,2(1): 6-28.

[178] 刘京津. 基于滑模观测器的故障诊断技术及其在飞控系统中的应用研究. 南京: 南京航空航天大学硕士学位论文, 2008.

[179] Franceschelli M, Egerstedt M, Giua A. Motion probes for fault detection and recovery in networked control systems. American Control Conference, 2008: 4358-4363.

[180] Guo M, Dimarogonas D V, Johansson K H. Distributed real-time fault detection and isolation for cooperative multi-agent systems. American Control Conference, 2012: 5270-5275.

[181] Ye H, Ding S X. Fault detection of networked control systems with network-induced delay. Control, Automation, Robotics and Vision Conference, 2005: 294-297.

[182] Zhang W, Branicky M S, Phillips S M. Stability of networked control systems. IEEE Control Systems Magazine, 2001: 84-99.

[183] Huang D, Nguang S K. Robust fault estimator design for uncertain networked control systems with random time delays: An ILMI approach. Information Sciences, 2010, 180(3): 465-480.

[184] He X, Wang Z, Zhou D H. Robust fault detection for networked systems with communication delay and data missing. Automatica, 2009,45(11): 2634-2639.

[185] Wang Y, Ding S X, Ye H, et al. A new fault detection scheme for networked con-

trol systems subject to uncertain time-varying delay. IEEE Transactions on Signal Processing, 2008,56(10): 5258-5268.

[186] Du D, Jiang B, Shi P. Fault detection for discrete-time switched systems with intermittent measurements. International Journal of Control, 2012,85(1): 78-87.

[187] Wang Y, Zhang S, Li Z, et al. Fault detection for a class of nonlinear singular systems over networks with mode-dependent time delays. Circuits Systems & Signal Processing, 2014,33(10): 3085-3106.

[188] 罗小元，袁园，张玉燕，等. 具有丢包、通讯约束的非线性时滞网络化控制系统鲁棒故障检测. 控制与决策, 2014,(11): 2048-2054.

[189] Zhu M, Martinez S. On distributed constrained formation control in operator vehicle adversarial networks. Automatica, 2013,49(12): 3571-3582.

[190] Amin S, Schwartz G A, Sastry S S. Security of interdependent and identical networked control systems. Automatica, 2013,49(1): 186-192.

[191] Gupta A, Langbort C, Basar T. Optimal control in the presence of an intelligent jammer with limited actions. Journal of Magnetic Resonance Imaging, 2011,28(5): 1096-1101.

[192] Mo Y, Sinopoli B. Secure control against replay attacks. Allerton Conference on Communication, Control, and Computing, 2009: 911-918.

[193] Pasqualetti F, Carli R, Bullo F. A distributed method for state estimation and false data detection in power networks. IEEE International Conference on Smart Grid Communications, 2011: 469-474.

[194] Mo Y, Garone E, Casavola A, et al. False data injection attacks against state estimation in wireless sensor networks. IEEE Conference on Decision and Control, 2010, 58(8): 5967-5972.

[195] Teixeira A, Amin S, Sandberg H, et al. Cyber security analysis of state estimators in electric power systems. IEEE Conference on Decision & Control, 2012: 5991-5998.

[196] Zhu M, Martinez S. Attack-resilient distributed formation control via online adaptation. IEEE Conference on Decision and Control, 2011,413(1): 6624-6629.

[197] Agaev R, Chebotarev P. On the spectra of nonsymmetric laplacian matrices. Linear Algebra & Its Applications, 2005,399(1): 157-168.

[198] Godsil C, Royle G. Algebraic Graph Theory. Cambridge: Cambridge University Press, 1974.

[199] Agaev R, Chebotarev P. The matrix of maximum out forests of a digraph and its applications. Automation & Remote Control, 2006,61(9): 1424-1450.

[200] Ren W, Beard R W. Distributed consensus in multi-vehicle cooperative control. Communications & Control Engineering, 2008,27(2): 71-82.

[201] Horn R A, Johnson C R. Matrix Analysis. Cambridge: Cambridge University Press, 1985.

[202] Wang Z, Gu D. Distributed leader-follower flocking control. Asian Journal of Control, 2009,11(4): 396-406.

[203] Chen F, Cao Y, Ren W. Distributed average tracking of multiple time-varying reference signals with bounded derivatives. IEEE Transactions on Automatic Control, 2012,57(12): 3169-3174.

[204] Ji M, Egerstedt M. Distributed coordination control of multiagent systems while preserving connectedness. IEEE Transactions on Robotics, 2007,23(4): 693-703.

[205] Zavlanos M M, Jadbabaie A, Pappas G J. Flocking while preserving network connectivity. IEEE Conference on Decision and Control, 2007: 2919-2924.

[206] Zavlanos M M, Tanner H G, Jadbabaie A, et al. Hybrid control for connectivity preserving flocking. IEEE Transactions on Automatic Control, 2009,54(12): 2869-2875.

[207] Clarke F H. Optimization and Nonsmooth Analysis. New York: Wiley, 1983.

[208] Qu Z. Cooperative Control of Dynamical Systems. London: Springer, 2009.

[209] Waydo S, Murray R M. Vehicle motion planning using stream functions. IEEE International Conference on Robotics & Automation, 2003: 2484-2491.

[210] Sullivan J, Waydo S, Campbell M. Using stream functions for complex behavior and path generation. AIAA Guidance, Navigation, & Control Conference, 2003.

[211] Zavlanos M M, Pappas G J. Controlling connectivity of dynamic graphs. IEEE Conference on Decision and Control, 2005: 6388-6393.

[212] Garey M R , Johnson D S. Computers and Intractability: A Guide to the Theory of NP-Completeness. New York: W. H. Freeman, 1979.

[213] Mao Y, Dou L, Fang H, et al. Distributed motion coordination for multi-agent systems with connectivity maintenance using backbone-based networks. IFAC Proceedings Volumes, 2011,44(1): 13588-13593.

[214] Khan M, Pandurangan G, Anil Kumar V S. Distributed algorithms for constructing approximate minimum spanning trees in wireless sensor networks. IEEE Transactions on Parallel & Distributed Systems, 2009,20(1): 124-139.

[215] Park C W. Robust stable fuzzy control via fuzzy modeling and feedback linearization with its applications to controlling uncertain single-link flexible joint manipulators. Journal of Intelligent & Robotic Systems, 2004,39(2): 131-147.

[216] Hou Z G, Cheng L, Tan M. Decentralized robust adaptive control for the multiagent system consensus problem using neural networks. IEEE Transactions on Systems Man & Cybernetics, 2009,39(3): 636-647.

[217] Tong S, Li Y. Observer-based fuzzy adaptive control for strict-feedback nonlinear systems. Fuzzy Sets & Systems, 2009,160(12): 1749-1764.

[218] Tong S, Li C, Li Y. Fuzzy adaptive observer backstepping control for MIMO nonlinear systems. Fuzzy Sets & Systems, 2009,160(19): 2755-2775.

[219] Huo B, Tong S, Li Y. Observer-based adaptive fuzzy fault-tolerant output feedback control of uncertain nonlinear systems with actuator faults. International Journal of Control Automation & Systems, 2012,350(12): 2365-2376.

[220] Wang L X. Adaptive Fuzzy Systems and Control: Design and Stability Analysis. Englewood Cliffs: Prentice-Hall, 1994.

[221] Tong S C, He X L, Zhang H G. A combined backstepping and small-gain approach to robust adaptive fuzzy output feedback control. IEEE Transactions on Fuzzy Systems, 2009,17(5): 1059-1069.

[222] Tong S, Li Y. Adaptive fuzzy output feedback tracking backstepping control of strict-feedback nonlinear systems with unknown dead zones. IEEE Transactions on Fuzzy Systems, 2012,20(20): 168-180.

[223] Zou A M, Hou Z G, Tan M. Adaptive control of a class of nonlinear pure-feedback systems using fuzzy backstepping approach. IEEE Transactions on Fuzzy Systems, 2008,16(4): 886-897.

[224] Tong S C, Li Y M. Observer-based adaptive fuzzy backstepping control of uncertain nonlinear pure-feedback systems. Science in China, 2014,57(1): 1-14.

[225] Wu B, Wang D, Poh E K. Decentralized robust adaptive control for attitude synchronization under directed communication topology. Journal of Guidance Control & Dynamics, 2011,34(4): 1276-1282.

[226] Antonelli G, Arrichiello F, Chiaverini S. Experiments of formation control with collisions avoidance using the null-space-based behavioral control. Mediterranean Conference on Control and Automation, 2006: 1-6.

[227] Antonelli G, Arrichiello F, Chiaverini S. The null-space-based behavioral control for autonomous robotic systems. Intelligent Service Robotics, 2008,1(1): 27-39.

[228] Antonelli G, Chiaverini S. Kinematic control of platoons of autonomous vehicles. IEEE Transactions on Robotics, 2006,22(6): 1285-1292.

[229] Yu S, Yu X, Shirinzadeh B, et al. Continuous finite-time control for robotic manipulators with terminal sliding mode. Automatica, 2005,41(11): 1957-1964.

[230] Zhou N, Xia Y, Lu K, et al. Decentralised finite-time attitude synchronisation and tracking control for rigid spacecraft. International Journal of Systems Science, 2013, 46(14): 1-17.

[231] Wang L X. Stable adaptive fuzzy control of nonlinear systems. IEEE Transactions on Fuzzy Systems, 1993,1(2): 146-155.

[232] Min H, Wang S, Sun F, et al. Decentralized adaptive attitude synchronization of spacecraft formation. Systems & Control Letters, 2012,61(1): 238-246.

[233] 周东华, 席裕庚, 张钟俊. 故障检测与诊断技术. 控制理论与应用, 1991,(1): 1-10.

[234] Van Schrick D. Remarks on terminology in the field of supervision, fault detection and diagnosis. The 3rd IFAC Symposium on Fault Detection, Supervision and Safety

for Technical Processes, 1997: 959-964.

[235] Boskovic J D, Bergstrom S E, Mehra R K. Retrofit reconfigurable flight control in the presence of control effector damage. Proceedings of the American Control Conference, 2005: 2652-2657.

[236] Azizi S. Cooperative fault estimation and accommodation in formation flight of unmanned vehicles. Montréal: Concordia University, 2010.

[237] Hajnal A, Milner E C, Szemeredi E. A cure for the telephone disease. Canadian Mathematical Bulletin, 1972,15(3): 447-450.

[238] Hedetniemi S M, Hedetniemi S T, Liestman A L. A survey of gossiping and broadcasting in communication networks. Networks, 2006,18(4): 319-349.

[239] Desoer C A, Schulman J. Zeros and poles of matrix transfer functions and their dynamical interpretation. IEEE Transactions on Circuits & Systems, 1974,21(1): 3-8.

[240] Ding S X, Jeinsch T, Frank P M, et al. A unified approach to the optimization of fault detection systems. International Journal of Adaptive Control & Signal Processing, 2000,14(7): 725-745.

索 引